AR交互动画与H5交互页面

 AR交互动画是指将含有字母、数字、符号或图形的信息叠加或融合到读者看到的真实世界中，以增强读者对相关知识的直观理解，具有虚实融合的特点。

 H5交互页面是指将文字、图形、按钮和变化曲线等元素以交互页面的形式集中呈现给读者，帮助读者深刻理解复杂事物，具有实时交互的特点。

本书为纸数融合的新形态教材，通过运用AR交互动画与H5交互页面技术，将电工学课程中的抽象知识与复杂现象进行直观呈现，以提升课堂的趣味性，增强读者的理解力，最终实现高效"教与学"。

AR交互动画识别图

U0160337

① 电阻展示

② 电容和电感展示

③ 以灯泡亮度演示KCL和KVL对电路的影响

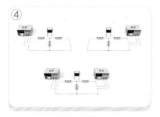

④ 叠加定理

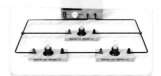

⑤ 以人随地球旋转解释相量的定义

⑥ 三相电路实验操作与演示

⑦ 三相异步电动机的结构及工作原理

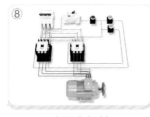

⑧ 三相异步电动机正反转控制电路

⑨ 触电类型展示

操作演示

操作演示视频

AR 交互动画操作演示·示例 1

AR 交互动画操作演示·示例 2

H5交互页面二维码

① 戴维南定理

② 最大功率传输

③ 电容和电感的充放电

④ 一阶RC电路的全响应

⑤ 正弦交流电路参数改变对响应的影响

⑥ 功率因数提高

⑦ 三相电路的中性点电压和负载电压

⑧ 电动机的自适应负载能力

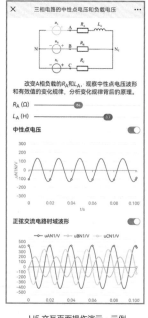

H5 交互页面操作演示·示例

使用指南

下载 App 安装包

01 扫描二维码下载"人邮教育AR"App安装包，并在手机或平板电脑等移动设备上进行安装。

02 安装完成后，打开App，页面中会出现"扫描AR交互动画识别图"和"扫描H5交互页面二维码"两个按钮。

"人邮教育 AR"App 首页

03 单击"扫描AR交互动画识别图"或"扫描H5交互页面二维码"按钮，扫描书中的AR交互动画识别图或H5交互页面二维码，即可操作对应的"AR交互动画"或"H5交互页面"，并且可以进行交互学习。H5交互页面亦可通过手机微信扫码进入。

特别说明

本书编号为①②③⑤⑥的AR交互动画和编号为②③⑤⑥⑦的H5交互页面的创意与设计，均由西安交通大学邹建龙副教授完成，学习更多AR交互动画和H5交互页面可参考邹建龙副教授主编的教材《电路（慕课版 支持AR+H5交互）》（ISBN：978-7-115-60484-2）。

电 路

高等学校电子信息类
基础课程名师名校系列教材

工信学术出版基金

电工学

微课版 | 支持AR+H5交互

同济大学电工学课程组 / 编
顾榕 赵亚辉 江楠 / 编著

人民邮电出版社
北京

图书在版编目（CIP）数据

电工学 : 微课版 : 支持AR+H5交互 / 同济大学电工
学课程组编 ; 顾榕, 赵亚辉, 江楠编著. -- 北京 : 人
民邮电出版社, 2023.12
高等学校电子信息类基础课程名师名校系列教材
ISBN 978-7-115-62478-9

Ⅰ. ①电… Ⅱ. ①同… ②顾… ③赵… ④江… Ⅲ.
①电工学－高等学校－教材 Ⅳ. ①TM

中国国家版本馆CIP数据核字(2023)第150466号

内 容 提 要

为了适应"电子信息时代"核心科技发展的新形势，培养面向 21 世纪的电工技术人才，编者通过精选常规内容，以电工学基础知识和分析方法为主体，辅以典型例题和实践应用，以更加清晰、更易理解的方式阐述电路、磁路、电动机及电气自动控制等的相关知识，同时反映电工技术领域的新技术，进而编成本书。

本书共 9 章，系统介绍电路的基本概念与基本理论、电阻电路分析方法、电路的暂态分析、正弦交流电路分析、三相交流电路分析、磁路与变压器、电动机、电气自动控制、供电知识与安全用电等内容；本书注重实践与应用，是一本将理论知识与先进科技、实践应用等紧密结合的新形态教材。同时，本书针对各章中的重点、难点知识提供慕课视频、微课视频、AR 交互动画、H5 交互页面等新形态元素加以讲解，以帮助读者更加全面地理解相关知识点。

本书可作为高等院校自动化、通信工程、机械、物理、环境、航空航天、材料等相关专业"电工学"课程的教材，也可供相关领域的科技人员参考使用。

◆ 编　　　　同济大学电工学课程组
　　编　著　顾　榕　赵亚辉　江　楠
　　责任编辑　王　宣
　　责任印制　王　郁　陈　犇

◆ 人民邮电出版社出版发行　　　北京市丰台区成寿寺路 11 号
　　邮编　100164　　电子邮件　315@ptpress.com.cn
　　网址　https://www.ptpress.com.cn
　　三河市中晟雅豪印务有限公司印刷

◆ 开本：787×1092　1/16　　　　　　彩插：1
　　印张：19　　　　　　　　　　　　2023 年 12 月第 1 版
　　字数：497 千字　　　　　　　　　2023 年 12 月河北第 1 次印刷

定价：69.80 元

读者服务热线：(010)81055256　印装质量热线：(010)81055316
反盗版热线：(010)81055315
广告经营许可证：京东市监广登字 20170147 号

前　言

写作初衷

"电工学"课程是为高等院校非电类专业设置的一门专业基础课，所涉及的理论和技术内容广泛，并且随着新理论和新技术的出现，其内容也被不断丰富。随着科学技术的飞速发展，面对多学科的交叉融合，高校教师和学生迫切需要一本理论与应用结合、知识与实验配套、内容与科技发展紧密连接的电工学教材。

然而，目前的一些电工学教材从内容上看没有反映出当前科技发展动态，存在理论与实践脱节的问题，不能使学生很好地将知识应用到工程中，实用性不强，缺乏对学生工程应用能力的培养。这与高等教育应该"面向工程"，以及学生"自主学习"应该结合"研究性学习"等现行教育理念不相适应，也与我国所提倡的培养学生自主创新能力的目标有差距。为此，我们编写了本书。

本书内容

本书的编写既是一种尝试与探索，又是编者在长期教学过程中体会与经验的总结。我们力求编写一本内容丰富、重点突出、适应性强、体现发展的精品书，使之更注重理论知识与先进科技、实践应用等的紧密结合，这样有利于学生建立坚实基础、增强创新意识、培养实践能力，更有利于学生学以致用，为解决实际工程问题打下基础。

本书的目的和任务：一是使学生掌握电工技术的基本理论、基本知识和基本技能，了解电工技术的新理论、新知识、新技术、新应用和发展概况；二是培养学生的工程应用能力和创新能力。本书主要内容包括：电路的基本概念与基本理论、电阻电路分析方法、电路的暂态分析、正弦交流电路分析、三相交流电路分析、磁路与变压器、电动机、电气自动控制、供电知识与安全用电。

学时建议

编者建议用书院校为本课程分配48学时或64学时，具体的学时建议如表1所示。

由于本书涉及的内容较多，有些内容不必在课堂上讲授，因此学生可以在教师的指导下自学相关内容。此外，编者建议高校教师配套使用新形态教学资源（如慕课视频、微课视频、AR交互动画、H5交互页面等）开展教学，以提高教学效率。

表1　学时建议

章序	章名	学时建议一（48学时）	学时建议二（64学时）
第1章	电路的基本概念与基本理论	4学时	6学时
第2章	电阻电路分析方法	8学时	10学时
第3章	电路的暂态分析	6学时	8学时
第4章	正弦交流电路分析	8学时	10学时
第5章	三相交流电路分析	6学时	8学时
第6章	磁路与变压器	4学时	6学时
第7章	电动机	6学时	8学时
第8章	电气自动控制	4学时	6学时
第9章	供电知识与安全用电	2学时	2学时

本书特色

本书主要特色如下。

1 理论与应用紧密结合，助力学生学以致用

本书内容着眼于电工技术的基础性、应用性和先进性，以电路、磁路的基本概念、基本理论和基本分析方法为重点，以基本理论、基本分析方法和相关电工技术的应用为主导，融入电工领域的新技术、新成果，以增强教材的活力和生命力。本书加强基础，精选内容，理论部分借鉴国外同类教材的优点；注重应用，与科技发展动态紧密结合，用现实生活、工作中的具体实例来印证书中讲述的理论知识，让学生理解得更加透彻，引导学生根据基本知识、基本规律，结合实际应用，最终实现教学内容在实践中的创新应用。

2 精心编排丰富例题、习题与实验指导，扎实锤炼实战技能

为了使学生能够学练结合，达到更好的学习效果，各章配有丰富例题，各章最后配有多类型习题，题型和题量均满足院校教学需求。本书通过编排更有针对性的例题和习题，细致地解析答题思路，清晰地讲解电工技术原理。另外，本书有配套的实验指导教材，以基础知识为主体，辅以实验操作示范和数据分析引导，以更加清晰、更易理解的方式让学生在学习和掌握理论知识的同时，更好地、可实操地开展实验，进一步理解常见电气设备的初步工作原理，为学生在今后的学习和工作中更好地使用电气设备打下坚实的基础，也可增加学生的感性认识以提高其学习兴趣。

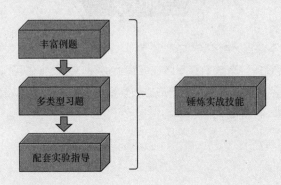

3 立体化打造新形态教材，帮助学生随时随地高效自学

本书与同济大学"电工学"国家精品MOOC课程紧密结合，该MOOC课程内容包括视频学习、课后练习、网络测验、在线辅导、课外论坛等模块，提供了非常方便的学习环境，可实现远程同步学习，有效弥补了非实时教学的不足。此外，编者通过微课视频（扫码观看）深入讲解重难点、典型例题，细致解析答题思路，保证学生获得更好的学习效果。

本书除提供慕课视频和微课视频外，还融入了AR交互动画和H5交互页面等直观和互动性很强的呈现形式，这使本书由传统的纸质教材转变为立体化的新形态教材，相较于传统教材能够更加高效地帮助学生自学，使学生能够更直观地学习复杂原理和抽象知识，在形式上新颖活泼，在内容上精练简洁，降低了理论学习的难度。

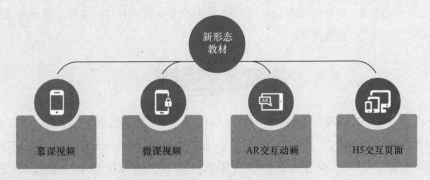

4 配套建设多类教辅资源，支持开展线上线下混合式教学

为帮助学生迅速掌握电工学基本知识，编者为本书配套了四大类教辅资源，罗列如下。

文本类：课程PPT、教学大纲、教案等。

实训类：实验指导、习题解析等。

视频动画类：慕课视频、微课视频、AR交互动画、H5交互页面等。

平台社群类：教师服务群（用书教师可以通过"教师服务群"免费申请样书、获取教辅资源、咨询教学问题并与编者直接交流教学心得）等。

上述教辅资源作为教材内容的补充和扩展，希望能够对高校教师教学有所帮助。用书教师可以通过"人邮教育社区"（www.ryjiaoyu.com）下载文本类、实训类等教辅资源。

AR交互动画与H5交互页面使用指南

AR交互动画是指将含有字母、数字、符号或图形的信息叠加或融合到读者看到的真实世界中，以增强读者对相关知识的直观理解，具有虚实融合的特点。H5交互页面是指将文字、图形、按钮和变化曲线等元素以交互页面的形式集中呈现给读者，帮助读者深刻理解复杂事物，具有实时交互的特点。

为了使书中的抽象知识与复杂现象能够生动形象地呈现在学生面前，编者精心打造了与之相匹配的AR交互动画与H5交互页面，以帮助学生快速理解相关知识，进而实现高效自学。

学生可以通过以下步骤使用本书配套的AR交互动画与H5交互页面。

（1）扫描二维码下载"人邮教育AR"App安装包，并在手机或平板电脑等移动设备上进行安装。

下载App安装包

（2）安装完成后，打开App，页面中会出现"扫描AR交互动画识别图"和"扫描H5交互页面二维码"两个按钮。

（3）单击"扫描AR交互动画识别图"或"扫描H5交互页面二维码"按钮，扫描书中的AR交互动画识别图或H5交互页面二维码，即可操作对应的"AR交互动画"或"H5交互页面"，进行交互学习。H5交互页面亦可通过手机微信扫码进入。

特别说明

本书部分AR交互动画和H5交互页面的创意与设计是由西安交通大学邹建龙副教授完成的，学习更多AR交互动画和H5交互页面可以参考邹建龙副教授主编的教材《电路（慕课版 支持AR+H5交互）》（ISBN: 978-7-115-60484-2）。

编者团队

同济大学"电工学"课程组由同济大学电子与信息工程学院下属电子科学与技术系、电气工程系、实验中心的多位教师组成，其中不乏国家级一流本科课程负责人、国家精品在线开放课程负责人等，他们长期从事"电工学"课程的一线教学与实验工作，在教学改革实践、科学技术研究、教学质量管理、学生创新能力培养等方面取得了突出成果，是一支年轻精干、求真务实、锐意改革的优秀教学团队。

本书由同济大学"电工学"课程组的多位老师共同编写完成。其中，江楠负责编写第1、2、3、9章，顾榕负责编写第4、5、6章，赵亚辉负责编写第7、8章；顾榕负责全书的统稿工作。姜三勇、黄辉、雷勇、彭涛、张冬至、徐瑞东等多位院校专家对本书的目录、样章或全稿进行了评审把关，并提出了宝贵的修改建议，编者在此一并表示诚挚的谢意。

由于编者水平有限，书中难免存在不妥之处，敬请读者朋友批评指正。

编　者

2023年春于同济大学

目　录

第 4 章
正弦交流电路分析

第 5 章
三相交流电路分析

第 9 章

供电知识与安全用电

资源索引

AR 交互动画识别图

H5 交互页面二维码

微课视频二维码

第 1 章

电路的基本概念与基本理论

　　本章介绍电路的基本概念与基本理论。电路理论易于入门，现代种类日益繁多的电工电子设备无不是由各种基本电路组成的，电路研究提出的思想是电气工程学的主要基础，因此我们将研究电路作为学习电气工程学的起点。电路理论起源于物理学中电磁学的一个分支，融合了物理学、数学和工程技术等多方面的成果。学习电路的基础知识，掌握分析电路的规律与方法，是学习电工学的重要基础，也是进一步学习电动机、电器和电子技术的基础。本章重点阐明有关电路的基本概念、基本元件特性和电路基本定律。

学习目标

- 了解电路和电路模型的概念。
- 理解电路的基本物理量（电流、电压、功率）的概念，掌握其计算方法。
- 熟练掌握电流和电压的参考方向、数值正负的意义、关联参考方向及在电路计算时的应用。
- 深刻理解和应用欧姆定律和基尔霍夫电流、电压定律。
- 理解和掌握电路基本元件（电阻、电容、电感、电源）的特性。

1.1 电路、电流与电压

本节主要介绍电路的基本概念，如电路模型、电压和电流的参考方向等，为学生后续学习电路定律、电路分析方法、电动机电路以及控制与测量电路奠定基础。

1.1.1 电路和电路模型

1. 电路

电路是为达到某种预期目的而设计的，由电路元器件相互连接组合而成，具有传输电能、处理信号、控制、计算等功能。简单地讲，电路是电流通过的路径。实际电路通常由各种电路元件（如电源、变压器、电阻、电感、电容、二极管、晶体管等）及电路测量或控制器件（如开关、电压表、电流表等）组成，每一种电路元件具有各自不同的电磁特性和功能。电路元器件数目很多且电路结构较为复杂时，通常又称为电网络。

手电筒照明电路、单个照明灯电路等是实际应用中较为简单的电路，而电动机电路、雷达导航设备电路、计算机电路、电视机电路等是较为复杂的电路，但不管简单还是复杂，电路离不开3个基本组成部分：电源、负载和中间环节。

（1）电路的组成：电路一般由电源、负载和中间环节组成。

发电机、电池等被视为电源，电源可将其他形式的能量（如化学能、热能、机械能、原子能等）转换成电能，是向电路提供能量的装置。在电路中，电源是激励，是激发和产生电流的因素。负载在电路中是接收电能的装置，可将电能转换成其他形式的能量（如机械能、热能、光能等）。我们在生产与生活中经常用到的电灯、电动机、电炉、扬声器等用电设备，都是电路中的负载。中间环节在电路中起着传递电能、分配电能和控制整个电路的作用，包括将电源和负载连成通路的输电导线、控制电路通断的开关和保护电路的设备等。

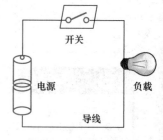

图 1-1 手电筒照明电路

图1-1所示为手电筒照明电路，是一个简单的实际电路。手电筒照明电路中，电池作为电源，灯泡作为负载，导线和开关作为中间环节将灯泡和电池连接起来。

（2）电路的主要功能：电路可以实现电能的传输、分配和转换，还可以实现电信号的传递、存储和处理。

工程应用中的实际电路，按照功能的不同可概括为两大类。一是完成能量的传输、分配和转换的电路，如电池通过导线将电能传递给灯泡，灯泡将电能转换为光能和热能。这类电路的特点是大功率、大电流。二是实现对电信号的传递、变换、存储和处理的电路，如扩音器的工作过程。话筒将声音的振动信号转换为电信号即相应的电压和电流，电信号经过放大处理后，通过电路传递给扬声器，由扬声器还原为声音。这类电路的特点是小功率、小电流。

2. 电路模型

实际电路的电磁过程是相当复杂的，难以对其进行有效的分析和计算。在电路理论中，为了便于实际电路的分析和计算，我们通常在工程允许的条件下对实际电路进行模型化处理，即忽略次要因素，抓住足以反映其功能的主要电磁特性，抽象出实际电路的"电路模型"。例如，灯泡或电炉，一方面，其具有电阻性，可以将电能转换成光能或热能（光能和热能显然不可能再回到电路中，因此将这种能量转换过程不可逆的电磁特性称为耗能），另一方面，其具有电感性，会产生磁场，存储一定的磁场能。当研究和分析电路耗能情况时，就可以用一个只具有耗能电特性的"电阻元件"作为它们的电路模型，而忽略其电感性。

将实际电路元器件理想化而得到的只具有某种单一电磁性质的元件，称为理想电路元件。每一种理想电路元件体现某种基本现象，具有某种确定的电磁性质和精确的数学定义。常用的有将电能转换为热能的电阻元件、表示电场性质的电容元件、表示磁场性质的电感元件及电压源元件和电流源元件等，其图形符号如图 1-2 所示。本书后面将分别讲解这些常用的电路元件。

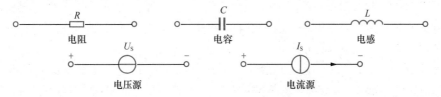

图 1-2　理想电路元件的图形符号

实际电路元器件的电特性是多元的、复杂的；理想电路元件的电特性是精确的、唯一的。理想电路元件又分为有源元件和无源元件两大类，有源元件需要输入外部能源才能显示其特性，而无源元件不需要。二端元件是指有两个外接引出端子的元件，理想二端元件分为无源二端元件和有源二端元件两种。图 1-2 所示的电路元件中，电阻元件 R、电容元件 C、电感元件 L 是无源二端元件，而电压源 U_S、电流源 I_S 是有源二端元件。

电路模型是由理想电路元件取代每一个实际电路元器件，并相互连接而构成的电路。

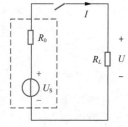

图 1-3　手电筒照明电路的电路模型

在图 1-1 所示的手电筒照明电路中，电池对外提供电压的同时，内部也有电阻消耗能量，所以电池用电压 U_S 和内阻 R_0 的串联表示。灯泡除具有消耗电能的性质（电阻性）外，通电时还会产生磁场，具有电感性，但其电感微弱，产生磁场的因素远少于耗能的因素，可忽略不计，于是认为灯泡是一个电阻元件，用 R 表示。图 1-3 所示是手电筒照明电路的电路模型。

注意：本书后文所说电路均指电路模型，并将理想电路元件简称为电路元件。

1.1.2　电流与电压

通过电路分析能够得出给定电路的电性能。从根本上说，电荷 q 与能量 w 是描述电现象的基本变量，为便于描述电路，又由电荷和能量引入了电路的基本变量：电流 i、电压 u 和功率 p。它们都易于测定，可以反映电路所具有的性能，揭示电路的变化规律。其中功率又可由电压、电流计算。因此，电路分析往往侧重于求电流和电压。

1. 电流

电荷有规则的定向运动形成电流。电流的大小用电流强度来衡量，即单位时间内通过导体横截面的电荷量，可表示为

$$i(t) = \frac{\mathrm{d}q}{\mathrm{d}t} \tag{1-1}$$

其中，$i(t)$ 表示随时间变化的电流，dq 表示在 dt 时间内通过导体横截面的电荷量。

如果电流的大小为恒值，且方向不变，此时

$$i(t) = I = \frac{Q}{T} \qquad (1\text{-}2)$$

其中，Q 表示电荷量，单位为库仑（C）；T 表示时间，单位为秒（s）。

在国际单位制中，电流的单位为安培（A），简称安。实际应用中，大电流用千安（kA）表示，小电流用毫安（mA）、微安（μA）或者纳安（nA）表示。它们的换算关系是

$1kA=1×10^3A$ $1mA=1×10^{-3}A$ $1μA=1×10^{-6}A$ $1nA=1×10^{-9}A$

电流的方向：在外电场的作用下，正电荷将沿着电场方向运动，而负电荷将逆着电场方向运动（金属导体内是自由电子在电场力的作用下定向移动形成电流）。习惯上把正电荷的运动方向定为电流的实际方向（又称真实方向）。

如果电流的大小和方向不随时间变化，则这种电流称为恒定电流，或称直流电（direct current，DC）；如果电流的方向随时间周期性变化，且在一个周期内的平均电流为零，则这种电流称为交流电（alternating current，AC）。

2. 电压

电荷在电路中流动，就必然发生能量的交换。电荷可能在电路的某处获得能量而在另一处失去能量，因此，电路中存在着能量的流动。电源一般提供能量，有能量流出；电阻等元件吸收能量，有能量流入。为便于研究问题，引入"电压"这一物理量。

电场力把单位正电荷从 a 点经外电路（电源以外的电路）移到 b 点所做的功，称为 a、b 两点之间的电压，记作 u_{ab}，又称电位差（或电势差）。因此，电压是衡量电场力做功能力大小的物理量。

若电场力将正电荷 dq 从 a 点经外电路移到 b 点所做的功是 dw，则 a、b 两点间的电压为

$$u_{ab} = \frac{dw}{dq} \qquad (1\text{-}3)$$

在国际单位制中，电压的单位为伏特（V），简称伏。实际应用中，大电压用千伏（kV）表示，小电压用毫伏（mV）表示或者用微伏（μV）表示。它们的换算关系是

$$1kV = 1×10^3\,V = 1×10^6\,mV = 1×10^9\,μV$$

电压的方向：电压的方向规定为从高电位指向低电位，在电路图中可用箭头来表示。习惯上把电位降落的方向称为电压的实际方向（又称实际极性）。

如果电压的大小和方向不随时间变化，则这种电压称为恒定电压，否则称为时变电压。

3. 电位

为了便于分析问题，常在电路中任意指定一点作为参考点，假定该点的电位是零，用符号"⊥"表示。电路中其他各点相对于参考点的电压即各点的电位。因此，任意两点间的电压等于这两点的电位之差，我们可以用电位的高低来衡量电路中某点电场能量的大小。

参考点的选择：一个电路中只能选择一个参考点。电路中各点电位的高低是相对的，参考点不同，各点电位的高低也不同。在生产实践中，把地球作为零电位点，凡是机壳接地的设备（接地符号也是"⊥"），机壳电位即零电位。有些设备或装置，机壳并不接地，而是把许多元件的公共点作为零电位点，用符号"⊥"表示。

电压与电位的单位相同，都是伏特（V）。两点间的电压等于该两点的电位之差，电压的实际方向是从高电位点指向低电位点（电压降）。电路中任意两点之间的电压与参考点的选择无关，

电压具有单值性和绝对性。而某点的电位则与参考点的选择密切相关。电位具有单值性，即参考点一旦设定，某点的电位是唯一的。而电位又具有相对性，参考点选择不同，某点的电位也不同。

4. 电位的计算

求电路某点的电位，必须首先确定参考点，令该点电位为零，记为"⊥"，电路其余各点与之比较，高者为正电位，低者为负电位，如图 1-4 所示。

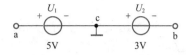

图 1-4　电路中各点的电位判定

设 c 为参考点，则 c 点的电位为 0V，a 点的电位为 +5V，b 点的电位 −3V，a、b 两点间的电压为

$$U_{ab} = V_a - V_b = (+5) - (-3) = 8V$$

对图 1-5（a）所示电路，可将其简化为用电位的极性代替电压源的形式，如图 1-5（b）所示。同样，为了方便理解和计算，也可将图 1-5（b）所示的简化电路改画为图 1-5（a）所示的电压源形式的电路。电位的计算，就是要看懂简化电路图与我们所熟悉的电路图之间的关系：某点电位是 +5V，相当于在这点与参考点之间接一个 5V 的理想电压源，其正极就是该点位置，负极与参考点相连；某点电位是 −5V，也相当于在这点与参考点之间接一个 5V 的理想电压源，但其正极是参考点，负极是该点。

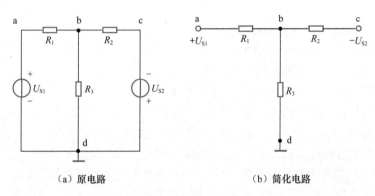

（a）原电路　　　　　　　　　（b）简化电路

图 1-5　电位简化电路例图

计算电位必须在电路中设立电路参考点，没有电路参考点，讲电位是没有意义的。

例题 1-1

问题　求图 1-6（a）、（b）中 a 点的电位。

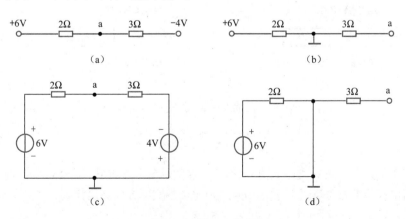

图 1-6　例题 1-1 电路图

解答　将图 1-6（a）改画为电压源形式的电路，如图 1-6（c）所示。

$$U_a = -4 + \frac{3}{2+3} \times (6+4) = 2V$$

将图 1-6（b）也改画为电压源形式的电路，如图 1-6（d）所示，因 3Ω 电阻中电流为零，故 $U_a = 0$。

1.1.3　参考方向

1. 电流的参考方向

对简单的电路来说，电流的实际流向（正电荷运动的方向）是可以判断出来的，电流从电源正极流出，经过负载，回到电源负极。但在实际问题中，对复杂电路来说，电流的实际流向事先在电路图中难以判断，而列方程、进行定量计算时需要对电流约定一个方向。对于交流电流，电流的方向随时间改变，无法用一个固定的方向表示，因此在分析电路之前也需要假设一个电流的"参考方向"。

如图 1-7 所示，电阻 R 的电流实际方向不是一看便知的，但它的实际方向无非是 a 流向 b 或 b 流向 a。因此，可以先任意假设正电荷的运动方向，用箭头标在电路图上，或用双下标表示（如 i_{ab} 表示电流从 a 点流向 b 点），并以此为准去分

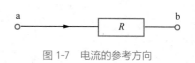

图 1-7　电流的参考方向

析、计算。对于难以确定电流实际方向的较复杂电路，为了分析计算的方便，可事先假设每个支路或元件上的电流方向，这种人为假设的电流方向就是电流的参考方向。

对于一个具体的元件或支路，可以任意选定某一方向为其电流参考方向。

电流的实际方向与参考方向的关系：经计算后根据电流的正负可判断其实际方向。计算所得电流为正值，说明实际方向与所设参考方向一致；计算所得电流为负值，说明实际方向与所设参考方向相反。在图 1-8 中：图 1-8（a）中选定的参考方向与实际电流方向一致，$i > 0$；图 1-8（b）中选定的参考方向与实际电流方向不一致，$i < 0$。注意：电流值的正负在设定参考方向的前提下才有意义。因此，选用电流变量时一定要标出其参考方向。因为从参考方向可以判定实际方向，所以在电路图中标出的电流方向都可以认为是参考方向。

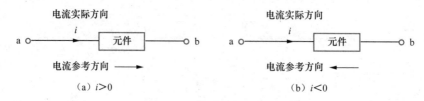

图 1-8　电流参考方向与实际方向的关系

例题 1-2

问题　接于某一电路的 ab 支路如图 1-9 所示，在图示参考方向下，$i = 2A$。问：电流的实际方向是什么？若电流参考方向与图中相反，$i = 2A$ 时电流的实际方向又是什么？

解答

（1）由 $i = 2A > 0$ 可知，电流实际方向与图示参考方向一致，为 a→b；

（2）在标定参考方向时，电流值的正负即标明了实际方向与参考方向是否一致。若参考方向为 b→a，由 $i = 2A > 0$ 可知，电流实际方向与参考方向一致，应为 b→a。

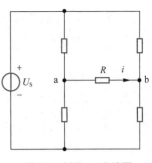

图 1-9 例题 1-2 电路图

2. 电压的参考方向

同需要为电流选定参考方向一样，也需要为电压选定参考方向。通常在电路图上用"+"表示参考方向的高电位端，"−"表示参考方向的低电位端，如图 1-10 所示。电压的参考方向也可以用双下标表示，如 u_{ab}：a 点为高电位，b 点为低电位。如果采用双下标标记，电压的参考方向意味着从前一个下标指向后一个下标，u_{ab} 表示电压参考方向从 a 点指向 b 点。若电压参考方向选 b 点指向 a 点，则应写成 u_{ba}，两者仅差一个负号，即 $u_{ab} = -u_{ba}$。

在比较复杂的电路中，往往不能事先知道电路中任意两点间的电压，为了分析和计算的方便，与电流的方向规定类似，在分析、计算电路之前必须对电压标以极性（正、负号），或标以方向（箭头），表示假定的参考方向。因此，电压的参考方向是电路中某元件上或任意两点间人为假定的电压降方向。

图 1-10 电压参考方向的表示方法

电压的实际方向与参考方向的关系：分析电路时，先按选定的电压参考方向进行分析、计算，再由计算结果中电压值的正负来判断电压的实际方向与任意选定的电压参考方向是否一致。电压值为正，则实际方向与参考方向相同；电压值为负，则实际方向与参考方向相反。

在图 1-11 中：图 1-11（a）中选定的参考方向与实际电压方向一致，$u>0$；图 1-11（b）中选定的参考方向与实际电压方向不一致，$u<0$。

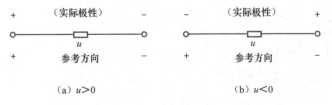

（a）$u>0$ （b）$u<0$

图 1-11 电压参考方向与实际方向的关系

对任何电路进行分析时，首先要标出各处的电压、电流的参考方向。

3. 关联参考方向

在电路分析中，电流与电压的参考方向是任意选定的，两者之间独立无关。但为了方便，常采用关联参考方向。

对一段电路或一个元件来说，如果电流的参考方向和电压的参考方向一致，则称为关联参考方向。如图 1-12（a）所示，电流的参考方向是从电压的"+"极流入、从电压的"−"极流出。

如果电流的参考方向和电压的参考方向不一致，则称为非关联参考方向。如图1-12（b）所示，电流的参考方向是从电压的"−"极流入、从电压的"+"极流出。

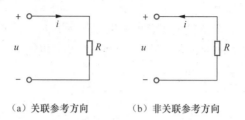

（a）关联参考方向　　　（b）非关联参考方向

图 1-12　电压、电流的关联参考方向和非关联参考方向

只要元件中电流的参考方向与元件电压的参考方向一致（关联参考方向），则在电压与电流相关的表达式中使用正号，否则使用负号。图1-12（a）中，电阻R上的伏安关系是$U=IR$；图1-12（b）中，电阻R上的伏安关系是$U=-IR$。

1.2　功率与能量

1.2.1　功率

1. 功率定义

电流通过电路时传输或转换电能的速率，即单位时间内电场力所做的功，也是单位时间内电路或元件上吸收（释放）的能量，称为电功率，简称功率，用"p"表示，数学描述为

$$p = \frac{\mathrm{d}w}{\mathrm{d}t} \tag{1-4}$$

在国际单位制中，功率的单位是瓦特（W），规定元件1s内提供或消耗1J能量时的功率为1W。常用的功率单位还有千瓦（kW），1kW=1000W。

2. 功率计算

式（1-4）等号右边分子、分母同乘以$\mathrm{d}q$后，变为

$$p = \frac{\mathrm{d}w}{\mathrm{d}t} = \frac{\mathrm{d}w}{\mathrm{d}q} \times \frac{\mathrm{d}q}{\mathrm{d}t} = ui \tag{1-5}$$

可见，元件吸收或发出的功率等于元件上的电压乘以元件上的电流。

当u、i的参考方向为关联参考方向时，例如，在图1-12（a）中，R上的功率为

$$p = ui（直流功率 P = UI）$$

当u、i的参考方向为非关联参考方向时，例如，在图1-12（b）中，R上的功率为

$$p = -ui（直流功率 P = -UI）$$

元件上的电压和电流的参考方向无论关联与否，只要计算结果$p>0$，则该元件就是在吸收功率，即消耗功率，该元件是负载；若$p<0$，则该元件是在发出功率，即产生功率，该元件是电源。而当元件上的电压与电流的实际方向相同时，元件一定是在吸收功率，反之则是在发出功率。实际电路中，电阻元件的电压与电流的实际方向总是一致的，说明电阻总在消耗能量。而电源则不然，其功率可能为正也可能为负，这说明它可能作为真正的电源提供电能，发出功率，也可能作

为负载使用，被充电，吸收功率。

根据能量守恒定律，对于一个完整的电路，所有元件发出功率的总和正好等于所有元件吸收功率的总和。

例题 1-3

问题　图1-13所示电路中，已知 $I_1 = 3A$，$I_2 = -2A$，$I_3 = 1A$，电位 $V_a = 8V$，$V_b = 6V$，$V_c = -3V$，$V_d = 8V$。求图示方框所代表的各元件吸收或发出的功率。

解答　根据电路参考点位置及各电位值可得各元件电压为

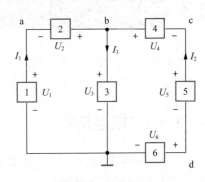

$$U_1 = V_a = 8V \qquad\qquad U_2 = V_b - V_a = -2V$$
$$U_3 = V_b = 6V \qquad\qquad U_4 = V_b - V_c = 9V$$
$$U_5 = V_c - V_d = -11V \qquad\qquad U_6 = V_d = 8V$$

图 1-13　例题 1-3 电路图

设各元件上的功率分别为 P_1、P_2、P_3、P_4、P_5、P_6，则

$P_1 = -U_1 I_1 = -(8 \times 3) = -24W$（发出功率）　　$P_2 = -U_2 I_1 = -(-2 \times 3) = 6W$（吸收功率）

$P_3 = U_3 I_3 = 6 \times 1 = 6W$（吸收功率）　　$P_4 = U_4 I_2 = -[9 \times (-2)] = 18W$（吸收功率）

$P_5 = -U_5 I_2 = -(-11) \times (-2) = -22W$（发出功率）　　$P_6 = U_6 I_2 = -[8 \times (-2)] = 16W$（吸收功率）

$P_{吸收功率} = P_{发出功率}$

1.2.2　能量

电路中的能量称为电能，指的是电路在一段时间内消耗或提供的能量。电路元件在时间 t 内消耗或提供的能量为

$$W = \int_0^t p\,\mathrm{d}t \tag{1-6}$$

在直流电路下，电路元件在时间 t 内消耗或提供的能量用式（1-7）计算。

$$W = Pt \tag{1-7}$$

在国际单位制中，电能的单位是焦耳（J）。1J等于1W的用电设备在1s内消耗的电能。通常电业部门用"度"作为单位测量用户消耗的电能。1度（或1kW·h）电等于功率为1kW的用电设备在1h内消耗的电能，即

$$1度 = 1kW \cdot h = 1 \times 10^3 \times 3600 = 3.6 \times 10^6 J$$

1.2.3　电气铭牌

电气设备或元件长期正常运行的电流容许值称为额定电流，其长期正常运行的电压容许值称为额定电压，额定电压和额定电流的乘积为额定功率。如果通过元件的实际电流过大，超过了额定电流，特别是长时间超过，其导致的温度升高可能使元件的绝缘材料损坏，甚至使导体熔化；如果实际电压过大，超过额定电压，可能使绝缘材料被击穿，所以必须加以限制。通常电气设备或元件的额定值标在产品的铭牌上，称为电气铭牌。如一白炽灯标有"220V、40W"，表示它的

额定电压为220V，在正常运行时（工作在额定电压下），达到的额定功率为40W。这盏白炽灯持续点亮25h耗费的电能是1度。

1.3 电阻元件与欧姆定律

电路中常见的元件就是电阻，它是电路重要的组成部分，发挥着各种各样的作用。本节就来介绍电阻元件的基本知识和电路特性。

1.3.1 电阻元件

电阻是一种常见的、用于反映电流热效应的二端电路元件，其体现了阻碍电流（或电荷）流动的能力。图1-14所示是各种电阻元件，由于一些电阻元件的体积较小，不便于标注具体阻值，因此采用色环标注法。对于色环标注，阻值的读取方法如图1-15所示。

图 1-14 各种电阻元件

阻值的读取方法

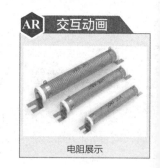

电阻展示

颜色	第一段	第二段	第三段	乘数	误差	
黑色	0	0	0	1		
棕色	1	1	1	10	±1%	F
红色	2	2	2	100	±2%	G
橙色	3	3	3	1k		
黄色	4	4	4	10k		
绿色	5	5	5	100k	±0.5%	D
蓝色	6	6	6	1M	±0.25%	C
紫色	7	7	7	10M	±0.10%	B
灰色	8	8	8		±0.05%	A
白色	9	9	9			
金色				0.1	±5%	J
银色				0.01	±10%	K
无					±20%	M

图 1-15 阻值的读取方法

电阻元件按其电压和电流的关系曲线（又称伏安特性曲线）是不是过原点的直线可分为线性电阻元件和非线性电阻元件；按其特性是否随时间变化又可分为时变电阻元件和非时变电阻元件。如无特殊说明，本书所称电阻元件均指线性非时变电阻元件。图1-16（a）所示为线性电阻元件的图形符号，图1-16（b）所示为它的伏安特性曲线，图1-16（c）是非线性电阻元件的图形符号，图1-16（d）为非线性电阻元件（白炽灯）的伏安特性曲线。

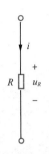 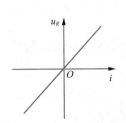

（a）线性电阻元件的图形符号　　　（b）线性电阻元件的伏安特性曲线

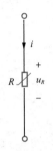 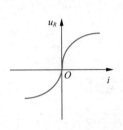

（c）非线性电阻元件的图形符号　　（d）非线性电阻元件（白炽灯）的伏安特性曲线

图 1-16　电阻元件的图形符号及伏安特性曲线

1.3.2　欧姆定律

欧姆定律与
参考方向的关系

线性电阻元件的端电压 u 和端电流 i 取关联参考方向时，其端口伏安关系为

$$u = Ri \qquad (1\text{-}8a)$$

式（1-8a）称为欧姆定律，式中 R 为常数，用来表示电阻及其数值。凡是服从欧姆定律的元件即线性电阻元件。线性电阻的电阻值 R 就是线性电阻伏安特性曲线中那条过原点的直线的斜率。

若线性电阻元件的端电压、端电流取非关联参考方向，则欧姆定律表示为

$$u = -Ri \qquad (1\text{-}8b)$$

在国际单位制中，电阻的单位是欧姆（Ω），规定当电阻电压为 1V、电流为 1A 时的电阻值为 1Ω。此外电阻的单位还有千欧（kΩ）、兆欧（MΩ）。电阻的倒数称为电导，用符号 G 来表示，即

$$G = \frac{1}{R} \qquad (1\text{-}9)$$

电导的单位是西门子（S），或 1/欧姆（1/Ω）。电阻和电导均为常量，其数值由元件本身决定，与其端电压和端电流无关。

1.3.3　电阻功率

电阻是一种耗能元件。电流通过电阻会使电能转换为热能，热能向周围扩散后，不可能再转换为电能，这是一个不可逆过程。在电阻元件上的电压、电流取关联参考方向的情况下，电阻吸收并消耗的功率可由式（1-10a）计算得到。

$$p = ui = i^2R = \frac{u^2}{R} \qquad (1\text{-}10a)$$

电阻元件上的电压和电流取非关联参考方向时，电阻吸收并消耗的功率可由式（1-10b）计算得到。

$$p = -ui = (-iR)i = \frac{u^2}{R} = Gu^2 \qquad (1\text{-}10b)$$

由以上两式可知，无论电阻元件上的电压和电流采用何种参考方向，任何时刻电阻吸收的功率都不可能为负值，也就是说电阻元件为耗能元件。

从 t_0 到 t 时间范围内，电阻消耗的电能可由式（1-11）计算。

$$W = \int_{t_0}^{t} ui\,\mathrm{d}t \qquad (1\text{-}11)$$

1.3.4　开路和短路

当电阻值 $R=0$ 时，伏安特性曲线与 i 轴重合，如图1-17（a）所示。此时不论电流 i 为何值，端电压 u 总为零，称为"短路"。

当电阻值 $R=\infty$ 时，其伏安特性曲线与 u 轴重合，如图1-17（b）所示。此时不论端电压 u 为何值，电流 i 总为零，称为"开路"或"断路"。

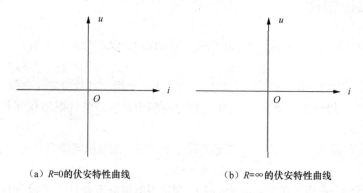

（a）$R=0$ 的伏安特性曲线　　　　　　（b）$R=\infty$ 的伏安特性曲线

图 1-17　电阻元件短路和断路的伏安特性曲线

1.4　电路元件：电容与电感

电路元件除电阻之外，还有电容和电感。由前文的介绍可知电阻是耗能元件，电容和电感则是储能元件，且在电路的暂态过程中起到至关重要的作用。本节就来介绍电容元件和电感元件的基本知识和元件特性。

AR　交互动画

电容和电感展示

1.4.1　电容元件

电容器（简称电容）是一种储存电场能的元件，它由两块极板构成，两极板之间为绝缘介质，两极板上分别引出一根引脚。在电力系统中常用电容提高电力系统的功率因数，以减少输电线路损耗和提高电源能量利用率。在电子设备中，电容是不可缺少的元件。

1. 常见电容

常见电容外形如图 1-18 所示。

2. 电容量

电容量是电容的一个工作参数，是用于衡量其储存电荷本领大小的物理量，有时也简称电容量为电容。

当电路中有电容存在时，电容极板（由绝缘材料隔开的两个金属导体）上会聚集起等量异号电荷。电压 u 越高，聚集的电荷 q 就越多，产生的电场越强，储存的电场能就越多。

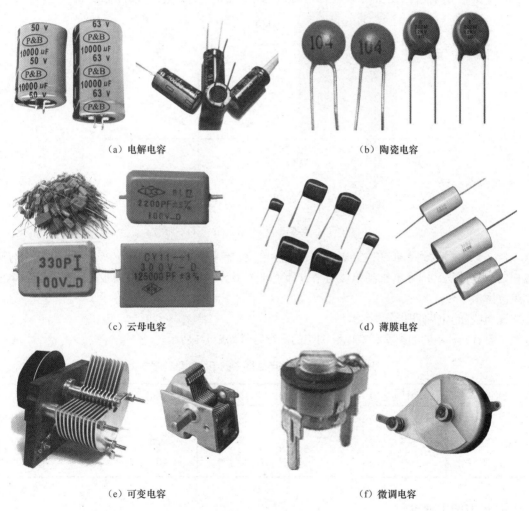

（a）电解电容　　　　　　　　　　　　（b）陶瓷电容

（c）云母电容　　　　　　　　　　　　（d）薄膜电容

（e）可变电容　　　　　　　　　　　　（f）微调电容

图 1-18　常见电容外形

q 与 u 的比值被定义为电容的电容量，简称电容，用公式表示为

$$C = \frac{q}{u} \tag{1-12}$$

式（1-12）中，q 为单个极板上的电荷量，国际单位制单位为库仑（C）；u 为两极板间的电压，国际单位制单位为伏特（V）；C 为电容的电容量，国际单位制单位为法拉（F）。

法拉是个非常大的单位，在实际应用中，常用较小的单位，如微法（μF）、纳法（nF）和皮法（pF），其换算关系是

$$1F = 1 \times 10^6 \mu F = 1 \times 10^9 nF = 1 \times 10^{12} pF$$

当加在电容两端的电压 u 增加时，电容极板上的电荷量 q 也增加，若二者成正比关系，则电容为线性电容，C 为常数，特性曲线如图 1-19（a）所示；否则为非线性电容，特性曲线如图 1-19（b）所示。

需要注意，式（1-12）只表明电容 C 与 q、u 之间的联系，实际电容的电容量 C 的大小与 q、u 没有关系，电容 C 的大小只取决于其自身结构。在平行极板电容中，电容 C 的大小与两极板有效面积成正比，与两极板的距离成反比，与两极板间绝缘介质的介电常数成正比，即

$$C = \frac{\varepsilon S}{d} \quad\quad\quad （1-13）$$

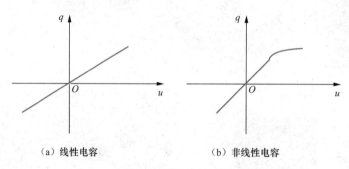

(a) 线性电容　　　　　　　　　　(b) 非线性电容

图 1-19　线性电容和非线性电容的伏安特性曲线

式（1-13）中，ε 为绝缘介质的介电常数，国际单位制单位为法/米（F/m）；S 为平行极板电容两极板的有效面积，国际单位制单位为平方米（m^2），d 为平行极板电容两极板的距离，国际单位制单位为米（m）。

3. 电容的电路图形符号

电容有各种不同的类型，在电路图中的图形符号如表 1-1 所示。

表 1-1　各种电容在电路图中的电路图形符号

名称	无极性电容	有极性电容	半可变电容	可变电容	双连电容
图形符号					

4. 电容的主要参数

电容的主要参数有标称容量、允许偏差和额定电压。

（1）标称容量：电容外壳上标出的电容量值称为其标称容量。

（2）允许偏差：电容的允许偏差常用的有 ±2%、±5%、±10%、±20% 等几种。通常容量越小，允许偏差越小。

（3）额定电压：额定电压又称为耐压，指的是在规定温度范围内，可以连续加在电容上而不损坏电容的最大直流电压。在使用过程中，加在电容两端的实际电压不能超过额定电压，否则可

能烧坏电容。常用的固定电容工作电压有10V、16V、25V、50V、100V、160V、250V、400V、2500V等。

5. 电容的伏安关系

当电容极板上的电荷量q或极板间的电压u发生变化时，在电路中就会有电流流过，其大小为

$$i = \frac{\mathrm{d}q}{\mathrm{d}t} = C\frac{\mathrm{d}u}{\mathrm{d}t} \tag{1-14}$$

式（1-14）是在极板间的u和流过电容的i取关联参考方向的情况下得出的，如图1-20（a）所示；当电容电压u与电流i取非关联参考方向时，如图1-20（b）所示，此时可以得到

$$i = -C\frac{\mathrm{d}u}{\mathrm{d}t} \tag{1-15}$$

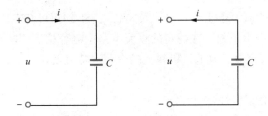

（a）u和i为关联参考方向　　　（b）u和i为非关联参考方向

图 1-20　电容元件上的电压和电流

将式（1-14）两边积分，便可得出电容元件上的电压与电路中电流的一种关系式，即

$$u = \frac{1}{C}\int_{-\infty}^{t} i\mathrm{d}t = \frac{1}{C}\int_{-\infty}^{0} i\mathrm{d}t + \frac{1}{C}\int_{0}^{t} i\mathrm{d}t = u_0 + \frac{1}{C}\int_{0}^{t} i\mathrm{d}t \tag{1-16}$$

式（1-16）中，u_0是初始值，即在$t=0$时电容元件上的电压。若$u_0=0$或$q_0=0$，即电容元件上没有初始储能，则

$$u = \frac{1}{C}\int_{0}^{t} i\mathrm{d}t \tag{1-17}$$

6. 电容的储能

在u与i取关联参考方向的情况下，电容元件吸收的功率为

$$p = ui = uC\frac{\mathrm{d}u}{\mathrm{d}t} = Cu\frac{\mathrm{d}u}{\mathrm{d}t} \tag{1-18}$$

即任何时刻电容吸收的功率不仅与该时刻的电压有关，还与该时刻电压的变化率有关，其数值可能为正，也可能为负。当$p>0$时，电容吸收能量；当$p<0$时，电容释放能量。所以电容是一种储能元件。

从0时刻到t时刻，这段时间内电容吸收的能量计算方法如下。

$$W = \int_{0}^{t} p\mathrm{d}\tau = \int_{0}^{t} u_C i_C \mathrm{d}\tau = \int_{0}^{t} Cu_C\frac{\mathrm{d}u_C}{\mathrm{d}\tau}\mathrm{d}\tau = \frac{1}{2}Cu_C^2(t) - \frac{1}{2}Cu_C^2(0) \tag{1-19}$$

电容在t时刻具有的能量为$W = \frac{1}{2}Cu_C^2(t)$。

若电容在 $0 \sim t$ 时间内，其两端电压由 0V 增大到 U，则吸收的能量为

$$W = \int_0^t p\mathrm{d}\tau = \int_0^U Cu\mathrm{d}u = \frac{1}{2}CU^2 \tag{1-20}$$

式（1-20）表明，对于同一个电容元件，当电场电压高时，电容储存的能量多；对于不同的电容元件，当充电电压一定时，电容量大的电容储存的能量多。从这个意义上说，电容量 C 也是电容元件储能本领大小的标志。

当电压的绝对值增大时，电容元件吸收能量，并将其转换为电场能量；当电压的绝对值减小时，电容元件释放电场能量。电容元件本身不消耗能量，不会释放出超出它吸收能力或储存能力的能量，因此电容元件也是一种无源的储能元件。

7. 电容的属性

由电容上的电压和电流的关系公式和能量储存公式，可以推出电容的以下几个属性。

（1）电容有隔直流、通交流的性质

当电容两端加恒定的直流电压时，由伏安关系式（1-14）可知电压的变化率为 0，$i=0$，电容元件相当于开路。这里得出结论，在稳定的直流电路中电容相当于断路（开路）。当电容接上交流电压 u 时，电容不断被充电、放电，极板上的电荷也随之变化，电路中出现了电荷的移动，形成电流。

（2）电容上的电压有记忆性质

由式（1-16）可知，任何时刻的电容电压 $u_C(t)$ 与 t 时刻以前所有时刻的情况有关，所以电容是记忆元件。

（3）电容有储能性质

电容是一个储存电场能量的元件，储存能量的大小用式（1-19）表示。

（4）电容上的电压不能发生突变

能量是不能突变的，它既不能突然产生，也不会瞬间消失，能量的储存和释放是需要时间的。由电容的能量储存式可知，电容上的电压也是不能发生突变的，这从能量的角度说明了电容上电压不能突变的原因。若电压突变了，在瞬间电压的变化率达到无穷大，也就是说电容上会通过无穷大的电流，这在现实中也是不可能实现的。利用电容的这种电压不突变性质，可以对电路元件进行过压保护。

（5）电容有无源性质

电容本身不消耗能量，也不会产生能量，只是与电源进行能量交换，所以是无源元件。

例题 1-4

问题 一个电容 $C=20\mu F$ 与一个电阻 $R_L=10\Omega$ 串联后接在直流电源 $U_S=100V$ 上。求：

（1）开关接通稳定后，电容上的电压 U_C；

（2）开关接通稳定后，储存在电场中的能量。

解答

（1）直流电源刚加到电容上时，电容开始充电并产生一定的充电电流。经过一段时间，电容充电完成，电路稳定，此时电容相当于"开路"，其两端的电压等于直流电源的电压，即

$$U_C = 100V$$

（2）电容是一种无源的储能元件。在充电的过程中，电容将电能转换为电场能储存在两极板

间，根据电容储能公式可知其储存在电场中的能量为

$$W_C = \frac{1}{2}CU_C^2 = 0.1\text{J}$$

1.4.2　电感元件

电感器（简称电感）是一种表征电路存储磁场能量这一物理性质的元件。在电子和电力系统中，常常可以看到用导线绕制的线圈，如日光灯镇流器、收音机天线等，这些线圈统称为电感线圈，也叫电感。

1. 常见电感

常见电感外形如图1-21所示。当电路中有电感（线圈）存在时，电流经过线圈会产生比较集中的磁场。电感在电子设备中应用比较广泛，在电路中有通直流阻交流、通低频阻高频的作用。因此，电感常与电容构成选频回路完成调谐选频（如收音机选台）功能，电感也是滤波器的重要组成元件。

图 1-21　常见电感外形

2. 电感量

电感元件是电路的基本元件之一，是实际的电感线圈即电路元件内部所含电感效应的抽象，它能够储存和释放磁场能量，空心电感线圈可抽象为线性电感。理想电感在电路中用图1-22（b）所示的符号表示。在图1-22（a）中，设线圈的匝数为N，电流i通过线圈而产生的磁通为Φ，两者的乘积（$\psi = N\Phi$）称为线圈的磁链，磁链与电流的比值称为电感（线圈）的电感量或电感值，即

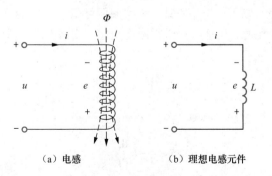

（a）电感　　　　　　　（b）理想电感元件

图 1-22　电感

$$L = \psi / i \qquad (1\text{-}21)$$

式（1-21）中，ψ 和 Φ 的单位为韦伯（Wb），i 的单位为安培（A），L 的单位为亨利（H）。

3. 电感的电路图形符号

电感的电路图形符号如图1-23所示。

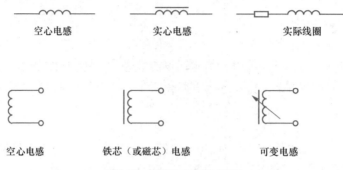

空心电感　　　　　　实心电感　　　　　　实际线圈

空心电感　　　铁芯（或磁芯）电感　　　可变电感

图 1-23　电感的电路图形符号

4. 电感的主要参数

（1）电感量

电感量 L 也称自感系数，是用来表示电感元件自感应能力的物理量。当通过一个线圈的磁通发生变化时，线圈中便会产生感应电动势，这就是电磁感应现象。电动势大小与磁通变化的速率和线圈匝数成正比。自感电动势的方向总是阻碍原电流变化的，犹如线圈具有惯性，这种电磁惯性的大小就用电感量 L 来表示。L 的国际单位制单位为亨利（H），实际用得较多的单位为毫亨（mH）和微亨（μH），其换算关系是

$$1\text{H} = 1 \times 10^{3}\,\text{mH} = 1 \times 10^{6}\,\text{μH}$$

同电容一样，空心电感（也称为线性电感）的电感量大小也取决于自身结构，与线圈是否通电及通电大小无关。

（2）额定电流

额定电流通常是指允许长时间通过电感元件的直流电流值。选用电感元件时，其额定电流值一般要稍大于电路中流过的最大电流。

（3）品质因数

品质因数又称 Q 值。Q 值大，说明线路的损耗小，效率高。选频电路要求 Q 值较高。例如，收音机中 Q 值高，则选择性好，不易串台。

5. 电感的伏安关系

如果线圈的电阻很小，则可以忽略不计，该线圈便可用图1-22（b）所示的理想电感元件来代替。当线圈中的电流变化时，磁通和磁链将随之变化，线圈中产生感应电动势。感应电动势 e 可以用式（1-22）计算。

$$e = -\frac{\mathrm{d}\psi}{\mathrm{d}t} = -N\frac{\mathrm{d}\Phi}{\mathrm{d}t} \qquad (1\text{-}22)$$

将式（1-21）代入式（1-22），得到

$$e = -L\frac{\mathrm{d}i}{\mathrm{d}t} \qquad (1\text{-}23)$$

图1-22中，电感上电压与电流取关联参考方向，对于线性时不变电感 L，$u = -e$，所以得到

电感上电压与电流之间的关系式为

$$u = -e = L\frac{\mathrm{d}i}{\mathrm{d}t} \tag{1-24}$$

此即电感元件上的电压与通过的电流的关系式，电感上的电压与电流的变化率成正比。将式（1-24）两边积分，便可得出

$$i = \frac{1}{L}\int_{-\infty}^{t} u\mathrm{d}t = \frac{1}{L}\int_{-\infty}^{0} u\mathrm{d}t + \frac{1}{L}\int_{0}^{t} u\mathrm{d}t = i_0 + \frac{1}{L}\int_{0}^{t} u\mathrm{d}t \tag{1-25}$$

式（1-25）中，i_0 是初始值，即在 t=0 时电感元件中通过的电流，若 i_0=0，则

$$i = \frac{1}{L}\int_{0}^{t} u\mathrm{d}t \tag{1-26}$$

6. 电感的储能

在关联参考方向下，电感元件吸收的功率为

$$p = ui = Li\frac{\mathrm{d}i}{\mathrm{d}t} \tag{1-27}$$

即任何时刻电感吸收的功率不仅与该时刻的电流有关，还取决于该时刻电流的变化率，其数值有可能为正，也可能为负。当 p>0 时，表明电感在吸收能量；当 p<0 时，说明电感在释放能量。所以电感元件是一种储能元件。

电感元件在 0 到 t 时间内吸收的能量为

$$W = \int_{0}^{t} p\mathrm{d}\tau = \int_{0}^{t} u_L i_L \,\mathrm{d}\tau = \int_{0}^{t} Li_L \frac{\mathrm{d}i_L}{\mathrm{d}\tau}\mathrm{d}\tau = \frac{1}{2}Li_L^2(t) - \frac{1}{2}Li_L^2(0) \tag{1-28}$$

电感元件在 t 时刻所具有的能量为

$$W = \frac{1}{2}Li_L^2(t) \tag{1-29}$$

若电感线圈在 0 时刻电流为 0，即线圈中的电流由 0 变化到 I 时，吸收的能量为

$$W = \int_{0}^{t} p\mathrm{d}\tau = \int_{0}^{I} Li_L \mathrm{d}i_L = \frac{1}{2}LI^2 \tag{1-30}$$

即电感元件在一段时间内储存的能量与其电流的平方成正比。当通过电感的电流增加时，电感元件就将电能转换为磁能并储存在磁场中；当通过电感的电流减小时，电感元件就将储存的磁能转换为电能释放。所以，电感是一种储能元件，它以磁场能量的形式储能，同时电感元件也不会释放出超出它吸收或储存能力的能量，因此它也是一种无源的储能元件。

7. 电感的属性

由电感上的电压和电流的关系公式及能量储存公式，可以推出电感的以下几个属性。

（1）电感有通直流、阻交流的性质

当电感两端加恒定的直流电流时，由伏安关系式可知电流的变化率为 0，u=0，电感元件相当于短路。因此可以得出结论，在稳定的直流电路中电感相当于短路，可以用一根导线代替，直流电可以顺利通过。当电流变化比较剧烈时，电感两端会出现高电压，故电感具有通直流、阻交流的作用。

（2）电感上的电流有记忆性质

由式（1-25）可知，t 时刻的电感电流 $i_L(t)$ 取决于 0 ～ t 这段时间内的电感电压，即与过去有

关，所以电感元件具有记忆功能，是记忆元件。

（3）电感有储能性质

电感是一个储存磁场能量的元件，储存能量的大小用式（1-30）表示。

（4）电感上的电流不能发生突变

能量是不能突变的，它既不会突然产生，也不会瞬间消失，能量的储存和释放是需要时间的。由电感的能量储存式可知，电感上的电流也是不能发生突变的，这从能量的角度说明了电感上电流不能突变的原因。若电流突变了，在瞬间电流的变化率达到无穷大，也就是说电感上会有无穷大的电压，这在现实中是不可能实现的。利用电感的这种电流不突变性质，可以对电路元件进行过流保护。

（5）电感有无源性质

电感本身不消耗能量，也不会产生能量，只是与电源进行能量交换，所以是无源元件。

例题1-5

问题 电感线圈$L=10\text{mH}$，本身具有电阻$R=2\Omega$，与一个电阻$R=100\Omega$并联后接通直流电源$U_S=100\text{V}$。当开关合上瞬间，求通过R的电流和线圈中的电流；在电路达到稳态后，求线圈中的电流，电阻R上的电流。

解答 开关合上瞬间，通过R的电流$I_R=100/100=1\text{A}$，线圈中的电流$I_L=0\text{A}$；在电路达到稳态后，线圈中的电流$I_L=100/2=50\text{A}$，电阻R上的电流$I_R=100/100=1\text{A}$。

1.5 电源元件：独立源与受控源

能够独立地向外电路提供电能的电源，称为独立电源（简称独立源）；不能独立向外电路提供电能的电源称为非独立电源，又称为受控源。独立源是二端电路元件，它可以将非电磁能量（如热能、机械能、化学能、光能等）转化为电磁能量，并作为电路的激励信号（又称激励源）向电路提供能量，由此在元件上产生的电压、电流等称为响应。独立源可以用两种不同的电路模型表示，用电压形式表示的称为电压源模型，用电流形式表示的称为电流源模型，分别简称电压源和电流源，下面分别予以介绍。

1.5.1 独立电压源

1. 理想电压源

理想电压源是实际电源的一种抽象，由于它向外提供恒定的电压，因此也称为恒压源。理想电压源对外提供的电压（理想电压源的端电压），在任何时刻都与通过它的电流无关；理想电压源上通过的电流大小则是由它和外电路共同决定的。

理想电压源的电路图形符号和伏安特性曲线如图1-24所示。理想电压源的伏安特性显示为平行于i轴的一条直线，可写为

$$u = u_S \tag{1-31}$$

理论上，恒压源可以提供无穷大的功率，这显然是不现实的，因此实际上并不存在理想电压源。

2. 实际电压源

实际电压源总是有内部消耗的，只是内部消耗通常都很小，因此可以用一个理想的电压源元件与一个阻值较小的电阻（内阻）串联组合的电路模型来等效，如图 1-25（a）虚线框内电路所示。

图 1-25（a）中 R_0 为电源的内部消耗的等效电阻。电压源两端接上负载 R_L 后，负载上就有电流 i 和电压 u，分别称为输出电流和输出电压，或者端口电压和端口电流。电压源的端口电压和端口电流之间的伏安关系称为电源的外特性，用外特性方程表示为

$$u = u_S - iR_0 \qquad (1\text{-}32)$$

由此可画出电压源的外特性曲线，如图 1-25（b）的实线部分所示，输出电压不再是平行于 i 轴的直线，它具有一定的斜率，因内阻很小，所以外特性曲线较平坦。输出电压会随输出电流的增大而减小。

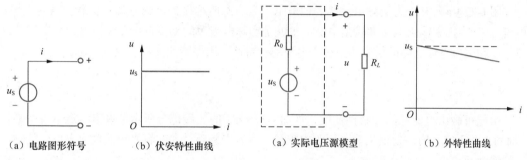

（a）电路图形符号　　（b）伏安特性曲线
图 1-24　理想电压源的电路图形符号和伏安特性曲线

（a）实际电压源模型　　（b）外特性曲线
图 1-25　实际电压源模型及其外特性曲线

实际电压源总是存在内阻的，而我们希望电压源的内阻越小越好，这样其向外电路提供的电压就会基本稳定，实际电压源的内阻等于零时就成为理想电压源。电压源不接负载时，输出电流总等于零，这种情况称为"电压源开路"。当 $U=0$ 时，电压源的外特性曲线为 u-i 平面上的电流轴，输出电压等于零，这种情况称为"电压源短路"，由于内阻小，这时电压源上会通过相当大的电流，现实中是不允许发生的。

当电路中有多个电压源串联时，对外电路来说可以等效成一个电压源，即多个电压源串联时，其等效电压源的电压为各个电压源电压的代数和。多个电压源并联时，必须满足各个电压源大小相等、方向相同，其等效电压源的电压为其中任意一个电压源的电压。

1.5.2　独立电流源

1. 理想电流源

理想电流源是实际电源的一种抽象，由于它向外提供恒定的电流，因此也称为恒流源。理想电流源对外提供的电流（理想电流源的端电流），在任何时刻都与它两端所加的电压无关；理想电流源的端电压的大小则是由它和外电路共同决定的。

理想电流源的电路图形符号和伏安特性曲线如图 1-26 所示。它的伏安特性显示为平行于 u 轴的一条直线，可写为

$$i = i_S \qquad (1\text{-}33)$$

理论上，恒流源可以提供无穷大的功率，这显然是不现实的，因此实际上并不存在理想电流源。

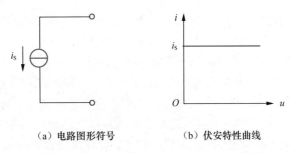

（a）电路图形符号　　　　　（b）伏安特性曲线

图1-26　理想电流源的电路图形符号和伏安特性曲线

2. 实际电流源

实际电流源总是有内部消耗的，只是内部消耗通常都很小，因此实际电流源可以用一个理想的电流源元件与一个阻值很大的电阻（内阻）并联组合的电路模型来等效，如图1-27（a）虚线框内电路所示。

图1-27（a）中R_0为实际电流源的内电阻。电流源两端接上负载R_L后，负载上就有电压u和电流i，分别称为输出电压和输出电流，也就是实际电流源的端口电压和端口电流。电流源的端口电压和端口电流之间的伏安关系称为电源的外特性，用外特性方程表示为

$$i = i_S - \frac{u}{R_0} \tag{1-34}$$

由此可画出电流源的外特性曲线，如图1-27（b）的实线部分所示，输出电流不再是平行于u轴的直线，它具有一定的斜率，因为内阻很大，所以外特性曲线较平坦。输出电流会随输出电压的增大而减小。

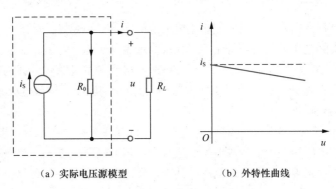

（a）实际电压源模型　　　　　（b）外特性曲线

图1-27　实际电流源模型及其外特性曲线

实际电流源的内阻总是有限值，而我们希望电流源的内阻越大越好，这样它输出的电流就会基本稳定，实际电流源的内阻无穷大时就成为理想电流源。电流源两端短路时，端电压$U=0$，$I=I_S$，即短路电流为电流源的电流大小。当电流源不接负载时，输出电流$I=0$，这时电流源的伏安特性曲线为$u-i$平面上的电压轴，这种情况称为"电流源开路"。现实中"电流源开路"是没有意义的。由于电流源内阻很大，这时在电流源内部电路中，电流源两端会产生相当大的电压，所以现实中是不允许发生的。

当电路中有多个电流源并联时，对外电路来说可以等效成一个电流源，即多个电流源并联时，其等效电流源的电流为各个电流源电流的代数和。多个电流源串联时，必须满足各个电流源大小相等、方向相同，其等效电流源的电流为其中任意一个电流源的电流。

例题 1-6

问题：计算图 1-28 中各电源的功率。

解答：对 10V 的电压源，其上面的电压与电流取关联参考方向，则

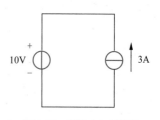

$$P_{U_s} = UI = 10 \times 3 = 30W （恒压源吸收功率，作为负载使用）$$

对 3A 的电流源，其上面的电压与电流取非关联参考方向，则

$$P_{I_s} = -UI = -10 \times 3 = -30W （恒流源释放功率，作为电源使用）$$

图 1-28　例题 1-6 电路图

说明：一个实际的电源既可以用一个电压源串电阻的形式来等效，也可以用一个电流源并电阻的形式来等效，采取何种方式，并无严格规定。

1.5.3　受控源

前面讲到能独立地为电路提供能量的电源称为独立源。而有些电路元件，如晶体管、运算放大器、集成电路等，虽不能独立地为电路提供能量，但在其他信号控制下仍然可以对外提供一定的电压或电流，这类元件可以用受控源模型来模拟。受控源是一个二端元件，一个端口为控制端口，也称为输入端口；另一个端口对外提供电压或电流，称为输出端口。

根据受控源的控制变量与受控变量的不同，可将其分为 4 种类型，分别是电压控制电压源（voltage-controlled voltage source，VCVS）、电流控制电压源（current-controlled voltage source，CCVS）、电压控制电流源（voltage-controlled current source，VCCS）和电流控制电流源（current-controlled current source，CCCS），电路模型如图 1-29 所示。

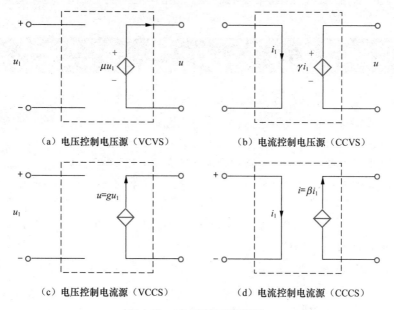

（a）电压控制电压源（VCVS）　　　（b）电流控制电压源（CCVS）

（c）电压控制电流源（VCCS）　　　（d）电流控制电流源（CCCS）

图 1-29　4 种受控源电路模型

为在表示上区别于独立源，受控源采用菱形符号，图 1-29 中以 u、i 表示受控电压、受控电流（输出电压、输出电流），u_1、i_1 表示控制变量（即输入电压、输入电流），μ、γ、g、β 为控制

系数，其中γ具有电阻的量纲，g具有电导的量纲，μ和β没有量纲。当这些系数为常数时，控制变量与受控变量为线性关系，该受控源称为线性受控源，否则称为非线性受控源。本书只讨论线性情况。4种受控源的端口伏安关系用式（1-35）表示，写为

$$
\begin{aligned}
\text{VCVS:} \quad & u = \mu u_1 \\
\text{CCVS:} \quad & i = \gamma i_1 \\
\text{VCCS:} \quad & u = g u_1 \\
\text{CCCS:} \quad & i = \beta i_1
\end{aligned}
\tag{1-35}
$$

受控源是一种非独立电源，它的电源数值大小受电路中的某一个电流或电压控制，当控制变量为零时，受控源输出也为零。需要指出的是，在实际电路中，控制变量和受控源并不一定像电路模型那样放在一起。

例题 1-7

问题 在图 1-30 所示电路中，$R_1 = R_2 = R_3 = 4\Omega$，求电流 I。

解答 判断电路中受控源的类型时，应看它的符号形式，而不应以它的控制变量作为判断依据。图 1-30 所示电路中，由符号形式可知，电路中的受控源为电流控制电压源，大小为 $10I$，其单位为伏特而非安培。

$$
\begin{aligned}
I &= I_1 + I_2 \\
6\text{V} &= R_1 I_1 + R_3 I \\
R_3 I &= -R_2 I_2 + 10I
\end{aligned}
$$

解得 $\qquad\qquad I = 3\text{A}$

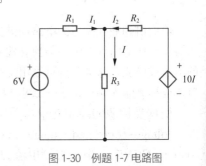

图 1-30　例题 1-7 电路图

1.6 基尔霍夫定律

在电路的计算中，分析依据来源于两种电路规律。一种是各类理想电路元件的伏安特性，这取决于元件本身的电磁性质，我们把它称为元件的伏安关系约束，与电路连接方式无关。另一种是与电路的结构及连接方式有关的定律，与组成电路的元件性质无关，我们称之为元件的拓扑约束。基尔霍夫定律就是表达电压、电流在结构方面的规律和关系的。

AR 交互动画

以灯泡亮度演示KCL和KVL对电路的影响

基尔霍夫定律是集总参数电路的基本定律，包括基尔霍夫电流定律（Kirchhoff current law，KCL）和基尔霍夫电压定律（Kirchhoff voltage law，KVL）。它是分析一切集总参数电路的根本依据，一些重要的定理、电路分析方法，都是以基尔霍夫定律为基础进行推导和总结的。

1.6.1 常用电路术语

基尔霍夫定律是与电路结构有关的定律，涉及元件间的连接方式，因此在研究基尔霍夫定律

之前，我们先学习几个与之相关的常用电路术语。

支路：由一个或若干个二端元件首尾相接（串联）构成的无分支电路，即流过同一电流的分支称为一条支路，如图 1-31 所示电路中的 bafe 支路、be 支路、bcde 支路。

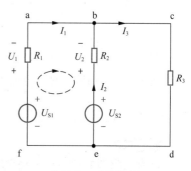

节点：电路中，3 条或 3 条以上支路的汇聚点称为节点，如图 1-31 所示电路中的 b 点和 e 点。

回路：电路中由一条或若干条支路构成的任一闭合路径称为回路，如图 1-31 所示电路中的 abefa 回路、bcdeb 回路、abcdefa 回路。

图 1-31　电路举例

网孔：在回路内部不含任何支路的单孔回路称为网孔，如图 1-31 所示电路中的 abefa 回路和 bcdeb 回路都是网孔，而 abcdefa 回路不是网孔，因为它包含 abefa 和 bcdeb 两个回路。网孔一定是回路，而回路不一定是网孔。

1.6.2　基尔霍夫电流定律

基尔霍夫电流定律（KCL）是指电路中的任意节点，在任一瞬间，流入该节点的电流总和等于流出该节点的电流总和。其数学表示式为

$$\sum i_\mathrm{i} = \sum i_\mathrm{o} \tag{1-36}$$

以图 1-31 所示电路为例，对 b 节点，可以根据 KCL 写出表达式，即

$$I_1 + I_2 = I_3$$

KCL 还可以表述为，对于任何电路中的任意节点，在任一瞬间，流过该节点的电流之和恒等于零。其数学表达式为

$$\sum i = 0 \tag{1-37}$$

式（1-37）称为节点电流方程，简称 KCL 方程。

假设流入节点的电流为正，流出节点的电流为负，则图 1-31 所示电路中的 b 节点上的支路电流的约束关系为

$$I_1 + I_2 - I_3 = 0$$

KCL 的实质是电荷守恒定律和电流连续性在集总参数电路中任意节点处的具体反映，即集总参数电路中流入某一横截面多少电荷，同时从该横截面就会流出多少电荷，不可能产生电荷的积累。电荷的变化率在一条支路上应处处相等。对于集总参数电路中的节点，"收支"完全平衡，故 KCL 方程成立。

KCL 反映了电路中任意节点上各支路电流之间的约束关系，与各支路上的元件性质无关。这一定律对于任何电路都普遍适用。

KCL 可由一个节点引申到闭合面或闭合体。它不仅适用于电路中的任一节点，也可推广应用于广义节点（又称高斯面），即包围部分电路的任意假定的封闭面。可以证明，在任何瞬间，流入封闭面的电流之和等于流出封闭面的电流之和。在图 1-32 所示电路中，对 a、b、c 这 3 点分别应用 KCL，得到方程组

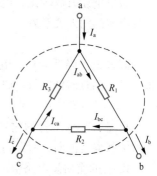

图 1-32　广义节点示意图

$$I_a + I_{ca} - I_{ab} = 0$$
$$I_{ab} - I_b - I_{bc} = 0$$
$$I_{bc} - I_c - I_{ca} = 0$$

将3个等式相加，对于虚线所示的闭合面，可以证明有如下关系。

$$I_a - I_b - I_c = 0$$

例题1-8

问题 求图1-33所示电路网络中的未知电流。

解答 列a节点的KCL方程为

$$I_1 - 3 - 5 - 10 = 0$$

得$I_1 = 18A$。

列b节点的KCL方程为

$$I_2 + 5 - 2 - 10 = 0$$

得$I_2 = 7A$。

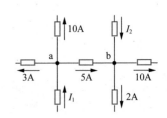

图1-33 例题1-8电路图

然后可以用广义节点的概念验证一下，列KCL方程为

$$I_1 + I_2 - 2 - 10 - 3 - 10 = 0$$

得18+7-2-10-3-10 = 0。

1.6.3 基尔霍夫电压定律

基尔霍夫电压定律（KVL）是指对于电路中任一回路，在任一瞬间，沿着选定的绕行方向（顺时针方向或逆时针方向）绕行一周，电位降低总和恒等于电位升高总和。其数学表达式为

$$\sum U_{上升} = \sum U_{下降} \tag{1-38}$$

KVL还可以表述为，对于电路中任一回路，在任一瞬间，沿着选定的绕行方向（顺时针方向或逆时针方向）绕行一周，回路中各元件上电压的代数和等于零。其数学表达式为

$$\sum U = 0 \tag{1-39}$$

式（1-39）称为回路电压方程，简称KVL方程。

假设电压升高为正，电压降低为负，沿顺时针绕行一周，图1-31所示电路中的回路abefa的元件电压的约束关系为

$$U_{S1} - U_1 + U_2 - U_{S2} = 0$$

假设电压降低为正，电压升高为负，即电压的参考方向与绕行的方向一致时取"+"，反之取"–"。沿顺时针绕行一周，图1-31中的回路abefa的元件电压的约束关系为

$$-U_{S1} + U_1 - U_2 + U_{S2} = 0$$

可见，KVL方程的建立与参考方向的选取无关。由于电阻是耗能元件，电阻上的电压和电流取关联参考方向，所以约定电阻的电流方向和电压方向一致。

KVL的实质是电路中的电能守恒。在电路中移动的电荷将能量从一个元件传送到另一个元件，但电荷本身并不吸收能量，也就是说，将一个测试电荷沿着电路中的一条闭合路径移动一周，交换的能量总和为零。

KVL是用来反映回路中各元件电压之间关系的定律，与回路中的元件性质无关。这一定律对于任何电路都适用。

KVL不仅适用于闭合电路，也可推广到开口电路，适用于电路中任意假想的回路（广义回路或虚回路）。在图1-34所示电路中，选择顺时针方向为绕行方向，可以假设端口a、b之间有一假想的元件，该元件上的电压为U，方向为a点高电位，b点低电位。应用KVL列该假想回路的电压方程为

$$2I+4-U=0$$

移项处理得$U = 2I + 4$。

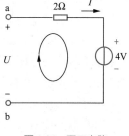

图1-34　开口电路

例题1-9

问题　电路如图1-35所示，求U_1和U_2。

解答　沿回路Ⅰ，a—b—c—d—a顺时针绕行一周，则KVL方程为

$$10-5-7-U_1=0$$
$$U_1 = -2V$$

沿回路Ⅱ，a—e—f—b—a顺时针绕行一周，则KVL方程为

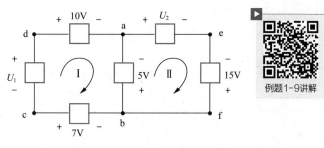

图1-35　例题1-9电路图

$$U_2-15 +5 = 0$$
$$U_2 = 10V$$

注意：

（1）KCL、KVL适用于任意时刻、任意激励源情况的任意集总参数电路。激励源可为直流、交流或其他任意时间函数，KCL和KVL与元件的性质无关，因此电路可为线性、非线性、时变、非时变电路。

（2）应用KCL、KVL时，首先要标出电路中各元件上的电流、电压的参考方向，然后依据参考方向选择正、负符号，电流流入或流出节点可取正或取负，电压的升高或降低也可取正或取负，但列写的同一个方程中取号规则要一致。

1.7　拓展阅读与实践应用：超导现象及其应用

某些物质在温度降低到一定值时其阻值特性会完全消失，这种现象称为超导性。人们把处于超导态的导体称为"超导体"。超导体的直流电阻率在一定的低温下突然消失，被称为零电阻效应。导体没有了电阻，电流流过时就不发生热损耗，可以毫无阻力地在导线中形成强大的电流，从而产生超强磁场。

1.7.1　超导现象的发现

1911年，荷兰物理学家卡茂林·昂内斯发现汞在温度降至4.2K（0K=−273.15℃；K为热力

学温度单位，0K 称为绝对零度）附近时突然进入一种新状态，如图 1-36 所示，其电阻小到测不出来，他把汞的这一新状态称为超导态，而后又发现许多其他金属也具有超导态。

1933 年，荷兰的迈斯纳和奥森菲尔德共同发现了超导体的另一个极为重要的性质：当金属处在超导态时，超导体内的磁感应强度为零，且原来存在于其内的磁场被排挤出去。他们对单晶锡球进行实验发现：锡球过渡到超导态时，锡球周围的磁场突然发生变化，磁力线似乎一下子被排斥到超导体之外去了。人们将这种现象称为"迈斯纳效应"。

后来人们还做过这样一个实验，如图 1-37 所示：在一个盛有液氮的泡沫塑料容器中放置一块超导体，超导体在液氮的低温作用下进入超导态后，外部磁场的磁力线被排出超导体外，因此磁铁靠近超导体时会受到很强的排斥力，当排斥力和重力抵消时就实现了超导磁悬浮。这一实验就是利用了超导体的完全抗磁性（即迈斯纳效应）。迈斯纳效应有着重要的意义，它可以用来判别物质是否具有超导性。

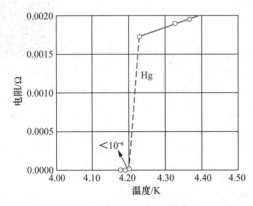

图 1-36　汞在 4.2K 时电阻值突变

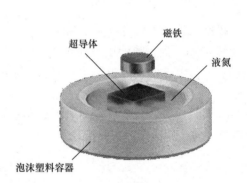

图 1-37　实验室中的迈斯纳效应

为了使超导材料有实用性，人们开始了探索高温超导的历程。从 1911 年至 1986 年，汞的超导温度由 4.2K 提高到 23.22K。1986 年 1 月，研究者发现钡镧铜氧化物的超导温度是 30K，12 月 30 日，这一纪录被刷新为 40.2K，1987 年 1 月升至 43K。不久，美国华裔科学家朱经武与中国台湾物理学家吴茂昆、中国大陆科学家赵忠贤相继在钇–钡–铜–氧系材料上把临界超导温度提高到 90K 以上，液氮的"温度壁垒"（77K）也被突破了。1987 年底，铊–钡–钙–铜–氧系材料又把临界超导温度的纪录提高到 125K。从 1986 年到 1987 年的短短一年多的时间里，临界超导温度提高了近 100K。1993 年，铊–汞–铜–钡–钙–氧系材料又把临界超导温度的纪录提高到 138K。高温超导体取得了巨大突破，使超导技术走向大规模应用。

对于超导现象的原因，科学家们在最近的实验中发现了一个新的现象，这一现象可以用于解释为什么物质在温度降低到一定值时具有超导性。科学家们在研究超导化合物时发现，化合物内部电子的分布是不均匀的，在电子分布稀少或者没有电子的地方会形成"空穴"，而空穴可能就是让物质具备超导能力的原因。

1.7.2　超导体的优点

与普通导体相比，超导体有以下显著优点：

（1）超导体内没有电阻，也就没有能量损耗，在电子仪器、仪表中用超导体代替普通导体可以大大节约能源；

（2）由于体内没有电阻，通电后不会发热，因此用超导体制造大功率器件和设备不必考虑散热问题；

（3）用小的超导磁体可以产生大功率的磁场；

（4）用超导体可以制成约瑟夫森结，即超导隧道结。

1.7.3 超导技术的应用

超导材料和超导技术有着广阔的应用前景。

1. 超导磁悬浮

超导现象中的迈斯纳效应使人们可以用此原理制造超导列车和超导船。这些交通工具将在悬浮无摩擦状态下运行，这将大大提高它们的速度和安静性，并有效减少机械磨损。利用超导磁悬浮可制造无磨损轴承，将轴承转速提高到每分钟10万转以上。超导磁体系统用于火车的动力系统可使列车具有低噪声、高速度、低消耗的特点。其原理是，在列车上安装超导磁体系统，当列车运行时，下面的铁轨在磁体的交变磁场作用下产生涡流，这种涡流产生的磁场与列车上超导磁体的磁场相互作用，产生相斥作用力，可托起列车。列车被托起后，它的运行阻力将大大减小，这样它的运行速度是普通列车无法比拟的。此外，在它的两侧同时安装超导磁体，在导轨的侧壁装上导电板，根据电磁学原理，列车的导向问题也可以得到解决。超导技术掀起了交通工具革命的浪潮。

2. 超导输电

超导现象的最直接、最诱人的应用之一是用超导体制造输电电缆。超导体的主要特性是零电阻，因而允许在较小截面的电缆上输送较大的电流，并且基本上不发热和不损耗能量。据估计，我国目前约有15%的电能损耗在输电线路上，每年损失的电能达到900多亿度，如果改用超导体输电，就能大大节约电能，缓解日益严重的能源紧张问题。

超高压输电会有很大的损耗，而利用超导体则可最大限度地降低损耗，但临界超导温度较高的超导体还未进入实用阶段，这限制了超导输电的应用。随着技术的发展和新超导材料的不断涌现，相信超导输电能在不久的将来得以实现。

3. 超导储能

将超导体做成线圈，由于它的零电阻特性，故可在截面较小的线圈导线中通以大电流，形成很强的磁场，这就是超导磁体。超导磁体的磁感应强度可达15～20特斯拉（T），质量却不超过数十千克，而用普通导线绕制成的电磁体要产生10T的磁场已经非常困难。磁感应强度为5T的常规电磁体重达20t，而达到同样磁感应强度的超导磁体的质量还不到1kg。超导磁体的另一个优点就是不产生热量，不消耗电能，只要通入一次电流就可以经久不息地工作，不需要再补充电能。超导磁体唯一需要的就是把环境温度维持在临界超导温度以下。

在军事上，聚能武器即定向能武器在未来战争中将起举足轻重的作用，美国和俄罗斯已把定向能武器的研制摆在突出的位置。这需要改革现有的储能设备和传能系统，而超导技术可以为定向能武器能源问题的解决提供可能性。聚能武器是把能量汇聚成极细的能束，沿着指定的方向，以光速向外发射能束以摧毁目标。这里要解决技术上的一个难题：如何在瞬间提供大量的能量。也就是说需要一个电感储能装置，但普通线圈由于存在大量的能耗，因此不能长时间储存大量的能量，而超导材料的零电阻特性和高载流能力，使超导储能线圈能长时间、大容量地储存能量，并且可以以多种形式发射能量。

4. 超导发电机

超导技术在能源方面可应用于体积小、功率大的发电机。它的原理是，当一种导电的流体流过一条通道而受到横向场作用时，会产生感应电动势，若在通道壁上放置两个电极则可提取电力。我们由物理学中的有关原理知道，磁流体发电的输出功率与磁感应强度的平方成正比，但利用普通磁体仅能产生几千高斯（1 高斯 = 10^{-4} 特斯拉）的磁场，若采用超导磁体就可以产生几万乃至几十万高斯的磁场，从而使磁流体的输出功率大大提高。随着超导技术的不断突破，在不远的将来必然会出现大容量、小型化的磁流体发电机，这种发电机将会在许多领域得到应用。我们知道航天器的发展受到两个方面因素的制约，第一是动力，第二是质量，而超导发电机在这两个方面都具有普通发电机无法比拟的优点。

5. 高温超导变压器

早在 20 世纪 60 年代，就有科学家对超导变压器进行研究，但是，当时超导变压器由于交流损耗过大而被认为是不经济的。随着极细丝超导复合导体的出现，超导变压器才成为有吸引力的应用项目。高温超导材料放宽了对细丝直径的要求，已有的液氮冷却的极细丝超导复合导体，估计损耗可降低至原来的 1/2 到 1/3，质量也可进一步减小，高温超导变压器将比极细丝超导复合导体制作的变压器更优越，由于超导受到的磁感应强度只有 0.3 ~ 0.5T，因此在变压器中采用高温超导材料是适当的，其在液氮下的绝缘强度比液氦下的高，所以，这会使变压器绝缘进一步简化。

电影《阿凡达》当中有一个令人印象深刻的场景，潘多拉星球上的群山，不是坐落在地面上，而是悬浮在天空中。这看似奇幻的现象，在科学上是讲得通的，因为山里有一种奇特的矿石——常温超导矿石。地球上目前还没有发现这种矿石，想要发现也非易事，需要在极高的压力条件下才能实现。所以常温超导体也是科学家努力的方向，目前我们只能在科幻电影里欣赏艺术家想象出来的世界。

目前已发现的材料要体现出超导的特性，要么需要超低温，要么需要超高压，所以应用领域还不够广阔。但是，超导技术已由最初的超导磁体技术扩展到了超导电力应用与强磁场应用等领域，随着低温超导技术和高温超导技术的不断发展，特别是如果实现了临界超导温度达到室温的实用超导体，超导技术将迎来革命性的改观，我们也将更多地体会到超导技术带来的便利。

本章小结

本章首先介绍了电路、电路模型及电路元件的概念，注意，本书介绍的都是集总参数电路。电路的基本物理量主要有电流 i、电压 u、电位 V、功率 p 和能量 W。电位是相对的，是各节点相对于零电位点的电压，而电压是绝对的。对电路进行分析、计算时，首先要设定各个元件上电压和电流的参考方向。当所列表达式同时涉及电压和电流时，应该判断出电压和电流是关联还是非关联参考方向，进而判断公式的正负。比如使用欧姆定理求功率，当电阻上的电压与电流取非关联参考方向时，公式为 $u = -iR$，$p = -ui$。

本章还介绍了电阻、电容、电感、电源这 4 种元件。电阻是常见的电路元件，在电路分析中，常常需要应用串联电阻的分压和并联电阻的分流定律来解决问题。当电阻电路较复杂时，通常可以利用等效变换来化简电路。电容和电感都属于储能元件。其中，电容是一种储存电场能的元件，具有隔直流、通交流的性质；电感是一种储存磁场能的元件，具有通直流、阻交流的性质。电源包括独立源和受控源。其中独立源是学习的重点。独立源又可分为独立电压源和独立电流源。每种独立源有理想和实际之分。电源的外特性方程和外特性曲线是要掌握的重点。

欧姆定律和基尔霍夫电流、电压定律是分析电路问题的基础，基尔霍夫电流、电压定律的推广在实际电路分析中应用得十分广泛，读者应深刻理解和掌握。此外，要熟悉电路的开路、短路两种特殊的工作状态。

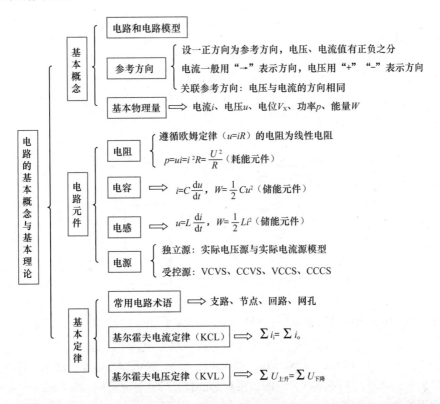

📝 习题 1

▶ 电流、电压的计算

1-1. 在题 1-1 图所示电路中，电压 u、电流 i 的参考方向如图中所标，问：电压 u、电流 i 参考方向是否关联（应对 A、B 分别回答）？

1-2. 如题 1-2 图所示，$V_c = 20V$，$V_d = 7V$，$R_1 = 12k\Omega$，$R_2 = 8k\Omega$，$R_3 = 4k\Omega$，$R_4 = 3k\Omega$，求 U_{ab}。

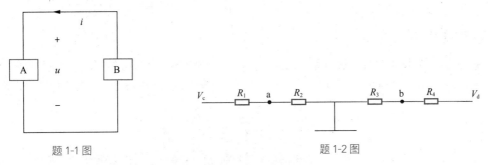

题 1-1 图　　　　　　　　　　题 1-2 图

1-3. 已知题 1-3 图所示电路中的 B 点开路，求 B 点电位。

1-4. 在题 1-4 图所示电路中，已知：$U_{S1} = 6V$，$U_{S2} = 10V$，$R_1 = 4\Omega$，$R_2 = 2\Omega$，$R_3 = 4\Omega$，R_4

$=1\Omega$，$R_5 = 10\Omega$。求电路中A、B、C这3点的电位V_A、V_B、V_C。

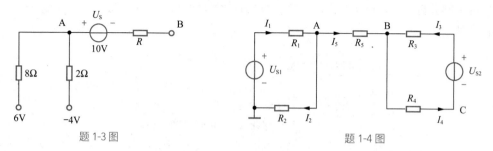

题 1-3 图   题 1-4 图

▶ 功率的计算

    1-5. 在题1-5图所示电路中，方框代表电源或负载。已知U=220V，I =-1A，判断哪些方框是电源，哪些是负载，并分析是消耗功率还是产生功率。

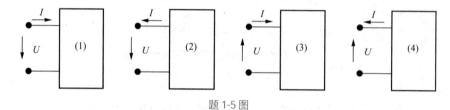

题 1-5 图

    1-6. 电路如题1-6图所示，若已知元件A吸收的功率为30W，求元件B和C吸收的功率。

    1-7. 电路如题1-7图所示，5个元件代表电源或负载。电流和电压的正方向如图所示，I_1= -3A，I_2=5A，I_3=8A，U_1=120V，U_2=-80V，U_3=60V，U_4= -60V，U_5=20V。试标出各电流的实际方向和电压的实际极性。判断哪些是电源，哪些是负载。计算各元件的功率，思考电源发出的功率和负载取用的功率是否平衡。

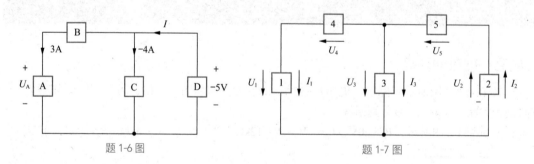

题 1-6 图   题 1-7 图

▶ 欧姆定律相关习题

    1-8. 现有一个晶体管收音机电路，已知其电源电压为24V，现用分压器获得各点对地电压分别为18V、13V、6.5V和4.5V，各个电阻（负载）所需电流如题1-8图所示，求各个电阻的阻值。

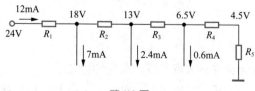

题 1-8 图

1-9. 一个电阻电路如题1-9图所示，已知$U_S = 10V$，$R = 2k\Omega$，电阻R_1的伏安特性数据如下表：

U/V	0	1	2	4	7	10
I/mA	0	3	4	5	6	6.5

试求电流I及各电阻两端的电压。

1-10. 请应用欧姆定律对题1-10图所示电路列出方程式，并求电阻R。

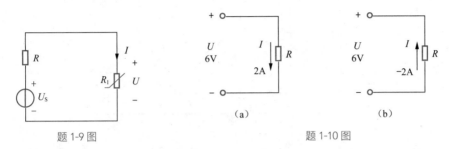

题 1-9 图　　　　　　　　　　　　　　题 1-10 图

1-11. 在题1-11图所示电路中，已知：$U = 6V$，$R_1 = 2\Omega$，$R_2 = 8\Omega$，$R_3 = 3\Omega$，$R_4 = 12\Omega$，$R_5 = 0.2\Omega$。求该电路消耗的功率P。

1-12. 在题1-12图所示的电路中，求a、b两点的电位。如果将a、b两点直接短接，则电路的工作状态是否改变？

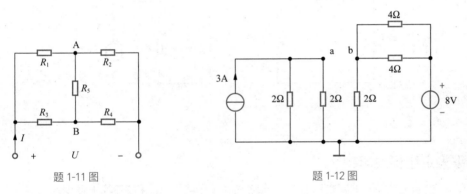

题 1-11 图　　　　　　　　　　　　　　题 1-12 图

1-13. 电路如题1-13图所示，已知$U_S = 500V$，$R_1 = 2k\Omega$，$R_2 = 4k\Omega$，在（1）$R_3 = 4k\Omega$、（2）$R_3 = \infty$（开路）、（3）$R_3 = 0$（短路）情况下，分别求电阻R_2两端的电压及R_2、R_3中通过的电流。

1-14. 在题1-14图所示电桥电路中，已知：$U_S = 6V$，$R_1 = R_3 = R_4 = R_5 = R_6 = 1\Omega$，$R_2 = 2\Omega$。当检流计G的电流$I_G$为0时，求电阻$R_x$的值。

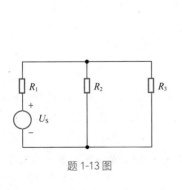

题 1-13 图

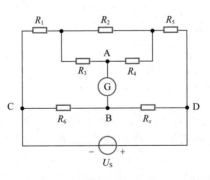

题 1-14 图

▶ 电源元件相关习题

1-15. 在题1-15图所示电路中，已知：$U_{S1}=100V$，$U_{S2}=110V$，$R_1=10\Omega$，$R_2=1\Omega$，$R_3=2\Omega$，$R_4=20\Omega$，$R_5=5\Omega$，$R_6=4\Omega$，求U_{ab}。

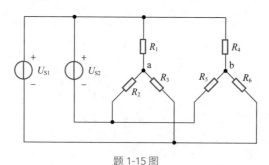

题 1-15 图

1-16. 求题1-16图所示电路中电阻的电流及其两端的电压，并求题1-16图（a）中电压源的电流及题1-16图（b）中电流源的电压，判断两图中的电压源和电流源分别起电源作用还是负载作用。

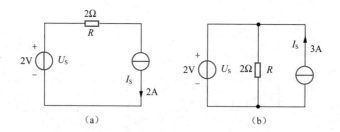

题 1-16 图

▶ 基尔霍夫定律相关习题

1-17. 在题1-17图所示电路中，有几条支路和几个节点？U_{ab}和I各等于多少？

1-18. 在题1-18图所示电路中，已知$I_1=11mA$，$I_4=12mA$，$I_5=6mA$。求I_2、I_3和I_6。

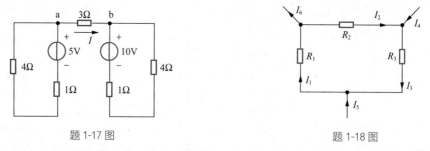

题 1-17 图 题 1-18 图

1-19. 在题1-19图所示电路中，已知$E=12V$，内阻不计，电阻R_1、R_2两端的电压为2V和6V，极性如图所示，那么电阻R_3、R_4、R_5两端的电压分别是多少？并在图上标出电阻两端的实际电压极性。

1-20. 在题1-20图所示电路中，已知：$I_{S1}=3A$，$I_{S2}=2A$，$I_{S3}=1A$，$R_1=6\Omega$，$R_2=5\Omega$，$R_3=7\Omega$。

用基尔霍夫电流定律求电流 I_1、I_2 和 I_3。

1-21. 电路如题 1-21 图所示，电流表读数为 0.2A，E_1=12V，内阻不计，R_1=R_3=10Ω，$R_2 = R_4$ = 5Ω，用基尔霍夫电压定律求 E_2 的大小（内阻不计）。

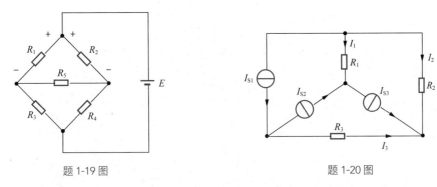

题 1-19 图   题 1-20 图

1-22. 在题 1-22 图所示电路中，已知：U_S=10V，I_S = 2A，R_1=5Ω，R_2=10Ω，R_3=6Ω，R_4=3Ω，R_5=4Ω，R_6=4Ω。求电路中 A、B、C 这 3 点的电位。若将 A、B 接通，则流过 R_3 电阻元件的电流 I 为何值？

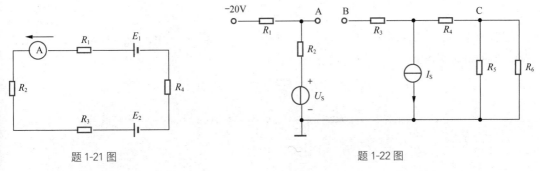

题 1-21 图   题 1-22 图

1-23. 在题 1-23 图所示电路中，已知：$R_1 = 4Ω$，$R_2 = 3Ω$，$R_3 = 2Ω$，$U_{S1} = 1V$，$U_{S2} = 5V$，$I = 2A$，$I_S = 1A$。用基尔霍夫定律求 U_{S3}。

1-24. 在题 1-24 图所示电路中，已知：U_{S1} =100V，U_{S2} = 80V，R_2 = 2Ω，I = 4A，I_2 = 2A，试用基尔霍夫定律求电阻 R_1 和供给负载 N 的功率。

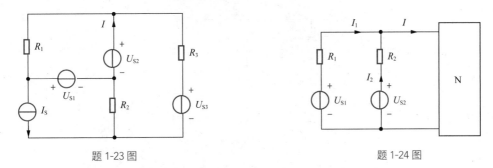

题 1-23 图   题 1-24 图

1-25. 在题 1-25 图所示电路中，已知：$U_S = 9V$，$R_1 = 1Ω$，$R_2 = 6Ω$，$R_3 = 2Ω$，$R_4 = 100Ω$，$R_5 = 3Ω$，$R_6 = 2Ω$。如果电流表的读数为零，求 I_S、U 及电流源的功率 P。

1-26. 在题 1-26 图所示电路中，$V_C = 6V$，$I_{S1} = 4A$，$I_{S2} = 2A$。用基尔霍夫定律求电流 I_1。

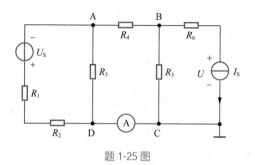

题 1-25 图

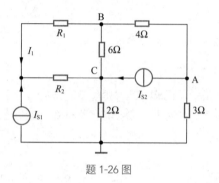

题 1-26 图

1-27. 在题1-27图所示电路中，已知：U_S =12V，R_1= 6Ω，R_2 =14Ω，R_3 =16Ω，R_4 =10Ω，R_5 = 20Ω，R_6 =12Ω。求电压U。

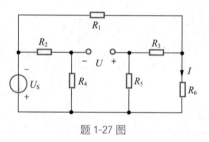

题 1-27 图

1-28. 题1-28图所示为一测量电桥，已知：$R_1 = R_2 = 20$Ω，$R_3 = 30$Ω。试问：（1）当$R = 20$Ω时，为使输出信号电压$U_{BD} = 2.5$V，U_S应为何值？（2）R为何值时，输出信号电压U_{BD}为零？

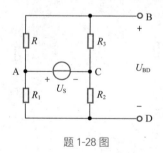

题 1-28 图

第2章

电阻电路分析方法

本章将以第1章中所介绍的电路基本理论（欧姆定律、基尔霍夫定律）为基础，介绍多种电阻电路的分析方法，包括支路电流法、节点电压法、网孔电流法、叠加定理、戴维南定理等。在特定的电路条件下，选择合适的分析方法，将使一些看似复杂的问题的求解过程变得非常简单。这些分析方法具有变换形式灵活多样、目的性强等特点，而且在很多问题中，多种分析方法通常可以结合使用。因此，应用这些方法分析电阻电路的相关问题时，需要透彻理解方法的具体内容，注意方法的使用范围和条件，熟练掌握方法的实施步骤。另外需要说明的是，这些方法在后面章节所介绍的各种电路中也是适用的，不限于电阻电路。

℧ 学习目标

- 熟练运用支路电流法、节点电压法及网孔电流法分析电阻电路。
- 熟练掌握叠加定理及其在电路分析中的应用。
- 深刻理解"等效"的概念，掌握电压源与电流源相互转化的方法。
- 熟练运用戴维南定理进行电路问题求解，了解诺顿定理的使用方法。
- 深入理解最大功率传输定理的内涵。

2.1 支路电流法

电路分析就是分析电路中电压、电流、电动势和元器件之间的关系。从本节开始我们将介绍几种常用的电路分析方法。支路电流法是线性电路最基本的分析方法，特别是计算复杂电路。支路电流法是基尔霍夫定律的直观应用，对于理解电路中电流的参考方向也很有帮助。

2.1.1　支路电流法介绍

支路电流法就是把支路电流作为未知量，利用基尔霍夫定律列方程来分析电路中各物理量之间的关系。在电源均为电压源的情况下，选出节点，分清支路，标出各支路电流的正方向。根据基尔霍夫电流定律（KCL）列电流方程，对 n 个节点的电路列 $(n-1)$ 个独立方程；根据基尔霍夫电压定律（KVL）列电压方程，对 m 个回路列 $[m-(n-1)]$ 个独立方程。对所列方程进行求解便可获得支路电流，从而找到各物理量之间的关系。

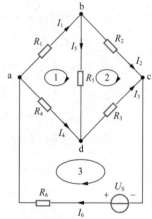

图 2-1　支路电流法分析例图

下面通过分析图 2-1 所示纯电阻电路，介绍支路电流法的具体求解过程。

各支路电流的参考方向如图 2-1 所示，该图中共有 6 条支路，因此未知变量有 6 个，分别是 I_1、I_2、I_3、I_4、I_5、I_6。

如果一个电路有 n 个节点，那么对于每个节点都可以列出相应的 KCL 方程，但是只有其中的 $(n-1)$ 个节点的 KCL 方程是独立的，第 n 个节点的 KCL 方程是可以用前 $(n-1)$ 个 KCL 方程线性表示的。

图 2-1 所示电路有 4 个节点，因此有 3 个独立的 KCL 方程。建立 KCL 方程时，选择 4 个节点中的任意 3 个即可，并假设流入节点的电流为正，流出节点的电流为负。于是可得如下 KCL 方程。

节点 a：　$-I_1-I_4+I_6=0$

节点 b：　$I_1-I_2-I_5=0$

节点 c：　$I_2+I_3-I_6=0$

因为总共有 6 个未知变量，所以仅有这 3 个含未知变量的方程不够，还需要 3 个方程才能求得支路电流。我们可以通过 3 个回路建立 3 个独立的 KVL 方程来获得这 3 个方程。图 2-1 所示电路中有若干个回路，必须从中选取 3 个独立的回路。已知图 2-1 中有 3 个网孔，这 3 个网孔是独立的回路，因此选网孔 1、2、3（见图 2-1）作为独立的回路，列写独立的 KVL 方程，并假设回路绕行方向为顺时针方向，电压降低取正，电压升高取负。于是可得如下 KVL 方程。

网孔 1：　$R_1I_1+R_5I_5-R_4I_4=0$

网孔 2：　$R_2I_2-R_3I_3-R_5I_5=0$

网孔 3：　$R_4I_4+R_3I_3-U_S+R_6I_6=0$

联立上述 6 个方程，代入相关元件的数值求解，便可求得支路电流 $I_1 \sim I_6$。

例题 2-1

问题　现有图 2-2 所示电路，已知 $R_1=R_2=1\Omega$，$R_3=2\Omega$，$U_{S1}=4V$，$U_{S2}=2V$，$U_{S3}=2.8V$。试用支

路电流法求各支路电流。

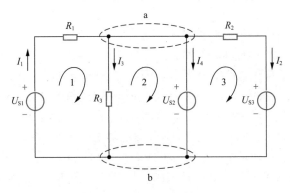

图2-2 例题2-1电路图

解答 图2-2所示电路中共有2个节点、4条支路、3个网孔。设电流参考方向及网孔绕行方向如图2-2所示。

对节点a列KCL方程,有

$$I_1-I_2-I_3-I_4=0$$

对网孔列KVL方程。

网孔1: $$R_1I_1+R_3I_3=U_{S1}$$

网孔2: $$R_3I_3=U_{S2}$$

网孔3: $$R_2I_2=U_{S2}-U_{S3}$$

代入数据得 $$I_1+2I_3=4$$

$$4I_3=2$$

$$I_2=2-2.8$$

代入数据,联立方程求解可得:

$$I_1=2A,\ I_2=-0.8A,\ I_3=1A,\ I_4=2.8A$$

$I_2=-0.8A$ 说明实际电流方向为由b流向a。

支路电流法理论上可以分析任何复杂的电路。但是从支路电流法分析思想可知,一个电路包含的支路数目越多,求取各支路电流所需的方程数目就越多,求解过程就越烦琐。因此支路电流法适于利用计算机求解;人工计算时,对于支路不太多的电路,也可以应用支路电流法。

根据以上讲解,可以归纳出用支路电流法分析电路的基本步骤如下。

(1)对于含有b条支路的电路,以各支路电流为未知变量,标注各电流、电压的参考方向;

(2)任意选定(n-1)个节点,列出(n-1)个独立的节点KCL方程;

(3)选定m个独立回路(平面电路可选网孔)并指定其绕行方向,列出m个独立的回路KVL方程;

(4)联立解以上(n-1+m)个相互独立的电路方程(n-1+m=b,这在数学上可以得到证明),得到各支路电流;

(5)根据分析要求,以支路电流为基础求取其他电路变量。

2.1.2 应用支路电流法时的几种特殊情况

对于线性电路，如果电路内有受控元件构成的支路，那支路的电压将无法通过电流来表达，从而也就无法从KVL方程中消去该支路的电压。另外，若电路含恒流源构成的支路，则其电流一定，电压未知。因此，应用支路电流法应注意以下几种特殊情况。

（1）当支路中有恒流源时，若在列KVL方程时，所选回路不包含恒流源支路，则电路中有几条支路含有恒流源，就可以少列几个KVL方程。

（2）若所选回路包含恒流源支路，则因为恒流源两端的电压未知，所以有一个恒流源就会出现一个未知电压。因此，在此种情况下不可少列KVL方程。

（3）当支路中有受控源时，注意受控源的控制变量，处理时可先将受控源看作独立源来处理，然后将控制变量用未知量表示，代入方程消去中间变量。

例题2-2

问题 用支路电流法求图2-3所示电路中各支路的电流。

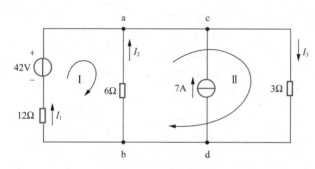

例题2-2讲解

图 2-3 例题 2-2 电路图

解答 支路中有恒流源时，有如下两种处理方法。

方法一

本题电路支路数$b=4$，但恒流源支路的电流已知，未知电流只有3个，因此可以只列3个方程。当不需要求a、c和b、d间的电流时，a、c和b、d可分别看作一个节点。

应用KCL列节点电流方程。

对节点a：$I_1 + I_2 - I_3 = -7$

选择回路Ⅰ和Ⅱ，应用KVL列回路电压方程（因为所选回路不包含恒流源支路，所以3个网孔列2个KVL方程即可）。

对回路Ⅰ：$12I_1 - 6I_2 = 42$

对回路Ⅱ：$6I_2 + 3I_3 = 0$

联立解得

$$I_1 = 2A，I_2 = -3A，I_3 = 6A$$

方法二

应用KCL列节点电流方程。

对节点a：$I_1 + I_2 - I_3 = -7$

选择3个网孔作为回路，应用KVL列回路电压方程。网孔自左向右标记为回路1、回路2和回路3。因所选回路包含恒流源支路，设恒流源两端电压为 U_X。

对回路1：$12I_1 - 6I_2 = 42$

对回路2：$6I_2 + U_X = 0$

对回路3：$-U_X + 3I_3 = 0$

联立解得

$$I_1 = 2\text{A}, \ I_2 = -3\text{A}, \ I_3 = 6\text{A}$$

2.2　节点电压法

对复杂电路的求解，可以用前面介绍的支路电流法，但是，如果使用支路电流法，电路有多少条支路就要有多少个变量，变量多、求解量大。为此我们需要一种既可以分析电路，而变量数或方程数又相对少的分析方法。这节介绍节点电压法，当电路的支路数较多而节点数较少时，采用节点电压法分析电路更简便。

2.2.1　节点电压法介绍

任选电路的某一节点作为参考点，并假设该节点的电位为零（通常用接地符号⊥或0表示），那么其他节点（独立节点）与该参考节点之间的电压就是节点电压，又称节点电位。节点电压方向为由独立节点指向参考节点，即参考节点为"−"，非参考节点为"+"。

节点电压法就是以节点电压为未知量，利用电路元件的伏安关系和KCL来分析各物理量之间的关系。若在一个含 b 条支路、n 个节点的电路中，选定参考节点，用节点电压来表示各支路电流，以节点电压为未知变量列出除参考节点以外的其他 $(n-1)$ 个节点的KCL方程，将所列方程求解后便可解出节点电压，最后在此基础上可进一步求取电路其他变量。

例题 2-3

问题　计算图2-4所示电路中a、b两点的电位。设c点为参考点。

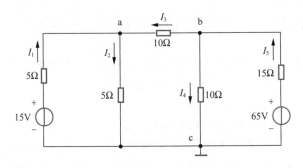

图 2-4　例题 2-3 电路图

解答　设a、b两点的电位分别为 V_a 和 V_b，应用节点电压法列方程。

对节点 a 和 b 列 KCL 方程。

$$I_1 - I_2 + I_3 = 0$$
$$I_5 - I_3 - I_4 = 0$$

应用欧姆定律求各支路电流。

$$I_1 = \frac{15 - V_a}{5}, \quad I_2 = \frac{V_a}{5}, \quad I_3 = \frac{V_b - V_a}{10}, \quad I_4 = \frac{V_b}{10}, \quad I_5 = \frac{65 - V_b}{15}$$

将各支路电流代入 KCL 方程，整理后得

$$5V_a - V_b = 30$$
$$-3V_a + 8V_b = 130$$

解得 $V_a = 10V$，$V_b = 20V$。

节点电压法适用于支路多、节点少的电路分析、计算，实际生活中在三相电路的计算中常用。这种方法可以运用于非平面电路。节点电压法易于编程，目前在用计算机分析网络（电网、集成电路设计等）时采用节点电压法的较多。

根据以上讲解，可以归纳出用节点电压法分析电路的基本步骤如下。

（1）从电路中的 n 个节点中选择一个参考节点，设其余节点的节点电压为未知变量；

（2）用节点电压表示各支路电流，并根据 KCL 列出各独立节点的 KCL 方程［共 $(n-1)$ 个］；

（3）联立所有方程求解得到各节点电压，并在此基础上进一步求取其他电路变量。

2.2.2 应用节点电压法时的几种特殊情况

我们在应用节点电压法时同样会遇到一些特殊情况，如电路含无伴电压源支路、含受控电流源支路等，其处理方法各不相同，具体如下。

（1）电路含无伴电压源支路

具有某些电压源支路并且没有电阻直接与电压源串联的电路称为无伴电压源支路。对这类电压源的处理方法是，将无伴电压源的电流作为未知变量添加在方程中，并且每引入一个这样的变量，就增加一个反映节点电压与电压源电压之间约束关系的辅助方程。实际上，这是选择节点电压和无伴电压源的电流为混合变量作为一组完备的独立变量。

（2）电路含受控电流源

该情况下建立电路方程时，将受控源的控制变量用节点电压表示，并暂时将受控电流源当作独立电流源处理即可。

下面就用含无伴电压源和受控源的电路的例题来讲解具体的电路分析方法。

例题 2-4

问题 现有图 2-5 所示的电路，求各节点电压。

解答 图中的 1V 电压源为无伴电压源，假设该电压源上的电流为 I_1，$4U_{43}$ 这个受控电压源也是一个无伴受控电压源，因此假设该受控源上的电流为 I_2，各支路电流方向如图 2-5 所示。4 个独立节点的节点电压分别为 U_1、U_2、U_3、U_4。

分别对 4 个独立节点列 KCL 方程。

节点1：$\dfrac{U_2-U_1}{1}+2(U_2-U_3)+I_2=0$

节点2：$-\dfrac{U_1-U_2}{1}-\dfrac{U_2-U_3}{0.5}+2=0$

节点3：$\dfrac{U_2-U_3}{0.5}+\dfrac{U_4-U_3}{1}-I_1=0$

节点4：$-\dfrac{U_4-U_3}{1}-\dfrac{U_4}{0.5}-I_2=0$

再加上无伴受控电压源与其涉及的节点电压变量之间的关系，即

$$4U_{43}=4(U_4-U_3)=U_1-U_4$$

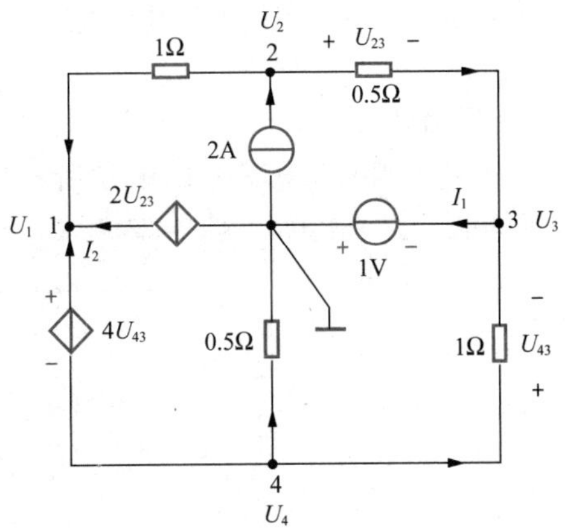

另外，$U_3=-1\text{V}$。此时联立方程最终可以得出待求量。

$$U_1=\frac{17}{3}\text{V},\quad U_2=\frac{17}{9}\text{V},\quad U_3=-1\text{V},\quad U_4=\frac{1}{3}\text{V}$$

图 2-5　例题 2-4 电路图

2.3 网孔电流法

对于一个含 b 条支路、n 个节点的电路，由电路图论可知，其网孔数为 $m=b-(n-1)$，显然 $m<b$。因此如果假想有一电流沿网孔流动，并以此为未知变量，则分析时只需列出 $m=b-(n-1)$ 个电路方程。网孔电流法就是用数目少于支路电流数的"网孔电流"代替支路电流作为电路方程的变量，再通过网孔电流推算出全部的支路电流的方法。

2.3.1 网孔电流法介绍

网孔电流是一种沿着闭合网孔连续流动的假想电流。网孔电流具有以下特点：

（1）电路中实际上不存在网孔电流，网孔电流是一种假想电流；

（2）引入网孔电流旨在简化电路分析，减少分析所需的独立方程；

（3）引入网孔电流后，电路中各支路电流可以用网孔电流来表示；

（4）取网孔电流的参考方向与网孔的绕行方向一致。

下面通过图 2-6 所示电路说明电路支路电流（实际）与网孔电流的关系。I_{m1}、I_{m2} 为网孔电流，I_1、I_2、I_3 为支路电流，这两组电流之间的关系为

$$I_1=I_{m1},\quad I_2=I_{m1}-I_{m2},\quad I_3=I_{m2}$$

网孔电流分析法是以假想网孔电流作为未知变量，利用 KVL 分析各物理量之间的关系。找出网孔，指定各个网孔的绕行方向，根据 KVL 列出 $m=b-(n-1)$ 个网孔

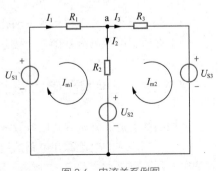

图 2-6　电流关系例图

的电压方程，解方程得出各网孔电流，最后根据网孔电流特点求出各支路电流及其他电路变量。

例题 2-5

问题　用网孔电流法求图2-7所示电路中的各支路电流。图中 $R_1=60\Omega$，$R_2=20\Omega$，$R_3=40\Omega$，$R_4=40\Omega$，$U_{S1}=180V$，$U_{S2}=70V$，$U_{S4}=20V$。

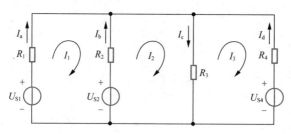

例题2-5讲解

图 2-7　例题 2-5 电路图

解答　假设电流 I_a、I_b、I_c、I_d 为各支路电流；I_1、I_2、I_3 为 3 个网孔的假想网孔电流，网孔电流的绕行方向为顺时针方向。

应用 KVL 列网孔电流方程。

$$(R_1+R_2)I_1-R_2I_2=U_{S1}-U_{S2}$$
$$-R_2I_1+(R_2+R_3)I_2-R_3I_3=U_{S2}$$
$$-R_3I_3+(R_3+R_4)I_3=-U_{S4}$$

代入数据得

$$80I_1-20I_2=110$$
$$-20I_1+60I_2-40I_3=70$$
$$-40I_3+80I_3=-20$$

联立可解得 $I_1=2A$，$I_2=2.5A$，$I_3=1A$。
进而可以求得各支路电流。

$$I_a=I_1=2A,\quad I_b=-I_1+I_2=0.5A,\quad I_c=I_2-I_3=1.5A,\quad I_d=-I_3=-1A$$

网孔电流法适用于支路多、网孔少的电路，且只能运用于平面电路。所谓平面电路是指可以画在平面上且不出现支路交叉的电路。

根据以上讲解，可以归纳出用网孔电流法分析电路的基本步骤如下。

（1）选定网孔，假设各网孔电流，指定其参考方向，并以其参考方向作为网孔的绕行方向；

（2）用网孔电流表示各个支路电流，列写 $m=b-(n-1)$ 个网孔的独立 KVL 方程；

（3）联立所有方程求解得到各网孔电流；

（4）在所得网孔电流基础上，按分析要求再求取各电路变量。

2.3.2　应用网孔电流法时的几种特殊情况

采用网孔电流法分析含有电流源或受控源电路的处理方法如下。

（1）若电路中的电流源在电路的边界支路上，假想网孔电流就等于电流源的电流，不再列写该回路的网孔电流方程。

（2）当电路中的电流源在多个网孔的公共支路上时，可以将电流源的端电压u设为未知变量，列写网孔电流方程。因增加了未知变量，故必须补充反映网孔电流与该电流源电流关系的辅助方程。

（3）如果电路含有受控源，则将其视为独立源，列写网孔电流方程，并将受控源的控制变量用网孔电流表示，代入网孔电流方程，使方程中只有网孔电流。

下面通过例题具体介绍以上特殊情况电路的分析方法。

例题2-6

问题　求图2-8所示电路的网孔电流。

解答　网孔电流I_1、I_2、I_3及绕行方向如图2-8所示。假设图中受控电流源的电压为U，注意，标注的$2U_0$是其电流值。

各个网孔的KVL方程分别为

$$7I_1-3I_2=U$$
$$4I_2-I_3=5$$
$$3I_3-I_2=-U$$

补充方程：$2U_0=I_1-I_3=2\times3(I_2-I_1)$。

联立4个方程求解得$I_1\approx1.833\text{A}$，$I_2\approx2.33\text{A}$，$I_3\approx-1.17\text{A}$。

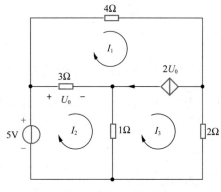

图 2-8　例题 2-6 电路图

2.4　叠加定理

数学中，对于所有线性系统$F(x)=y$，其中x是某种输入，y是某种输出，如果输入叠加（即"和"），输出即不同输入对应各输出的叠加，这个就是可加性。电路中也存在类似的"可加性"，称为叠加定理。

2.4.1　叠加定理介绍

叠加定理是指在多个电源共同作用的线性电路中，任一元件（支路）的电流（或电压）是每一个电源单独作用在此元件（支路）上所产生的电流（或电压）的代数和。

应用叠加定理分析电路的基本思想是"化整为零"，即将多个电源作用的复杂电路分解为一个个（或一组组）单个电源作用的简单电路，分别求简单电路中的未知变量，最后通过相加求出原电路未知变量。

以上所提到的单个电源单独作用是指在分解电路时将其余电源均除去，称除源或去源。即理想电压源（恒压源）短接，$U_S=0$；理想电流源（恒流源）开路，$I_S=0$。但与它们串、并联的电阻要保留。

下面运用叠加定理思想来分析图2-9（a）所示电路。

图2-9（a）所示为电压源U_S和电流源I_S共同作用的电路，图2-9（b）、图2-9（c）为根据叠

加定理分解后单一电源作用的等效电路，相应的电流方向如图中所示。

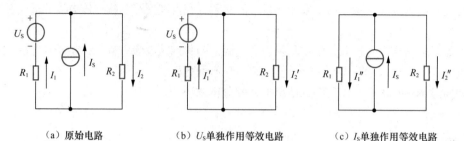

（a）原始电路　　　　（b）U_S单独作用等效电路　　　　（c）I_S单独作用等效电路

图 2-9　叠加定理分析例图

由图2-9（b）所示，当U_S单独作用时：$I_1' = I_2' = \dfrac{U_S}{R_1 + R_2}$

由图2-9（c）所示，当I_S单独作用时（I_1''与I_1方向相反，所以I_1''为负）：

$$I_1'' = -\frac{R_2}{R_1 + R_2} I_S, \quad I_2'' = -\frac{R_1}{R_1 + R_2} I_S$$

根据叠加定理：$I_1 = I_1' + I_1'' = \dfrac{U_S}{R_1 + R_2} - \dfrac{R_2}{R_1 + R_2} I_S$

同理：$I_2 = I_2' + I_2'' = \dfrac{U_S}{R_1 + R_2} + \dfrac{R_1}{R_1 + R_2} I_S$

例题 2-7

问题　已知图2-10所示电路中，$U_{S1} = 30V$，$U_{S2} = 40V$，$R_1 = 10\Omega$，$R_2 = 10\Omega$，$R_3 = 5\Omega$，试用叠加定理求各支路电流。

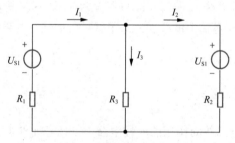

图 2-10　例题 2-7 电路图

解答　根据叠加定理对图2-10所示电路进行分解，如图2-11（a）、图2-11（b）所示。

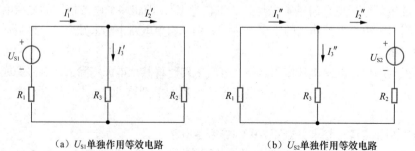

（a）U_{S1}单独作用等效电路　　　　（b）U_{S2}单独作用等效电路

图 2-11　图 2-10 电路分解图

由图2-11（a）所示，当U_{S1}单独作用时有

$$I_1' = \frac{U_{S1}}{R_1 + \dfrac{R_2 R_3}{R_2 + R_3}} = \frac{30}{10 + \dfrac{10 \times 5}{10 + 5}} \approx 2.25\text{A} \qquad I_2' = \frac{R_3}{R_2 + R_3} I_1' = \frac{5}{10 + 5} \times 2.25 = 0.75\text{A}$$

$$I_3' = \frac{R_2}{R_2 + R_3} I_1' = \frac{10}{10 + 5} \times 2.25 = 1.5\text{A}$$

由图2-11（b）所示，当U_{S2}单独作用时有

$$I_2'' = -\left(\frac{U_{S2}}{R_2 + \dfrac{R_1 R_3}{R_1 + R_3}} \right) = -\left(\frac{40}{10 + \dfrac{10 \times 5}{10 + 5}} \right) \approx -3\text{A} \qquad I_1'' = -\left(\frac{R_3}{R_1 + R_3} I_2'' \right) \approx -\frac{5}{10 + 5} \times 3 = -1\text{A}$$

$$I_3'' = \frac{R_1}{R_1 + R_3} (-I_2'') \approx \frac{10}{10 + 5} \times 3 = 2\text{A}$$

注意：因I_1''和I_2''的参考方向与实际方向相反，故电流加"-"。然后根据叠加定理得出各支路电流的代数和为

$$I_1 = I_1' + I_1'' \approx 2.25 + (-1) = 1.25\text{A}$$
$$I_2 = I_2' + I_2'' \approx 0.75 + (-3) = -2.25\text{A}$$
$$I_3 = I_3' + I_3'' \approx 1.5 + 2 = 3.5\text{A}$$

例题 2-8

问题　应用叠加定理求图2-12所示电路中的电压U。

解答　根据叠加定理思想对图2-12所示电路进行分解，如图2-13（a）和图2-13（b）所示。对图2-13（a）电压源单独作用的等效电路图应用节点电压法。

$$\left(\frac{1}{8+2} + \frac{1}{40} + \frac{1}{10} \right) U' = \frac{136}{8+2} + \frac{50}{10}$$

解得　　$U' = \dfrac{13.6 + 5}{0.1 + 0.025 + 0.1} = \dfrac{18.6}{0.225} = \dfrac{248}{3}\text{V}$

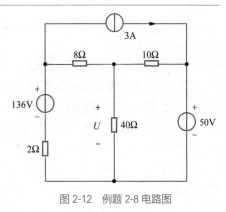

图 2-12　例题 2-8 电路图

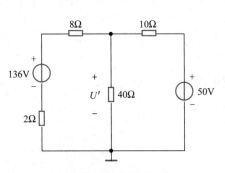

（a）电压源单独作用等效电路

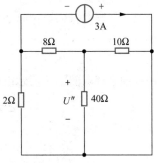

（b）电流源单独作用等效电路

图 2-13　图 2-12 电路分解图

对图2-13（b）应用电阻串并联化简方法，可求得3A电流源两端电压U_{I_S}为

$$U_{I_s} = 3 \times \dfrac{2 \times \left(8 + \dfrac{10 \times 40}{10 + 40}\right)}{\left(8 + \dfrac{10 \times 40}{10 + 40}\right) + 2} = 3 \times \dfrac{32}{18} = \dfrac{16}{3}\ \text{V}$$

$$U'' = \dfrac{-U_{I_s}}{2} = -\dfrac{16}{3} \times \dfrac{1}{2} = -\dfrac{8}{3}\ \text{V}$$

所以，由叠加定理得原电路的 U 为

$$U = U' + U'' = \dfrac{248}{3} - \dfrac{8}{3} = 80\text{V}$$

根据以上讲解，可以归纳出应用叠加定理分析电路的基本步骤如下。

（1）在多个独立源作用的较复杂的电路图上标出待求电流（或电压）的参考方向；

（2）将该复杂电路分解为多个较简单的分电路，在分电路中一个（或一组）独立源单独作用，单独作用是指将其余的电源均除去，即理想电压源（恒压源）短接，理想电流源（恒流源）开路，但是注意与它们串、并联的电阻仍要保留在电路中；

（3）电路中有受控源时，受控源应保留在各分电路中；

（4）在简单的分电路中分别分析、计算待求电流（或电压）；

（5）最后将各个分电路中求得的电流（或电压）的代数和相加求出结果。

2.4.2　叠加定理应用条件和注意事项

（1）叠加定理只适用于求线性电路的电流或电压，而不能用在非线性电路中。

（2）叠加定理仅适用于线性电路求电压和电流响应，而不能用来计算功率。这是因为线性电路中的电压和电流都与激励（独立源）呈线性关系，而功率与激励不再是线性关系。

（3）叠加定理中电压、电流是代数量的叠加，分电路计算的响应与原电路这一响应的参考方向一致取正号，反之取负号。

（4）叠加的方式是任意的，可以一次使一个独立源作用，也可以一次让多个独立源同时作用，方式的选择取决于简化分析、计算的需求。

（5）若电路中有受控源，注意受控源不能单独作用，应保留在各分电路中。而且受控源的电压或电流随分电路中控制变量的变化而变化。

例题 2-9

问题　应用叠加定理求图 2-14 所示电路中的电压 U 和电流 I。

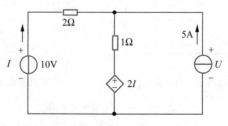

图 2-14　例题 2-9 电路图

解答　因受控源不能单独作用，运用叠加定理进行电路分析时可将电路分解为两个独立源单独作用，如图2-15所示。（注意：受控源始终保留在分电路中。）

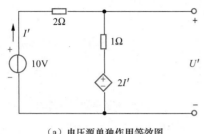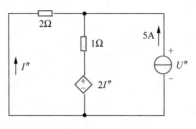

（a）电压源单独作用等效图　　　　　　　（b）电流源单独作用等效图

图 2-15　图 2-14 电路分解图

当10V电压源单独作用时，电路为简单的串联回路，可得

$$I' = \frac{10 - 2I'}{2 + 1} = 2\text{A}$$

进而可得
$$U' = 1 \times I' + 2I' = 6\text{V}$$

当5A电流源单独作用时，对左边回路列KVL方程，有

$$2I'' + 1 \times (5 + I'') + 2I'' = 0$$

解得
$$I'' = -1\text{A}$$

进而可得
$$U'' = -(2 \times I'') = -2 \times (-1) = 2\text{V}$$

根据叠加定理可得电压 U 和电流 I 为

$$U = U' + U'' = 6 + 2 = 8\text{V}$$
$$I = I' + I'' = 2 + (-1) = 1\text{A}$$

学习应用叠加定理，还应认识到，叠加定理的重要性不仅在于可用来分析电路本身，而且在于它为线性电路的定性分析和一些具体计算方法提供了理论依据。

2.5　等效电路方法

本节将初步介绍电路的"等效"问题。电路等效是贯穿电路分析基础的一条主线，学习时应深刻领会"等效"的含义，等效是指对等效变换之外的电路部分效果相同，对等效变换的电路部分效果一般不相同。

2.5.1　电路元件等效

电路元件中最基本的连接方式就是串联和并联。下面分别对电阻、电容及电感元件的串联和并联进行讨论。

1. 电阻的串联和并联

（1）电阻串联与分压定律

元件与元件首尾相连称为串联，如图2-16（a）所示。串联电路的特点是流过各元件的电流为同一电流。

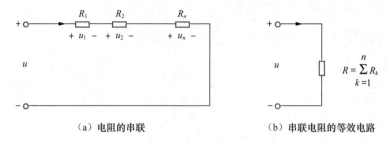

（a）电阻的串联　　　　　　　　　　　（b）串联电阻的等效电路

图 2-16　电阻串联及等效电路

对于图 2-16（a），根据 KVL 分析可知，n 个电阻串联电路的端口电压 u 等于各电阻上的电压 u_k 的叠加，即

$$u = u_1 + u_2 + \cdots + u_n = \sum_{k=1}^{n} u_k$$

而 $u_k = R_k i$，n 个电阻串联流过同一个电流，所以

$$u = R_1 i + R_2 i + \cdots + R_n i$$
$$= (R_1 + R_2 + \cdots + R_n)i$$

图 2-16（a）和图 2-16（b）等效的条件是同一电压 u 作用下的电流 i 保持不变。

对于图 2-16（b），有

$$u = i_R$$

由此可得

$$R = R_1 + R_2 + \cdots + R_n = \sum_{k=1}^{n} R_k \tag{2-1}$$

R 为 n 个电阻串联时的等效电阻，等于各个串联电阻之和，称为端口的输入电阻。

$$u_k = R_k i = \frac{R_k}{R} u \tag{2-2}$$

由式（2-2）可知，串联电路中各电阻上电压的大小与其电阻值的大小成正比，这称为分压定律。

两电阻 R_1、R_2 串联时，等效电阻为

$$R = R_1 + R_2$$

分压公式为
$$u_1 = \frac{R_1}{R_1 + R_2} u, \quad u_2 = \frac{R_2}{R_1 + R_2} u$$

电路吸收的总功率为

$$p = ui$$
$$= (u_1 + u_2 + \cdots + u_n)i$$
$$= p_1 + p_2 + \cdots + p_n \tag{2-3}$$
$$= \sum_{k=1}^{n} p_k$$

即电阻串联电路消耗的总功率等于各电阻消耗的功率之和。

（2）电阻并联与分流定律

当各个元件连接在两个公共节点之间时，其电路如图2-17（a）所示。并联电路的特点是各元件上的电压相等，均为端口电压u。

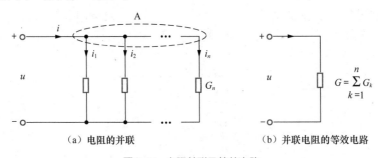

（a）电阻的并联　　　　　　　（b）并联电阻的等效电路

图 2-17　电阻并联及等效电路

对于图2-17（a），根据KCL分析可知，总电流i（流入节点A的电流）等于各并联支路电流（流出节点A的电流）之和，即

$$i = i_1 + i_2 + \cdots + i_n = \sum_{k=1}^{n} i_k$$

而$i_k = G_k u$，n个电阻并联，它们上面的电压均为端口电压u，所以

$$i = G_1 u + G_2 u + \cdots + G_n u$$
$$= (G_1 + G_2 + \cdots + G_n)u$$

图2-17（a）和图2-17（b）等效的条件是同一电压u作用下的电流i保持不变。

对图2-17（b）分析可得$i = uG$，由此可得

$$G = G_1 + G_2 + \cdots + G_n = \sum_{k=1}^{n} G_k \tag{2-4}$$

电导G是n个电阻并联时的等效电导，等于各个并联电阻的倒数之和，称为端口的输入电导。

分配到第k个电阻上的电流为

$$i_k = G_k u = \frac{G_k}{G} i \tag{2-5}$$

由式（2-5）可知，并联电路中各电阻上分配到的电流与其电导的大小成正比，与它的电阻的大小成反比，这称为分流定律。

两电阻R_1、R_2并联时，等效电阻为

$$R = \frac{R_1 R_2}{R_1 + R_2}$$

分流公式为

$$i_1 = \frac{R_2}{R_1 + R_2} i, \quad i_2 = \frac{R_1}{R_1 + R_2} i$$

电路吸收的总功率为

$$p = ui$$
$$= (i_1 + i_2 + \cdots + i_n)u$$
$$= p_1 + p_2 + \cdots + p_n \tag{2-6}$$
$$= \sum_{k=1}^{n} p_k$$

即电阻并联电路消耗的总功率等于各电阻消耗的功率之和。

例题 2-10

问题 现有图 2-18 所示的电路。求：（1）ab 两端的等效电阻 R_{ab}；（2）cd 两端的等效电阻 R_{cd}。

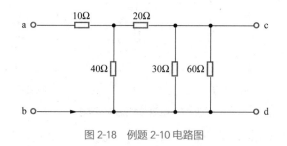

图 2-18　例题 2-10 电路图

解答 求 ab 两端的等效电阻 R_{ab} 的过程如图 2-19 所示。

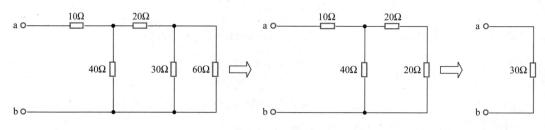

图 2-19　求 R_{ab} 的图示过程

所以 $R_{ab} = 30\Omega$。

求 cd 两端的等效电阻 R_{cd} 时，从 cd 端口看进去，10Ω 电阻不在电路中，对于求 R_{cd} 不起作用。R_{cd} 的求解过程如图 2-20 所示。

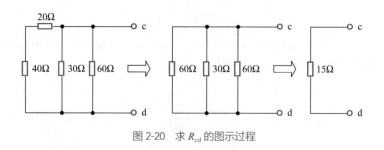

图 2-20　求 R_{cd} 的图示过程

所以 $R_{cd}=15\Omega$。

（3）复杂电阻电路的化简

① 电阻的星形与三角形连接。

图 2-21 所示电路的各电阻之间既非串联又非并联，要求出各节点间的等效电阻，无法再利用电阻串联、并联的计算方法简单求解。

当 3 个电阻的一端接在公共节点上，而另一端分别接在电路的其他 3 个节点上时，这 3 个电阻的连接关系称为星形连接。图 2-21（a）所示电路中电阻 R_a、R_b、R_c 的连接形式就是星形连接。

当3个电阻首尾相连，并且3个连接点又分别与电路的其他部分相连时，这3个电阻的连接关系称为三角形连接。图2-21（b）所示电路中电阻R_{ab}、R_{bc}、R_{ca}的连接形式就是三角形连接。

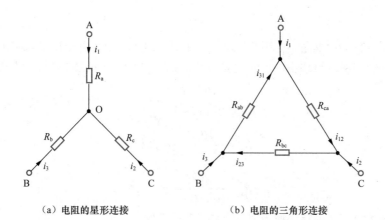

（a）电阻的星形连接　　　　　　　　　（b）电阻的三角形连接

图 2-21　电阻的星形连接与三角形连接图

② 星形连接与三角形连接的等效变换。

在电路分析中，有时将星形连接等效为三角形连接或者将三角形连接等效为星形连接，就会使电路变得简单而易于分析。在两种连接形式等效变换时，等效的条件是R_{AB}、R_{BC}、R_{CA}在图2-21（a）和图2-21（b）中都是相等的。

对图2-21（a）分析，有

$$R_{AB}=R_a+R_b, \quad R_{BC}=R_b+R_c, \quad R_{CA}=R_c+R_a$$

对图2-21（b）分析，有

$$R_{AB} = \frac{(R_{bc} + R_{ca})R_{ab}}{(R_{bc} + R_{ca}) + R_{ab}}, \quad R_{BC} = \frac{(R_{ca} + R_{ab})R_{bc}}{(R_{ca} + R_{ab}) + R_{bc}}, \quad R_{CA} = \frac{(R_{ab} + R_{bc})R_{ca}}{(R_{ab} + R_{bc}) + R_{ca}}$$

由上述两组表达式，可以得到将星形连接变为三角形连接的关系式为

$$R_{ab} = \frac{R_a R_b + R_b R_c + R_c R_a}{R_c}$$

$$R_{bc} = \frac{R_a R_b + R_b R_c + R_c R_a}{R_a} \quad （2\text{-}7）$$

$$R_{ca} = \frac{R_a R_b + R_b R_c + R_c R_a}{R_b}$$

同样，也可以得到将三角形连接转换为星形连接的关系式。

$$R_a = \frac{R_{ab} R_{ca}}{R_{ab} + R_{bc} + R_{ca}}$$

$$R_b = \frac{R_{ab} R_{bc}}{R_{ab} + R_{bc} + R_{ca}} \quad （2\text{-}8）$$

$$R_c = \frac{R_{bc} R_{ca}}{R_{ab} + R_{bc} + R_{ca}}$$

当三角形连接的3个电阻相等，都等于$R_\triangle$时，那么由式（2-8）可知，等效星形连接的3个

电阻也必然相等，记为 R_Y，有 $R_Y = \dfrac{1}{3} R_\triangle$。

例题 2-11

问题　对图 2-22 所示电路，应用 Y-△ 等效变换求：（1）对角线电压 U；（2）电压 U_{ab}。

解答　把 10Ω、10Ω、5Ω 电阻构成的三角形等效变换为星形，如图 2-23 所示，其中各电阻值为

$$R_1 = \frac{10 \times 10}{10 + 10 + 5} = 4\Omega$$

$$R_2 = \frac{10 \times 5}{10 + 10 + 5} = 2\Omega$$

$$R_3 = \frac{10 \times 5}{10 + 10 + 5} = 2\Omega$$

由此可把图 2-22 所示电路变换为图 2-23 所示等效电路。

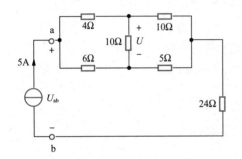

图 2-22　例题 2-11 电路

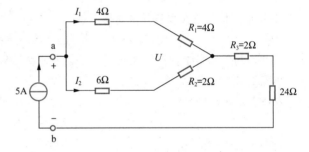

图 2-23　图 2-22 所示电路的等效电路

由于两条并接支路的电阻相等，因此得电流

$$I_1 = I_2 = \frac{5}{2} = 2.5\text{A}$$

应用 KVL 得电压

$$U = 6 \times 2.5 - 4 \times 2.5 = 5\text{V}$$

又因为入端电阻

$$R_{ab} = (4+4)/\!/(6+2) + 2 + 24 = 30\Omega$$

所以

$$U_{ab} = 5 \times R_{ab} = 5 \times 30 = 150\text{V}$$

注意：本题也可将 4Ω、10Ω、10Ω 电阻构成的星形等效变换为三角形，或将 4Ω、10Ω、6Ω 电阻构成的三角形变换为星形，或将 6Ω、10Ω、5Ω 电阻构成的星形变换为三角形，来进行求解。这说明 Y-△ 变换方式可以有多种，但显然，变换方式选择得当，将使等效电阻值和待求量的计算简便。

2. 电容的串联和并联

（1）电容的串联

图 2-24 所示为两个电容的串联电路，根据电容的伏安关系对电路进行分析。

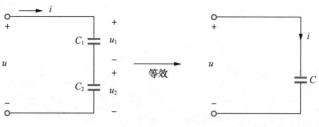

图 2-24　电容的串联

电容 C_1 和 C_2 两端的电压为

$$u_1 = \frac{1}{C_1}\int_{-\infty}^{t} i(\xi)\mathrm{d}\xi, \quad u_2 = \frac{1}{C_2}\int_{-\infty}^{t} i(\xi)\mathrm{d}\xi$$

如果将两个电容等效为一个电容，其两端的电压不能变，应为

$$u = u_1 + u_2 = \left(\frac{1}{C_1} + \frac{1}{C_2}\right)\int_{-\infty}^{t} i(\xi)\mathrm{d}\xi = \frac{1}{C}\int_{-\infty}^{t} i(\xi)\mathrm{d}\xi$$

对应电容两端的伏安关系，可以得出串联等效电容为

$$C = \frac{C_1 C_2}{C_1 + C_2}$$

由上述分析，也可以得出串联电容的分压关系为

$$u_1 = \frac{C}{C_1}u = \frac{C_2}{C_1 + C_2}u, \quad u_2 = \frac{C}{C_2}u = \frac{C_1}{C_1 + C_2}u$$

由此可知，多个电容串联时总容量减小，其等效电容的倒数等于各分电容倒数之和，相当于电阻的并联，可写成

$$\frac{1}{C} = \frac{1}{C_1} + \frac{1}{C_2} + \cdots + \frac{1}{C_n} \tag{2-9}$$

当单一电容的耐压不能满足电路要求时，我们常常采用串联电容的方法解决问题。但要注意每个电容均承受着同样的电量。电容量大的电容分配的电压小，电容量小的电容分配的电压反而大。

（2）电容的并联

图 2-25 所示为两个电容的并联电路，根据电容的伏安关系对电路进行分析。

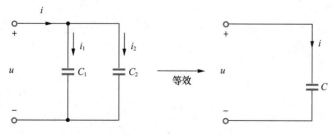

图 2-25　电容的并联

并联电容所在支路电流分别为

$$i_1 = C_1\frac{\mathrm{d}u}{\mathrm{d}t}, \quad i_2 = C_2\frac{\mathrm{d}u}{\mathrm{d}t}$$

根据 KCL 可得

$$i = i_1 + i_2 = (C_1 + C_2)\frac{\mathrm{d}u}{\mathrm{d}t} = C\frac{\mathrm{d}u}{\mathrm{d}t}$$

从而可得并联等效电容为

$$C = C_1 + C_2$$

由上述分析，也可以得出并联电容的分流关系为

$$i_1 = C_1\frac{\mathrm{d}u}{\mathrm{d}t}, \ i_2 = C_2\frac{\mathrm{d}u}{\mathrm{d}t}, \ i = C\frac{\mathrm{d}u}{\mathrm{d}t}, \ i_1 = \frac{C_1}{C}i, \ i_2 = \frac{C_2}{C}i$$

由此可知，多个电容并联时总容量增加，其等效电容为各分电容之和，相当于电阻的串联，可写成

$$C = C_1 + C_2 + \cdots + C_n \tag{2-10}$$

当单独一个电容的电容量不能满足电路要求而耐压满足要求时，可采用并联电容的方法解决问题，但应注意每个电容均承受着相同的外加电压。每个电容的耐压均应大于外加电压，否则一个电容被击穿，整个并联电路就被短路，会对电路造成危害。

例题 2-12

问题　已知两个电容大小为 $C_1 = 0.25\mu F(200V)$，$C_2 = 0.5\mu F(300V)$，若两电容串联后接在 360V 直流电路中，问：电路能否正常工作？

解答　$C = \dfrac{C_1 C_2}{C_1 + C_2} = 0.167\mu F$

$$Q = Q_1 = Q_2 = CU = 0.167 \times 360 = 6.012 \times 10^{-5}\text{C}$$

$$U_1 = \frac{Q}{C_1} = 240V \qquad U_2 = \frac{Q}{C_2} = 120V$$

由于 C_1 承受大电压大于 200V，C_2 承受小电压小于 300V，将导致 C_1 击穿，继而引起 C_2 击穿，故电路不能正常工作。

3. 电感的串联和并联

（1）电感的串联

图 2-26 所示为两个电感的串联电路，根据电感的伏安关系对电路进行分析。

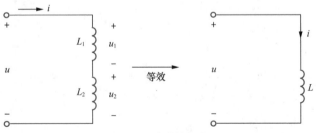

图 2-26　电感的串联

由串联电感电流相同，可知电感两端电压分别为

$$u_1 = L_1 \frac{\mathrm{d}i}{\mathrm{d}t}, \quad u_2 = L_2 \frac{\mathrm{d}i}{\mathrm{d}t}$$

将两个电感等效为一个电感，其两端的电压不变，应为

$$u = u_1 + u_2 = (L_1 + L_2)\frac{\mathrm{d}i}{\mathrm{d}t} = L\frac{\mathrm{d}i}{\mathrm{d}t}$$

对应电感两端的伏安关系，可以得出串联等效电感为

$$L = L_1 + L_2$$

由上述分析，也可以得出串联电感的分压关系为

$$u_1 = L_1 \frac{\mathrm{d}i}{\mathrm{d}t} = \frac{L_1}{L}u = \frac{L_1}{L_1 + L_2}u, \quad u_2 = L_2 \frac{\mathrm{d}i}{\mathrm{d}t} = \frac{L_2}{L}u = \frac{L_2}{L_1 + L_2}u$$

（2）电感的并联

图2-27所示为两个电感的并联电路，根据电感的伏安关系对电路进行分析。

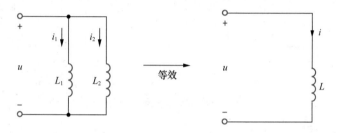

图 2-27　电感的并联

由并联电感两端电压相同，可得两电感支路电流为

$$i_1 = \frac{1}{L_1}\int_{-\infty}^{t} u(\xi)\mathrm{d}\xi, \quad i_2 = \frac{1}{L_2}\int_{-\infty}^{t} u(\xi)\mathrm{d}\xi$$

根据KCL可得

$$i = i_1 + i_2 = \left(\frac{1}{L_1} + \frac{1}{L_2}\right)\int_{-\infty}^{t} u(\xi)\mathrm{d}\xi = \frac{1}{L}\int_{-\infty}^{t} u(\xi)\mathrm{d}\xi$$

从而可得并联等效电感为

$$L = \frac{1}{\dfrac{1}{L_1} + \dfrac{1}{L_2}} = \frac{L_1 L_2}{L_1 + L_2}$$

电感并联求等效电感与电阻并联求等效电阻类似。

由上述分析，也可以得出并联电感的分流关系为

$$\int_{-\infty}^{t} u(\xi)\mathrm{d}\xi = Li$$

$$i_1 = \frac{1}{L_1}\int_{-\infty}^{t} u(\xi)\mathrm{d}\xi = \frac{L}{L_1}i = \frac{L_2 i}{L_1 + L_2}, \quad i_2 = \frac{1}{L_2}\int_{-\infty}^{t} u(\xi)\mathrm{d}\xi = \frac{L}{L_2}i = \frac{L_1 i}{L_1 + L_2}$$

注意：以上讲解的虽然是两个电容或两个电感的串联和并联等效，但其结论可以推广到 n 个电容或 n 个电感的串联和并联等效。

2.5.2　电源等效

电源等效

理想电源之间是没有等效可言的，因为它们是无穷大功率源。而实际电压源、实际电流源两种模型可以进行等效变换，所谓的等效是指端口的电压、电流在转换过程中保持不变。

一个实际的电压源（恒压源串电阻）如图 2-28（a）所示，一个实际电流源（恒流源并电阻）如图 2-28（b）所示，它们作用于完全相同的外电路。如果对外电路而言，两种电源作用的效果完全相同，即两电路端口处的电压 U、电流 I 相等，则称这两种电源对外电路而言是等效的，那么这两种电源之间可以进行等效互换。

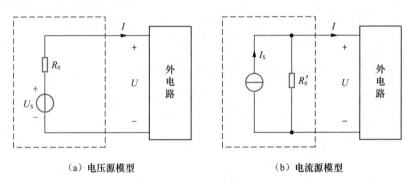

（a）电压源模型　　　　　　　　（b）电流源模型

图 2-28　两种电源模型的等效

对于图 2-28（a），根据 KVL 得

$$U = U_S - IR_0$$

$$I = \frac{U_S}{R_0} - \frac{U}{R_0}$$

对于图 2-28（b），根据 KCL 得

$$I = I_S - \frac{U}{R_0'}$$

因为两电路等效，故两电路端口处的电压 U、电流 I 相等，比较以上两式得

$$I_S = \frac{U_S}{R_0}$$

$$R_0' = R_0$$

由此可将恒压源串电阻的电路等效为恒流源并电阻的电路。

同样，将恒流源并电阻的电路等效为恒压源串电阻的电路时有 $U_S = I_S R_0'$，$R_0 = R_0'$。

总结电压源模型与电流源模型等效变换的基本步骤如下。

（1）恒压源（U_S）串电阻（R_0）变换为恒流源（I_S）并电阻（R_0）步骤如下。

① 对电阻的变换：大小不变，仍为 R_0；由串联改为并联。

② 对电源的变换：恒流源的大小 $I_S = U_S/R_0$；恒流源的方向与变换前恒压源的方向一致，即恒流源的电流方向为恒压源的低电位端指向高电位端。

（2）恒流源（I_S）并电阻（R_0）变换为恒压源（U_S）串电阻（R_0）步骤如下。

① 对电阻的变换：大小不变，仍为R_0；由并联改为串联。

② 对电源的变换：恒压源的大小$U_S = I_S R_0$；恒压源的方向与变换前恒流源的方向一致，即恒压源的高电位端为恒流源电流流出端，恒压源的低电位端为恒流源电流流入端。

例题 **2-13**

问题　应用电源等效方法化简图2-29所示电路，并计算1Ω电阻中的电流I。

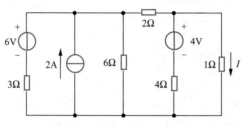

图 2-29　例题 2-13 电路图

解答　根据电源等效方法，可对电路进行化简，化简过程如图2-30所示。

如图2-30所示，电路可等效为图2-30（e）电流源模型或图2-30（f）电压源模型。

由图2-30（e），根据分流公式得$I = 3 \times \dfrac{2}{2+1} = 2\text{A}$；

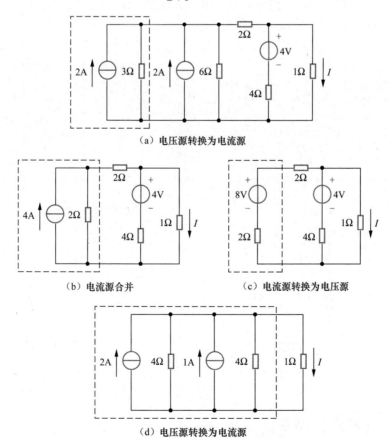

（a）电压源转换为电流源

（b）电流源合并　　　　　　　（c）电流源转换为电压源

（d）电压源转换为电流源

图 2-30　图 2-29 所示电路的等效变换过程

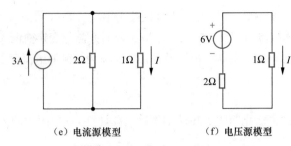

（e）电流源模型　　　　（f）电压源模型

图 2-30　图 2-29 所示电路的等效变换过程（续）

由图 2-30（f），根据欧姆定律得 $I = \dfrac{6}{2+1} = 2\text{A}$。

例题 2-14

问题　针对图 2-31 所示电路，已知 $U_{S1}=2\text{V}$，$U_{S2}=4\text{V}$，$R_{U1} = R_{U2} = R = 2\Omega$。请根据电源等效方法将电路化简为单一电压源模型和单一电流源模型，并求化简后理想电压源和理想电流源发出的功率以及负载消耗的功率。

解答　首先把电路中的两个电压源模型变换为两个电流源模型，进而等效为单一电流源模型和单一电压源模型，详细过程如图 2-32 所示。

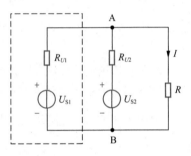

图 2-31　例题 2-14 电路图

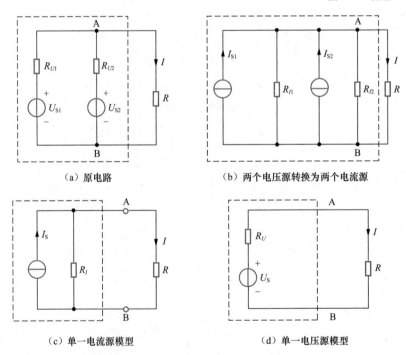

（a）原电路　　　　　　（b）两个电压源转换为两个电流源

（c）单一电流源模型　　　　　　（d）单一电压源模型

图 2-32　图 2-31 所示电路的等效变换过程

图 2-32（b）中电流源模型为

$$I_{S1} = \frac{U_{S1}}{R_{U1}} = \frac{2}{2} = 1\text{A}, \quad I_{S2} = \frac{U_{S2}}{R_{U2}} = \frac{4}{2} = 2\text{A}$$

$$R_{I1}=R_{I2}=R_{U1}=R_{U2}=2\Omega$$

因此，图2-32（c）中的电流源模型和图2-32（d）中的电压源模型为

$$I_S=I_{S1}+I_{S2}=1+2=3A, \quad R_I=R_{I1}\ //\ R_{I2}=2\ //\ 2=1\Omega$$
$$U_S=I_S\times R_I=3\times1=3V, \quad R_U=R_I=1\Omega$$

求出图2-32（c）中端电压U_{AB}和图2-32（d）中电流I分别为

$$U_{AB}=I_S\times(R_I\ //\ R)=3\times(1\ //\ 2)=2V$$

$$I=\frac{U_S}{R_U+R}=\frac{3}{1+2}=1A$$

所以，图2-32（c）电路中理想电流源发出的功率为

$$P_{I发}=I_S\times U_{AB}=3\times2=6W$$

电阻R吸收的功率为

$$P=\frac{U_{AB}^2}{R}=\frac{2^2}{2}=2W$$

图2-32（d）中的理想电压源发出的功率为

$$P_{U发}=I\times U_S=1\times3=3W$$

电阻R吸收的功率为

$$P=I^2R=1^2\times2=2W$$

计算结果表明，电压源模型和电流源模型可以相互"等效"变换，但两种理想电源发出的功率不同。这是因为理想电压源和理想电流源都属于无穷大功率源，它们二者之间是没有"等效"可言的。"等效"变换前后电阻R消耗的功率相同，表明电源变换前后对其内部来讲效果不同，但对外电路等效。

根据上述分析，总结出电源等效法的如下注意事项。

（1）等效变换后，恒流源I_S与恒压源U_S的方向要保持一致。

（2）等效变换的"等效"是指对外部电路等效，对内部电路（电源内部）是不等效的。开路的电压源中无电流流过串联电阻R_0，内阻上不损耗功率；开路的电流源可以有电流流过并联电阻R_0，此时内阻是损耗功率的。当电压源短路时，串联电阻R_0上有电流，内阻损耗功率；当电流源短路时，并联电阻R_0上无电流，这时内阻就不损耗功率。显然电源的"等效"变换对电源内部是不等效的。

（3）恒压源和恒流源之间不能等效变换。

（4）当电路中有受控源时，受控电压源与电阻串联或受控电流源与电阻并联，均可仿效独立电源的等效方法进行电源等效变换。需要注意的是，控制变量所在的支路不要变换，若做了变换，则须注意控制变量的改变，不要丢失控制变量。

例题2-15

问题　已知图2-33所示电路中$R_1=R_2=2\Omega$，$R_3=R_4=1\Omega$，利用电源的等效变换将电路简化，并求电路中U_o与U_S的电压比。

解答　利用电源的等效变换，将U_S与R_1串联的电压源模型变换为电流源模型，让R_1和R_2这两个并联电阻合并，成为$R_{12}=1\Omega$，然后将电流源模型变换为电压源模型，注意这时恒压源大小变为了$\frac{U_S}{2}$，如图2-34所示。另外将受控电流源模型用电源等效变换的方法变为受控电压源模型，原电

路可以等效为图2-34所示的单回路电路，注意图中U_3是控制变量，所以R_3不能变换掉。对回路列写KVL方程，有

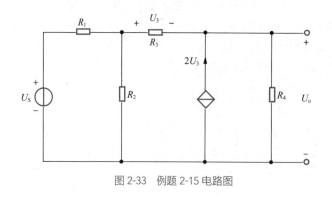

图 2-33　例题 2-15 电路图

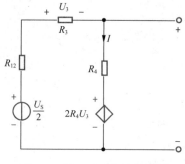

图 2-34　图 2-33 所示电路等效图

$$(R_{12} + R_3 + R_4)I + 2R_4U_3 = \frac{1}{2}U_s$$

$$I = \frac{\frac{1}{2}U_s}{R_{12} + R_3 + R_4 + 2R_4R_3} = \frac{\frac{1}{2}U_s}{1+1+1+2} = \frac{1}{10}U_s$$

所以输出电压为

$$U_o = R_4I + 2R_4U_3 = (R_4 + 2R_4R_3)I = \frac{3}{10}U_s$$

则$\dfrac{U_o}{U_s} = \dfrac{3}{10} = 0.3$。

2.5.3　戴维南定理

H5
戴维南定理

复杂电路求解，一般可选择支路电流法、叠加定理和电源等效3种方法。若求电路中各支路电流，可优先采用支路电流法，也可利用叠加定理化繁为简的思想，化多电源为单一电源来求解；若只求电路中某一支路的电压或电流，并不需要把所有支路电压或电流都求出来，则可应用电源的等效变换。但以上方法过程复杂，计算工作量较大。

这节再介绍一种求复杂电路中某一支路电流的方法——戴维南定理。

戴维南定理指的是，任何一个线性的有源二端网络，对外电路来说，都可以用一个理想电压源（U_s）和一个内电阻（R_0）的串联组合来等效代替。其电压源的电压等于该有源二端网络的开路电压U_{oc}，串联电阻R_0等于该有源二端网络中所有独立源为零（电压源短路，电流源开路）时的等效电阻。

图2-35（a）所示电路由有源二端网络和待求支路（R_L）组成。有源二端网络很复杂，而戴维南定理就是要将这样一个复杂的二端网络等效为简单的戴维南电路，即U_s和R_0串联的形式，如图2-35（b）所示。也就是说如果能求出U_s和R_0，待求支路（R_L）的问题就很容易解决，问题的关键变为如何求U_s和R_0。

根据戴维南定理的定义和等效的概念，求U_s时，看图2-35（b），它是A、B两端开路时AB

间的端口电压。由于图2-35（a）、图2-35（b）两图是等效的，所以U_S也是图2-35（a）中A、B两点间的开路电压。因此，有源二端网络的开路电压就是要求的U_S。求R_0时，同样看图2-35（b），它是去除电源后A、B间的等效电阻，由于图2-35（a）、图2-35（b）两图是等效的，因此在图2-35（a）中A、B两点间的有源二端网络去除电源后的等效电阻就是要求的R_0。

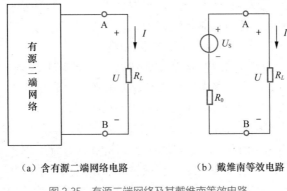

（a）含有源二端网络电路　　　　　（b）戴维南等效电路

图 2-35　有源二端网络及其戴维南等效电路

例题 2-16

问题　电路如图2-36所示，已知$E_1 = 40V$，$E_2 = 20V$，$R_1 = R_2 = 4\Omega$，$R_3 = 13\Omega$，试用戴维南定理求电流I_3。

解答

（1）如图2-37（a）所示，断开待求支路求等效电源的电动势E。

$$I = \frac{E_1 - E_2}{R_1 + R_2} = \frac{40 - 20}{4 + 4} = 2.5A$$

$$E = U_0 = E_2 + IR_2 = 20 + 2.5 \times 4 = 30V$$

或

$$E = U_0 = E_1 - IR_1 = 40 - 2.5 \times 4 = 30V$$

E也可用节点电压法、叠加定理等方法求解。

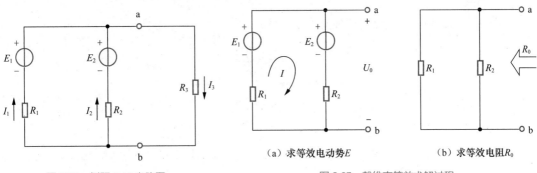

图 2-36　例题 2-16 电路图　　　　　　图 2-37　戴维南等效求解过程

（2）求等效电源的内阻R_0，如图2-37（b）所示，除去所有电源（理想电压源短路，理想电流源开路），从ab端口看进去，R_1和R_2并联，所以

$$R_0 = \frac{R_1 \times R_2}{R_1 + R_2} = \frac{4 \times 4}{4 + 4} = 2\Omega$$

（3）由（1）、（2）可以画出戴维南等效电路，如图2-38所示，求电流I_3。

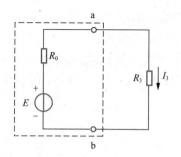

$$I_3 = \frac{E}{R_0 + R_3} = \frac{30}{2+13} = 2\text{A}$$

图2-38　图2-36所示电路的戴维南等效电路

由前面的例题可知，开路电压U_{oc}可这样求取。先假设端口处U_{oc}的参考方向，然后视具体电路形式，从已掌握的电阻串并联等效、分压分流关系、电源等效、叠加定理、网孔电流法、节点电压法等方法中，选取一个能简便地求得U_{oc}的方法计算开路电压。求等效内阻R_0时，先除源，再用电阻串并联等效和$Y-\triangle$等效求R_0。由此可将戴维南等效电路方法的步骤总结如下。

（1）把电路分为待求支路和有源二端网络两部分；

（2）将待求支路从电路中断开，求出剩余有源二端网络的开路电压U_{oc}；

（3）将有源二端网络内各独立源除去，保留独立源的内阻，求出有源二端网络的等效电阻R_0，若有源二端网络含有受控源，可用外加电源法或开路、短路法求等效电阻R_0；

（4）将U_{oc}与R_0串联，画出有源二端网络的戴维南等效电路，注意要使代替有源二端网络的恒压源极性与开路电压U_{oc}的极性一致；

（5）接上待求支路，求支路上的电压或电流。

如果有源二端网络含有受控源，上述通过内部除源求等效电阻的方法则不适用，可采用以下两种方法。

（1）外加电源法。首先令端口内所有的独立源为零（独立电压源短路，独立电流源开路），在端口间外加电压源U，求端口电流I，亦可外加电流源I，来求得端口电压U。内阻R_0就是电压U和电流I的比值，即$R_0=U/I$（U与I对两端电路取关联参考方向）。

（2）开路、短路法。求端口处的开路电压（U_{oc}）和短路电流（I_{sc}），此时，二端网络内的独立源保留，不能去掉。内阻R_0是开路电压（U_{oc}）和短路电流（I_{sc}）的比值，即$R_0=U_{oc}/I_{sc}$。

下面通过例题来具体说明。

例题 2-17

问题　求图2-39所示电路的戴维南等效电路。

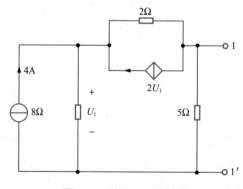

图2-39　例题2-17电路图

解答

（1）先求开路电压 U_{oc}。

把图 2-39 中受控电流源与电阻的并联支路等效变换为受控电压源与电阻的串联支路，如图 2-40（a）所示，由 KVL 得

$$(2+5)I_1 + 4U_1 - U_1 = 0$$

把 $U_1 = (4-I_1) \times 8$ 代入上式，解得 $I_1 \approx 5.647\mathrm{A}$，故开路电压 $U_{oc} = 5 \times I_1 \approx 5 \times 5.647 = 28.235\mathrm{V}$。

（2）求等效电阻 R_0。

方法一：开路、短路法

把图 2-40（a）中的 1 端和 1′端短接，如图 2-40（b）所示。由 KVL 得

$$2I_{sc} + 4U_1 - U_1 = 0$$

即 $I_{sc} = -1.5U_1$。把 $U_1 = (4-I_{sc}) \times 8$ 代入式中，解得 $I_{sc} \approx 4.364\mathrm{A}$，则等效电阻 $R_0 = \dfrac{U_{oc}}{I_{sc}} \approx \dfrac{28.24}{4.364} \approx 6.471\Omega$。

方法二：外加电源法

把图 2-40（a）中 4A 电流源断开，在 1 端和 1′端之间加电压源 U，如图 2-40（c）所示。由 KVL 得

$$U = -4U_1 + 2(I-I_1) + U_1 = -3U_1 + 2(I-I_1)$$

把 $U_1 = 8 \times (I-I_1)$ 代入上式，有

$$U = -3 \times 8 \times (I-I_1) + 2(I-I_1) = -22(I-I_1)$$

考虑到 $I_1 = \dfrac{U}{5}$，则 $U = -22I + 22 \times \dfrac{U}{5}$，所以 $U = \dfrac{22 \times 5}{17}I$，故等效电阻 $R_0 = \dfrac{U}{I} = \dfrac{22 \times 5}{17} \approx 6.471\Omega$。

（3）由（1）、（2）可得戴维南等效电路如图 2-40（d）所示。

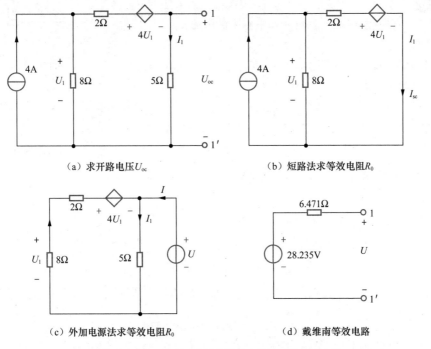

（a）求开路电压 U_{oc}　　　　　　　　（b）短路法求等效电阻 R_0

（c）外加电源法求等效电阻 R_0　　　　　　（d）戴维南等效电路

图 2-40　图 2-39 所示电路的戴维南等效电路求解过程

2.5.4　诺顿定理

诺顿定理与戴维南定理类似，指的是任何一个线性的有源二端网络，对外电路来说，可以用一个理想电流源（I_S）和一个电阻（R_0）的并联组合来等效代替，如图 2-41 所示。

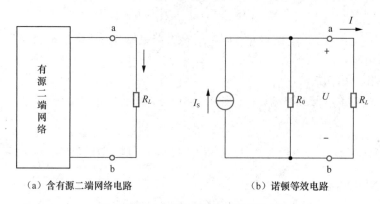

（a）含有源二端网络电路　　　　（b）诺顿等效电路

图 2-41　有源二端网络及其诺顿等效电路

等效电源的电流 I_S 就是有源二端网络的短路电流，即将 a、b 两端短接后的短路电流 I_{sc}。等效电源的内阻 R_0 等于有源二端网络中所有电源均除去（理想电压源短路，理想电流源开路）后所得到的无源二端网络 a、b 两端之间的等效电阻。具体求法与戴维南定理中等效内阻的求法完全相同。

另外，诺顿等效电路的求解可以用电源的等效变换方法，将戴维南等效电路做电源的等效变换，变换为恒流源与内阻并联的诺顿等效电路即可。

例题 **2-18**

问题　试用诺顿定理求图 2-42 所示电路中的电流 I。

解答

（1）求短路电流 I_{sc}。如图 2-43（a）所示，将 a、b 端短路，应用叠加定理求解。

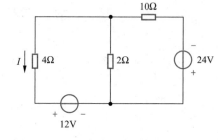

图 2-42　例题 2-18 电路图

12V 电源单独作用时：$I'_{sc} = -\dfrac{12}{2} - \dfrac{12}{10} = -7.2\text{A}$

24V 电源单独作用时：$I''_{sc} = -\dfrac{24}{10} = -2.4\text{A}$

计算代数和可得出：$I_{sc} = I'_{sc} + I''_{sc} = (-7.2) + (-2.4) = -9.6\text{A}$

（2）将 a、b 端开路，且内部除源，如图 2-43（b）所示，求等效电阻 R_0。

$$R_0 = 10//2 \approx 1.67\Omega$$

（3）由（1）、（2）可以画出诺顿等效电路，如图 2-43（c）所示，然后应用分流公式计算可得

$$I = \frac{1.67}{4 + 1.67} \times (-9.6) \approx -2.83\text{A}$$

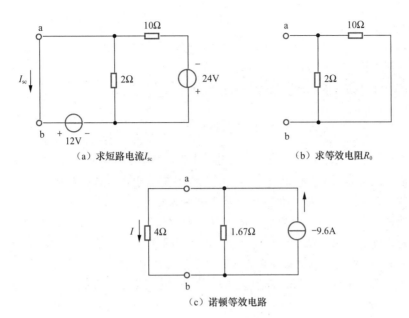

（a）求短路电流I_{sc} 　　　　　　　（b）求等效电阻R_0

（c）诺顿等效电路

图 2-43　图 2-42 所示电路的诺顿定理等效变换过程

2.6　最大功率传输定理

最大功率传输

电工技术中，我们常常希望在负载上获得最大的功率输出，这就需要了解负载上获得最大功率的条件是什么。在电源一定的条件下，负载太大，将造成输出电流小而使负载上获得的功率也小；负载太小，又会造成输出电流太大从而使电源内阻损耗增大，负载上也不能获得最大功率。最大功率传输定理指出，若一可变负载R_L接于电源上，该电源的电压U_{oc}和内阻R_0恒定，则当$R_L = R_0$时，负载上可获得最大功率。

现证明最大功率传输定理。将有源二端网络等效成戴维南电源模型，如图 2-44 所示。

$$I = \frac{U_{oc}}{R_0 + R_L}$$

则电源传输给负载R_L的功率为

$$P_L = R_L I^2 = R_L \cdot \left(\frac{U_{oc}}{R_0 + R_L} \right)^2$$

为了找到P_L的极值点，令$\dfrac{\mathrm{d}P_L}{\mathrm{d}R_L} = 0$，即

$$\frac{\mathrm{d}P_L}{\mathrm{d}R_L} = U_{oc}^2 \frac{(R_L + R_0)^2 - 2R_L(R_L + R_0)}{(R_L + R_0)^4} = 0$$

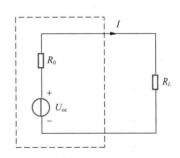

图 2-44　戴维南等效电路接负载电路

解上式得 $R_L = R_0$。

由上式可知，当 $R_L = R_0$ 时 P_L 取极大值。所以有源二端网络传输给负载的最大功率条件是，负载电阻 R_L 等于有源二端网络的等效内阻 R_0。

使 $R_L = R_0$ 即可得到有源二端网络传输给负载的最大功率为

$$P_{L\max} = \frac{U_{oc}^2}{4R_0}$$ （2-11）

通常，$R_L = R_0$ 时称为最大功率匹配。这里应注意，不要错误地把最大功率传输定理理解为要使负载功率最大，实际上是要使戴维南等效电源内阻 R_0 等于 R_L。如果 R_L 固定而 R_0 可变的话，则应使 R_0 等于零（U_{oc} 一定），方能使 R_L 上获得的功率最大。另外常常容易产生的错误概念是由线性二端网络获得最大功率时，因为 R_0 与 R_L 消耗的功率相等，所以其功率传输效率为50%。这一结论并不总是正确。如果负载功率来自一个只具有内阻 R_0 的电压源，那么负载得到最大功率时的效率确实是50%，但是二端网络和它的等效电路就内部功率而言一般是不等效的，由等效内阻 R_0 算得的功率一般并不等于网络内部消耗的功率，因此实际上当负载得到最大功率时，其功率传输效率未必是50%。

例题 2-19

问题 电路如图 2-45（a）所示，负载电阻 R_L 可任意改变，分析电阻 R_L 为何值时可获得最大功率，并求出该最大功率。当负载获得最大功率时，求9V电压源对电阻 R_L 的功率传输效率。

解答

（1）图 2-45（a）所示电路的戴维南等效电路如图 2-45（b）所示。

$$U_S = U_{oc} = \frac{6}{6+3} \times 9 = 6\text{V}$$

$$R_0 = 2 + \frac{6 \times 3}{6+3} = 4\Omega$$

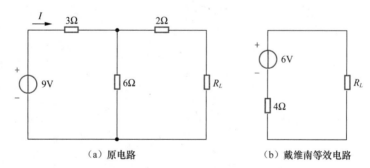

（a）原电路　　　　　　　　（b）戴维南等效电路

图 2-45　例题 2-19 电路图

（2）根据最大功率传输定理可知负载可获得的最大功率为

$$P_{L\max} = \frac{U_{oc}^2}{4R_{eq}} = \frac{6^2}{4 \times 4} = \frac{9}{4}\text{W}$$

当 $R_L = 4\Omega$ 时，9V电压源上的电流为 $I = \frac{9}{3+3} = \frac{3}{2}\text{A}$。

9V 电压源产生的功率为 $P_\text{S} = 9I = 9 \times \dfrac{3}{2} = \dfrac{27}{2}\,\text{W}$。

传输效率为 $\eta = \dfrac{P_{L\max}}{P_\text{S}} = \dfrac{9/4}{27/2} \times 100\% \approx 16.67\%$。

由此例题可见，这时电源的功率传输效率不是 50%。

最大功率传输定理是戴维南（诺顿）定理的具体应用，所以求负载 R_L 从有源二端网络吸收的最大功率这一类问题，选用戴维南定理或诺顿定理与最大功率传输定理结合的方法最为简便。因为最大功率传输定理告诉我们：最大功率匹配的条件是负载电阻等于有源二端网络的等效电阻，即 $R_L = R_0$，此时最大功率为 $P_{L\max} = \dfrac{U_\text{oc}^2}{4R_0}$。这里需要注意：（1）$R_L = R_0$ 这一条件应用于 R_L 可改变、R_0 固定的情况，若 R_L 固定、R_0 可变，则另当别论；（2）R_0 上消耗的功率不等于有源二端网络内部消耗的功率，因此 R_L 获得最大功率时，并不等于 R_L 获取了有源二端网络内电源发出功率的 50%。

2.7　拓展阅读与实践应用：基于电桥结构的工业用测温电路

惠斯通电桥利用电桥的平衡关系，可以精确测量电阻的阻值，电路包括 1 个电压源、1 个检流计和 3 个精密电阻，以及 1 个待测电阻。精密电阻中有 1 个是可调电阻，调节可调电阻直到电桥平衡，则可以通过 3 个已知电阻来获得未知电阻的阻值。图 2-46 所示为点惠斯通电桥原理图，待测电阻 R_X 和 R_1、R_2、R_0 这 4 个电阻构成电桥的 4 个"臂"，检流计 G 连通的 CD 称为"桥"。当 AB 端加上直流电源时，桥上的检流计用来检测电流及比较"桥"两端（即 C、D 点）的电位大小。调节 R_1、R_2 和 R_0，可使 C、D 两点的电位相等，检流计 G 指针指零（即 $I_\text{G} = 0$），所以检流计两端也没有电压。此时，电桥达到平衡。

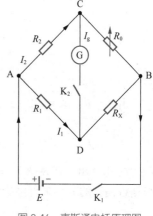

图 2-46　惠斯通电桥原理图

电桥平衡时 $U_\text{AC} = U_\text{AD}$，$U_\text{BC} = U_\text{BD}$，即 $I_1 R_1 = I_2 R_2$，$I_\text{X} R_\text{X} = I_0 R_0$。又因为 G 中无电流，所以 $I_1 = I_\text{X}$，$I_2 = I_0$。即可得电桥平衡条件为 $\dfrac{R_1}{R_\text{X}} = \dfrac{R_2}{R_0}$；同时也可得到惠斯通电桥测未知电阻值的公式为 $R_\text{X} = \dfrac{R_1}{R_2} R_0 = C R_0$。

由此可知，电桥平衡的条件是 4 个桥臂电阻中对臂电阻的乘积相等。这里可以把惠斯通电桥平衡的条件总结为对角线电阻的乘积相等。

显然，惠斯通电桥测电阻的原理就是电压比较法。当电桥平衡时，已知 3 个桥臂电阻，就可以求得另一桥臂的待测电阻值。通常称 R_0 为比较臂，R_1/R_2（即 C）为比率（或倍率），R_X 为电桥未知臂。在测量时，要先知道 R_X 的估测值，根据 R_X 的大小，选择合适的比率系数，把 R_0 调在预先估计的数值上，再细调 R_0 使电桥平衡。利用惠斯通电桥测电阻，从根本上消除了采用伏安法测电阻时电表内阻接入而带来的系统误差，因而准确度也就提高了。

惠斯通电桥是电子测量电路中应用的一种重要的组合电路，包括平衡的惠斯通电桥和非平衡的惠斯通电桥。当电桥平衡时，由于桥支路不起作用可以拿掉，因此，两桥臂构成串联关系，此时电桥电路变成可用串、并联公式及欧姆定律进行分析的简单电路。当电桥不平衡时，桥支路起作用，这时的电桥电路中，各桥臂电阻之间既不是并联关系，又不是串联关系，因此属于复杂电路。

惠斯通电桥可以测量电阻、电容、电感、温度、频率及压力等许多物理量，广泛应用在工农业生产、科学研究、医疗卫生和人们的日常生活中。学习电桥电路可以解决一些实际应用问题，如温度测量。我们可以利用热敏电阻的特性，将温度信号变成电信号，从而实现温度的测量。

热敏电阻按其温度特性可分为正温度系数型、负温度系数型及开关型三大类。其中负温度系数热敏电阻是以锰、钴、镍、铜和铝等金属氧化物为主要原料，采用陶瓷工艺制成的。这些金属氧化物都具有半导体性质，当温度低时，载流子数目小，因此阻值高；当温度升高时，载流子数目急剧增加，因此阻值急剧下降，如图 2-47 所示。其方程表示为

$$R_t = Ae^{\frac{B}{t}}$$

式中，A、B 是与材料有关的常数。由上式可以看出，只要测出阻值 R_t 的变化就能推测出温度 t 的变化。

非平衡电桥电路如图 2-48 所示，当 $R_1 = R_2$（对称电桥）及 $R_t = R_3$ 时，电桥平衡，G 指零；如果 R_t 的阻值发生变化，则电桥的平衡条件被破坏，G 中就有电流通过，指针发生偏转，偏转越大，说明 R_t 变化也越大。

根据基尔霍夫定律，可以列出方程

$$I_1 R_1 + I_G R_G - I_2 R_3 = 0$$

$$(I_1 - I_G)R_2 - (I_2 + I_G)R_t - I_G R_G = 0$$

$$I_2 R_3 + (I_2 + I_G)R_t = U_{cd}$$

由 $R_1 = R_2$，可解得

$$I_G = \frac{(R_3 - R_t)U_{cd}}{2(R_G R_3 + R_3 R_t + R_t R_G) + R_1(R_3 + R_t)}$$

由此看出，在 $R_1(R_2)$、R_3、R_G 及 U_{cd} 恒定的条件下，I_G 的大小由 R_t 值唯一确定，因而有可能根据 G 偏转的大小来直接指示温度的高低。

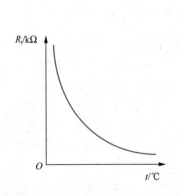

图 2-47 负温度系数热敏电阻的温度特性

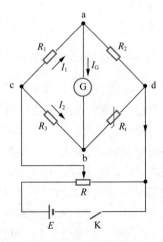

图 2-48 非平衡电桥电路

图2-49是由电桥结构和温度传感器构成的测温电路。热敏电阻R_t和R_1、R_2、R_3及R_P组成一个测温电桥。在温度为20℃时，选择R_1、R_2和R_3并调节R_P使电桥平衡。当温度升高时，热敏电阻的阻值变小，电桥处于不平衡状态。电桥输出的不平衡电压，由运算放大器放大，放大后的不平衡电压引起接在运算放大器反馈电路中的微安表的相应偏转，从而显示相应的温度。

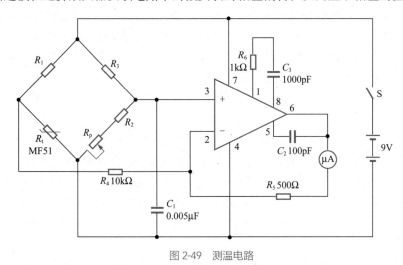

图 2-49　测温电路

进一步，可以在运算放大器的输出端通过采集电路连接模数转换器、单片机和数码管，实现数字温度测量系统。

📝 本章小结

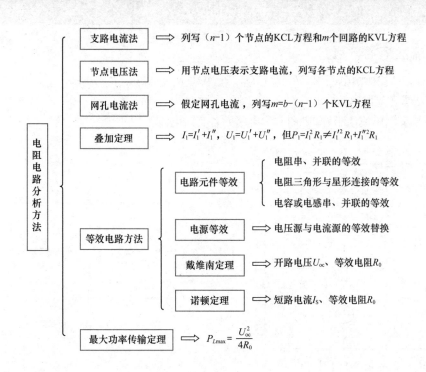

本章首先介绍了电路分析最基本的方法——支路电流法，也是基尔霍夫定律最直接的应用，一般电路都可以利用支路电流法来求解。然后我们学习了适用于分析复杂电路和节点较少电路的节点电压法。它以节点电压为未知量，用节点电压表示各支路电流，根据KCL列出各独立节点的电流方程，并在此基础上进一步求取其他电路变量。我们还学习了以假想的网孔电流作为电路变量的网孔电流法，用网孔电流表示各个支路电流，列写所有网孔的KVL方程，求解得到各网孔电流，在此基础上，再求取其他电路变量。网孔电流法适用于支路多、网孔少的电路。

本章还介绍了叠加定理的内容和在电路分析中的应用。当电路中有多个独立源时，可以使用叠加定理求解。将多个独立源作用的较复杂的电路分解为每个（组）独立源单独作用的较简单的电路，在每个电路中分别计算所求量，最后求代数和得出结果。这种方法避免了联立方程求解的复杂计算。

等效电路方法也是本章的重要内容。本节首先介绍了电路元件的等效，如电路元件的串并联、电阻元件三角形连接及星形连接等；然后介绍了电压源模型与电流源模型的相互转换，其中要特别注意恒压源与恒流源之间不能相互转换；最后介绍了将有源二端网络等效为一个理想电压源（U_S）和一个内电阻（R_0）的串联模型的戴维南定理，以及将有源二端网络等效为理想电流源与内阻并联模型的诺顿定理。读者要着重理解"等效"的概念，等效是对外电路而言的，对内部是不等效的。

本章最后针对求负载从有源二端网络吸收的最大功率这一类问题，介绍了最大功率传输定理。最大功率匹配的条件是负载电阻等于有源二端网络的等效电阻，即 $R_L = R_0$，此时最大功率为

$$P_{L\max} = \frac{U_\mathrm{oc}^2}{4R_0}。$$

📝 习题 2

▶ 支路电流法相关习题

2–1. 在题2-1图所示电路中，$R_1=R_2=2\Omega$，$R_3=4\Omega$，$R_4=R_5=8\Omega$，$R_6=10\Omega$，$U_{S3}=10\mathrm{V}$，$U_{S6}=20\mathrm{V}$，用支路电流法求各支路电流。

2–2. 试用支路电流法求题2-2图所示电路的各支路电流。

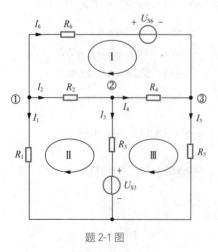

题 2-1 图

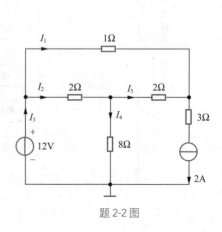

题 2-2 图

2–3. 用支路电流法求题2-3图所示电路中的电流I。

2–4. 用支路电流法求题2-4图所示电路的I_X。

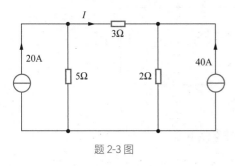

题 2-3 图

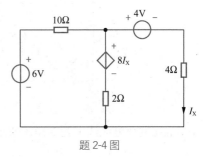

题 2-4 图

▶ **节点电压法相关习题**

2–5. 试用节点电压法求题2-5图所示电路的各支路电流。

2–6. 列出题2-6图所示电路的节点电压方程。

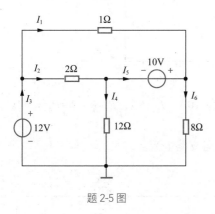

题 2-5 图

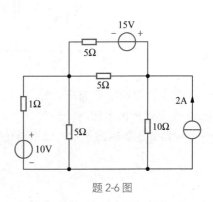

题 2-6 图

2–7. 试用节点电压法求题2-7图所示电路的各支路电流。

2–8. 列出题2-8图所示电路的节点电压方程。

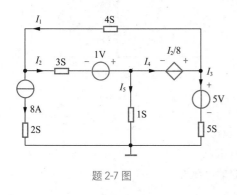

题 2-7 图

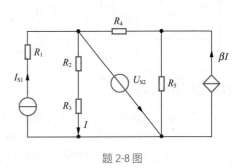

题 2-8 图

▶ **网孔电流法相关习题**

2–9. 列出题2-9图所示电路的网孔电流方程。

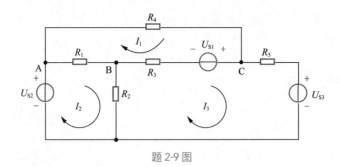

题 2-9 图

2-10. 应用网孔电流法求题 2-10 图所示电路的各支路电流。

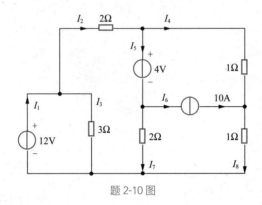

题 2-10 图

2-11. 题 2-11 图所示电路中，已知：$U_S=20V$，$I_{S1}=10A$，$I_{S2}=5A$，$R_1=R_2=R_3=R_4=R_5=1\Omega$。试用网孔电流法求流过 R_3 的电流。

2-12. 电路如题 2-12 图所示，试用网孔电流法求各支路电流。

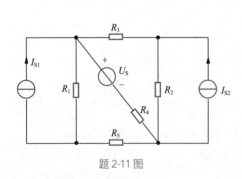

题 2-11 图

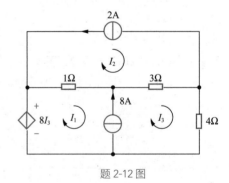

题 2-12 图

▶ 叠加定理相关习题

2-13. 用叠加定理求题 2-13 图所示电路中的电压 U。

2-14. 用叠加定理计算题 2-14 图所示电路中的电压 U_5。

2-15. 用叠加定理求题 2-15 图所示电路中恒流源的电压 U。

2-16. 应用叠加定理求题 2-16 图所示电路中电压 U_2。

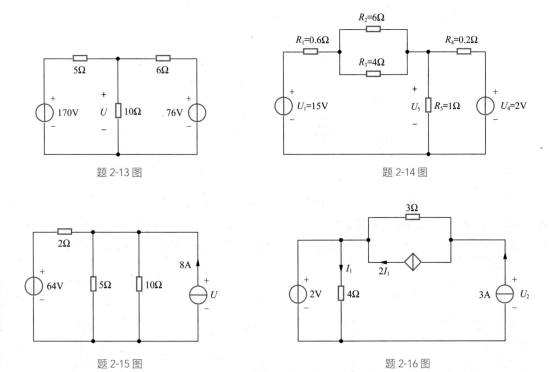

题 2-13 图

题 2-14 图

题 2-15 图

题 2-16 图

▶ 电源等效变换的相关习题

2-17. 用等效变换法求题2-17图中的等效电源。

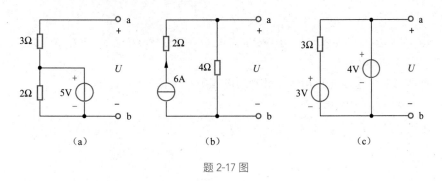

（a）　　　　　　　　（b）　　　　　　　　（c）

题 2-17 图

2-18. 用电源的等效变换法化简题2-18图所示电路。

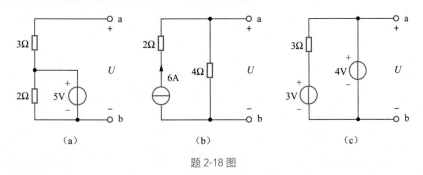

（a）　　　　　　　　（b）　　　　　　　　（c）

题 2-18 图

2–19. 用电源等效变换的方法，求题 2-19 图所示电路中的电流 I。

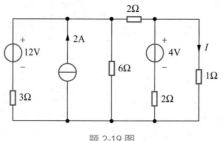

题 2-19 图

2–20. 在题 2-20 图（a）中，$U_{S1} = 45V$，$U_{S2} = 20V$，$U_{S4} = 20V$，$U_{S5} = 50V$，$R_1 = R_3 = 15\,\Omega$，$R_2 = 20\Omega$，$R_4 = 50\Omega$，$R_5 = 8\Omega$；在题 2-20 图（b）中，$U_{S1} = 20V$，$U_{S5} = 30V$，$I_{S2} = 8A$，$I_{S4} = 17A$，$R_1 = 5\Omega$，$R_3 = 10\Omega$，$R_5 = 10\Omega$。利用电源的等效变换求题 2-20 图（a）和题 2-20 图（b）中的电压 U_{ab}。

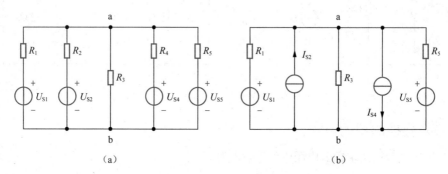

（a） （b）

题 2-20 图

2–21. 电路如题 2-21 图所示。$U_1 = 10V$，$I_S = 2A$，$R_1 = 1\Omega$，$R_2 = 2\Omega$，$R_3 = 5\Omega$，$R = 1\Omega$。

（1）求电阻 R 中的电流 I；

（2）计算理想电压源 U_1 中的电流 I_{U_1} 和理想电流源 I_S 两端的电压 U_{I_S}；

（3）分析功率平衡。

2–22. 在题 2-22 图所示电路中，$R_1 = R_3 = R_4$，$R_2 = 2R_1$，CCVS 的电压 $U_C = 4R_1I_1$，利用电源的等效变换求电压 U_{12}。

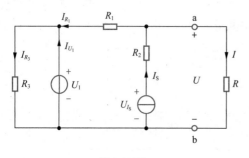

题 2-21 图

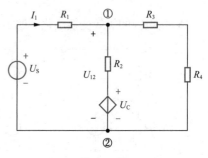

题 2-22 图

▶ 戴维南定理相关习题

2-23. 求题2-23图所示电路的戴维南和诺顿等效电路。

2-24. 计算题2-24图所示电路中2Ω电阻上的电流:(1)用戴维南定理;(2)用诺顿定理。

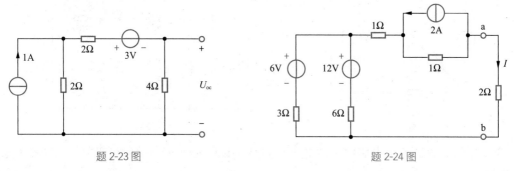

题 2-23 图　　　　　　　　　题 2-24 图

2-25. 电路如题2-25图(a)所示。试求:(1)R_L为何值时获得最大功率;(2)R_L获得的最大功率;(3)10V电压源的功率传输效率。

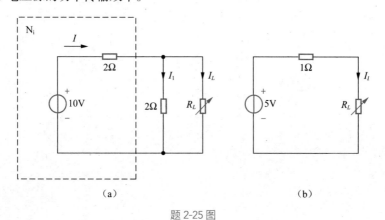

题 2-25 图

2-26. 求题2-26图所示电路中电阻R_L可获得的最大功率。

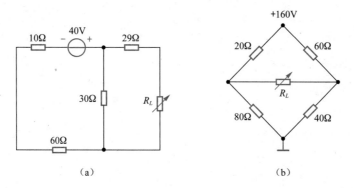

题 2-26 图

2-27. 电路如题2-27图所示,分析R_L为何值时,其上可获得最大功率,并求出该最大功率。

2-28. 电路如题2-28图所示,试问:

(1)R为何值时,它吸收的功率最大?求此时最大功率。

（2）设 $R=80\Omega$，若欲使 R 中电流为零，则 a、b 间应并接什么元件，其参数为多少？画出电路图。

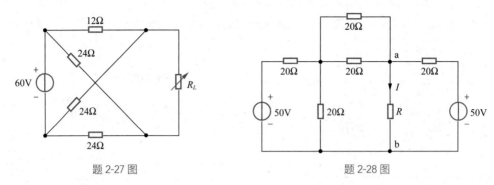

题 2-27 图　　　　　　　　　　　题 2-28 图

2-29. 题 2-29 图所示电路的负载电阻 R_L 可变，试问 R_L 等于何值时可吸收最大功率？求此功率。

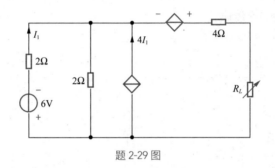

题 2-29 图

第 **3** 章

电路的暂态分析

　　本章是关于电路暂态过程的分析。暂态过程是电路从一个稳定状态（简称稳态）到另一个稳定状态所经历的过程。暂态过程的产生是由于含有储能元件（L 或 C）的电路发生了接通、断开，或电路的参数、结构、电源等改变。对暂态过程的分析在工程上极为重要。本章在深刻剖析暂态过程产生原因的基础上，将着重分析电路中产生暂态过程时电压和电流随时间变化的规律，重点讨论分析暂态过程的方法，即微分方程求解法和三要素法，以及电路的时间常数、初始值和稳态值 3 个要素的概念和求解方法；最后讨论一阶 RC、RL 电路的零输入响应、零状态响应和全响应，以及二阶 RLC 电路的过渡过程。

学习目标

- 了解稳态和暂态的概念。
- 深刻理解暂态过程产生的原因。
- 熟练运用换路定则确定电路中各物理量的初始值。
- 了解暂态分析方法，重点掌握运用三要素法分析暂态电路的步骤。
- 理解初始值、稳态值和时间常数的概念，掌握其求解方法。
- 清楚零输入响应、零状态响应和全响应的区别和联系，并会求解。

3.1 暂态分析

本节先介绍什么是暂态，在阐明暂态概念的基础上探索产生暂态过程的条件，剖析暂态发生的本质原因，最后明确分析电路暂态过程的意义和任务。

3.1.1 稳态与暂态的概念

自然界一切事物，在特定条件下都处于一种稳定状态，一旦条件改变，就要过渡到另一种稳定状态。例如，生活中我们常见的汽车，在车辆发动后，汽车由静止状态开始逐渐加速，最后达到稳定的速度，平稳前行；当要停车时，汽车将从某一稳定的速度逐渐减速，最后速度为零，停止前行，再度处于静止状态。由此可见，事物从一种稳定状态到另一种稳定状态是不能突变的，而是需要一定的过渡时间，这个物理过程称为过渡过程。

对电路而言，同样存在稳定状态和过渡过程。在电路中，当电源电压（或电流）保持恒定或做周期性变化时，电路中的电压和电流也都是恒定的或做周期性变化的，电路的这种状态称为稳定状态，简称稳态。但当电路状态发生变化时，如接通、断开、短路，或电路的参数、结构等改变时，电路经过一定的时间会达到新的稳态。这种从一种稳态经过一定时间过渡到另一种稳态的过程称为电路的过渡过程或暂态过程。电路的过渡状态称为暂态或瞬态。研究电路过渡过程中电压或电流随时间变化的规律称为暂态分析。

3.1.2 暂态存在的原因

前面我们提到过，电路的接通、断开、短路、电源或元件参数的突然改变等变化会使电路进入另外一种状态。我们把电路状态的这些改变统称为换路。那任何电路在进行换路时都会产生暂态过程吗？答案是否定的，并不是所有的电路在换路时都会产生暂态过程。那电路产生暂态的条件是什么？下面我们对不同元件电路进行具体分析。

1. 纯电阻电路

图 3-1（a）所示为纯电阻电路，开关 S 在 $t = 0$ 时闭合。开关 S 闭合前，电路未构成回路，处于断路状态，电路中各电压电流均为零，即

$$i = 0, \quad U_{R_1} = U_{R_2} = 0$$

开关 S 闭合后，R_1 和 R_2 串联与电压源 U 构成回路，电路中各电压电流分别为

$$i = \frac{U}{R_1 + R_2}, \quad U_{R_1} = iR_1, \quad U_{R_2} = iR_2$$

纯电阻电路中电压与电流在任一瞬间均遵循欧姆定律，当电流发生突变时，电压也会发生相应的突变，即不存在过渡过程。电阻是耗能元件，它把电能以热能、光能等形式消耗掉了。图 3-1（b）所示为开关 S 闭合前后电路中电流随时间变化的曲线。

2. 含电容电路

图 3-2（a）所示为含电容电路，开关 S 在 $t = 0$ 时闭合。开关 S 闭合前，电路未构成回路，处于断路状态，电路中各电压电流均为 0，电容元件上没有初始储能，即

H5
电容和电感的充放电

$$i_C = 0, \quad u_R = u_C = 0$$

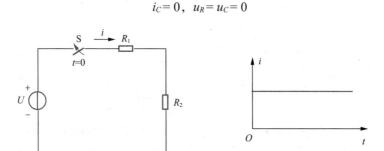

（a）纯电阻电路　　　　　　　　（b）电路中电流随时间变化的曲线

图 3-1　纯电阻电路暂态分析

开关 S 闭合后，电阻 R 和电容 C 串联与电压源 U 构成回路，电容两极板间开始充电，并储存电能，电路中各电压电流分别为

$$i_C = -C\frac{\mathrm{d}u_C}{\mathrm{d}t}, \quad u_R = i_C R, \quad u_C = \frac{1}{C}\int_0^t i_C \mathrm{d}t$$

含电容电路中电压与电流在任一瞬间均遵循微分（或积分）的动态关系，电压和电流都不会发生突变，即存在过渡过程。电容元件为储能元件，它的充、放电或者说进行电能的储存和释放是需要过程的，这也说明了电容电路存在过渡过程。图 3-2（b）所示为开关 S 闭合前后电容两端电压随时间变化的曲线。电容在开关闭合前为电压为零的稳定状态，开关闭合后开始充电，经过一个过渡过程达到电压为 U 的另一种稳定状态。

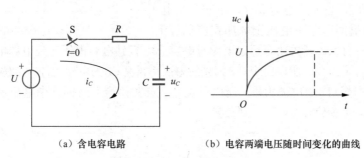

（a）含电容电路　　　　　　　　（b）电容两端电压随时间变化的曲线

图 3-2　含电容电路暂态分析

3. 含电感电路

图 3-3（a）所示为含电感电路，开关 S 在 $t = 0$ 时闭合。开关 S 闭合前，电路未构成回路，处于断路状态，电路中各电压电流均为零，电感元件上没有初始储能，即 $i_L = 0$，$u_R = u_L = 0$；开关 S 闭合后，电阻 R 和电感 L 串联与电压源 U 构成回路，电路中的电流发生变化，电感中磁通和磁链将随之变化，并产生感应电动势，电路中各电压电流分别为

$$i_L = \frac{1}{L}\int_0^t u_L \mathrm{d}t, \quad u_R = i_L R, \quad u_L = -e = L\frac{\mathrm{d}i_L}{\mathrm{d}t}$$

含电感电路中电压与电流在任一瞬间均遵循微分（或积分）的动态关系，电压和电流都不会发生突变，即存在过渡过程。电感元件为储能元件，它的充、放电或者说进行磁能的储存和释放是需要过程的，这也说明了电感电路存在过渡过程。图 3-3（b）所示为开关 S 闭合前后电感电路中电流随时间变化的曲线。

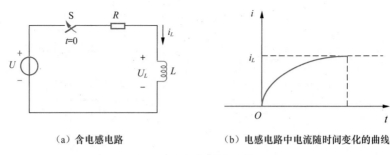

（a）含电感电路 　　　　　　　　　　（b）电感电路中电流随时间变化的曲线

图 3-3 　含电感电路暂态分析

由上述分析可知，换路只是产生过渡过程的外在原因，其内因是电路中有储能元件，这些储能元件储存的能量是不能突变的。能量既不会瞬间产生，也不会突然消失，它的储存、释放是需要时间的。因为能量的突变意味着无穷大功率的存在，即 $p = \mathrm{d}w / \mathrm{d}t = \infty$，这在现实中是不可能的。由此可见，含有储能元件的电路在换路时产生过渡过程的根本原因是能量不能突变。

例题 3-1

问题 在图 3-4 所示电路中，白炽灯分别和 R、L、C 串联。在开关 S 闭合后，白炽灯 1 立即正常发光，白炽灯 2 瞬间闪光后熄灭不再亮，白炽灯 3 逐渐从暗到亮，最后达到最亮。请分析产生这种现象的原因。

解答 R 为电阻元件，电压随开关闭合瞬间接通，所以白炽灯 1 立即发光；C 为电容元件，电容初始电压为零，开关闭合瞬间，电源电压全部加在白炽灯上，

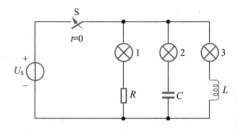

图 3-4 　例题 3-1 电路图

所以白炽灯 2 瞬间闪光，开关闭合后，电源对电容充电直到电容电压达到电源电压，白炽灯上的电压不断降低直至为零，所以白炽灯 2 闪光后熄灭不再亮；L 为电感元件，电感初始电流为零，开关闭合瞬间，白炽灯 3 上电流为零，所以不发光，开关闭合后，回路中电流逐渐增加达到稳态值，白炽灯 3 亮度逐渐增大最后达到最亮。

3.1.3 暂态分析的意义和任务

暂态过程是一种自然现象，不可忽略，且有利有弊。研究暂态过程的目的就是认识和掌握这种客观存在的物理现象的规律，既要充分利用暂态过程的特性，也要预防它带来的危害。电路的暂态过程虽然短暂，但在很多实际工作中却有着非常重要的作用，特别是在工程中。例如，在电子技术中常利用 RC 电路的暂态过程来实现振荡信号的产生、信号波形的变换或产生延时做成电子继电器等。

研究暂态过程的方法有数学分析法和实验分析法两种，欧姆定律和基尔霍夫定律依然是电路分析与计算的基本定律。电路的过渡过程与电路元件的特性密切相关，由于电容和电感的伏安关系是通过导数或积分来表述的，因此按照基尔霍夫定律建立的电路方程一定是微分方程或微分-积分方程。如果电路中只有一个储能元件（电容或电感），得到的微分方程为一阶微分方程，相应的电路为一阶电路；如果电路中有两个储能元件，得到的微分方程为二阶微分方程，相应的电

路为二阶电路，电路的其他部分可以由电源和电阻组成。

电路中，电源或信号源向电路输入的电压或电流起推动电路工作的作用，我们将其称为激励；电路其他元件在激励作用下的反应称为响应，如独立电源作用在电阻元件上产生的电压和电流。暂态分析的总体任务就是解描述暂态电路激励与响应之间关系的微分方程，并描述推导结果的物理意义；具体任务是弄清暂态过程何时开始、何时结束、进程快慢等问题，并找出相关电量的初始值 $f(0+)$、稳态值 $f(\infty)$ 及时间常数 τ，最后用微分方程的解或曲线描述其变化规律。

3.2　换路定则

本节重点介绍换路定则。换路定则生动地体现了暂态产生的本质原因，即能量不能突变。换路定则是后续电路暂态分析求解时所参考的重要定则。根据换路定则可以确定暂态过程的初始值和稳态值。

3.2.1　换路定则介绍

我们把电路结构或参数发生的变化，如电源的接通、断开，支路的短路或断路、元件参数的突然改变，电路外电压的幅值、频率或初相的跃变等，统称为换路。为了研究方便，通常把换路的瞬间作为暂态过程的起始时刻，记为"0"时刻。"0_-"表示换路前一瞬间，"0_+"表示换路后的初始瞬间。

由于物体所具有的能量不能跃变，因此换路瞬间电容和电感分别储存的能量不能突变。根据电容能量存储与电压的关系及电感能量存储与电流的关系可知

$$W_C = \frac{1}{2}Cu_C^2(0_-) = \frac{1}{2}Cu_C^2(0_+) \tag{3-1}$$

$$W_L = \frac{1}{2}Li_L^2(0_-) = \frac{1}{2}Li_L^2(0_+) \tag{3-2}$$

则电容电压 u_C 和电感电流 i_L 只能连续变化，不能突变，即

$$u_C(0_+) = u_C(0_-) \tag{3-3}$$

$$i_L(0_+) = i_L(0_-) \tag{3-4}$$

这就是换路定则。换路定则仅适用于换路瞬间，用来确定暂态过程中电容电压 u_C 和电感电流 i_L 的初始值。

3.2.2　初始值的确定

初始值是指在 $t = 0_+$ 时，电路中各元件上的电压值或电流值，可以用 $u_C(0_+)$、$u_L(0_+)$、$u_R(0_+)$ 及 $i_C(0_+)$、$i_L(0_+)$、$i_R(0_+)$ 等来表示。初始值的确定可以分为以下两种情况。

1. 电容电压初始值 $u_C(0_+)$ 和电感电流初始值 $i_L(0_+)$ 的确定

（1）根据换路前一瞬间电路（即 $t = 0_-$ 时的电路），应用电路基本定律确定 $u_C(0_-)$ 和 $i_L(0_-)$。在 $t = 0_-$ 时，电路处于旧稳定状态，电容或电感的充、放电已经结束，此时电容相当于断路，电

换路定则和
初始值的确定

感相当于短路。

（2）由换路定则得出 $u_C(0_+)$ 和 $i_L(0_+)$ 的值。

2. 其他电压、电流初始值的确定

在换路瞬间电路中其他电压和电流的初始值，如 $u_L(0_+)$、$i_C(0_+)$、$u_R(0_+)$、$i_R(0_+)$ 是可能发生突变的（是否突变，由电路的具体结构而定）。这些初始值的确定步骤如下。

（1）根据换路定则确定 $u_C(0_+)$ 和 $i_L(0_+)$ 的值。

（2）画出换路后初始瞬间的等效电路（即 $t=0_+$ 时的电路）：电容元件等效为恒压源，其电压为 $u_C(0_+)$，如果 $u_C(0_+)=0$，则电容元件视为短路；电感元件等效为恒流源，其电流为 $i_L(0_+)$，如果 $i_L(0_+)=0$，则电感元件视为开路。

（3）应用电路基本定律和基本分析方法，求 $t=0_+$ 时电路中其他待求的电压或电流的初始值。

例题3-2

问题 在图3-5所示电路中，已知 $i_L(0_-)=0$，$u_C(0_-)=0$，试求开关S闭合瞬间，电路中所标示的各电压、电流的初始值。

解答 （1）结合题意，根据换路定则可得

$$u_C(0_+)=u_C(0_-)=0$$

$$i_L(0_+)=i_L(0_-)=0$$

（2）画出 $t=0_+$ 时的等效电路，由于电容电压和电感电流的初始值为零，所以将电容元件等效为短路，将电感元件等效为开路，如图3-6所示。于是可得出其他初始值为

$$u_L(0_+)=u_1(0_+)=20\text{V}$$

$$u_2(0_+)=0\text{V}$$

$$i_C(0_+)=i(0_+)=\frac{20}{10}=2\text{A}$$

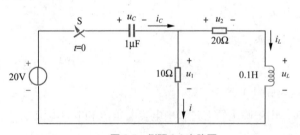

图3-5 例题3-2电路图

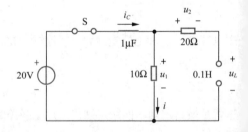

图3-6 图3-5所示电路在 $t=0_+$ 时的等效电路

例题3-3

问题 确定图3-7所示电路在换路后（S闭合）各电流和电压的初始值。

解答 （1）作 $t=0_-$ 时的电路，如图3-8（a）所示。在 $t=0_-$ 时，电路为前一稳态，而直流稳态电路中，电容元件可视为开路，电感元件可视为短路，所以由换路定则可知

$$i_L(0_+)=i_L(0_-)=\frac{1}{2}I_S=5\text{mA}$$

$$u_C(0_+) = u_C(0_-) = i_L(0_-)R_3 = 5 \times 2 = 10\text{V}$$

（2）作 $t = 0_+$ 时的电路，如图3-8（b）所示。用基本定律计算其他初始值。

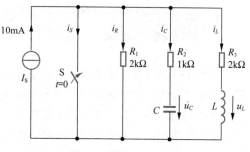

图 3-7　例题 3-3 电路图

$$i_R(0_+) = 0, \quad u_{R_1}(0_+) = 0$$

$$i_C(0_+) = -\frac{u_C(0_+)}{R_2} = -\frac{10}{1} = -10\text{mA}$$

$$i_S(0_+) = I_S - i_R - i_C - i_L = 10 - 0 - (-10) - 5 = 15\text{mA}$$

$$u_L(0_+) = -i_L(0_+)R_3 = -5 \times 2 = -10\text{V}$$

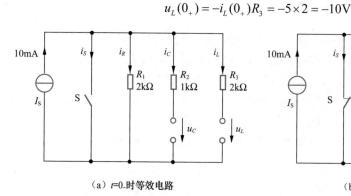

（a）$t=0_-$时等效电路

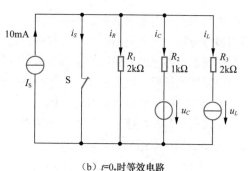

（b）$t=0_+$时等效电路

图 3-8　图 3-7 所示电路在不同时刻的等效电路

可见，计算 $t = 0_+$ 时电压和电流的初始值，需计算 $t = 0_-$ 时的 i_L 和 u_C，因为它们不能突变，是连续的。而 $t = 0_-$ 时其他电压和电流与初始值无关，不必去求，只能在 $t = 0_+$ 的电路中计算。

3.2.3　稳态值的确定

稳态值是指电路经过暂态过程后达到新的稳定状态时电路中各元件上的电压值或电流值，即 $t = \infty$ 时电路的状态，可以用 $u_C(\infty)$、$u_L(\infty)$、$u_R(\infty)$ 及 $i_C(\infty)$、$i_L(\infty)$、$i_R(\infty)$ 等来表示。

电路达到稳定状态，表示电容和电感完成了充电或放电过程，此时电路中电容可等效为开路，电感可等效为短路，求稳态值就变成求直流纯电阻电路中的电压和电流。

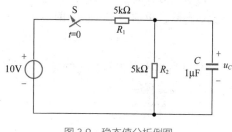

图 3-9　稳态值分析例图

电路如图3-9所示，$t = 0$ 时闭合开关，电容开始充电，经过一段时间充电结束，电路达到稳定状态，此时电容相当于开路，则电路变为 R_1 和 R_2 两个电阻串联电路，而电容两端电压 $u_C(\infty)$ 即电阻 R_2 两端的电压。

$$u_C(\infty) = u_{R_2} = \frac{10}{5+5} \times 5 = 5\text{V}$$

3.3 一阶电路的暂态分析

一阶电路只含有一个储能元件，或者有多个同类储能元件但可等效为一个储能元件。含有储能元件的电路也称为动态电路。本节重点研究无源一阶电路和直流一阶电路。

在电路分析中，我们通常将电路在外部输入（常称为激励）或内部储能的作用下所产生的电压或电流称为响应。本节讨论的换路后电路中电压或电流随时间变化的规律，称为时域响应。

3.3.1 微分方程求解法

研究暂态过程需要根据电路基本定律、元件约束关系、电路分析方法等列写以电流、电压为变量的微分方程，一阶电路的微分方程中，最高阶导数是变量（电流或电压）的一阶导数，这就是数学中我们所熟悉的一阶线性常系数微分方程。那么暂态分析就变成了解微分方程。这就是分析一阶电路暂态过程的经典方法，也称时域分析法。

下面以 RC 和 RL 电路为例进行分析。

图 3-10 所示为 RC 电路，开关 S 在 $t = 0$ 时闭合，研究开关闭合后电容两端电压 u_C 的变化规律。

开关闭合后，根据 KVL 列回路方程。

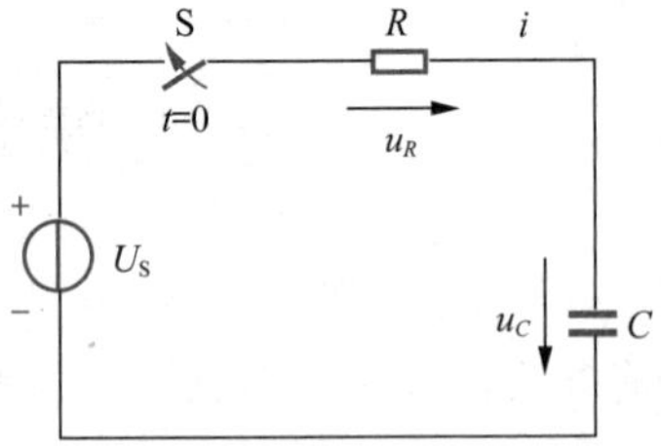

$$iR + u_C = U_s$$

将 $i = i_C = C\dfrac{\mathrm{d}u_C}{\mathrm{d}t}$ 代入，可得

$$RC\frac{\mathrm{d}u_C}{\mathrm{d}t} + u_C = U_s$$

图 3-10 RC 电路

该式为一阶线性常系数非齐次微分方程，解此方程就可得到电容电压随时间变化的规律。根据微分方程解的一般形式"全解＝特解＋齐次通解"，设该方程的解为 $u_C(t) = u_C' + u_C''$，其中，u_C' 为特解，u_C'' 为通解。

特解是方程的任一解。因为电路的稳态值也是方程的解，且稳态值很容易求得，故特解取电路的稳态解，也称稳态分量，即

$$u_C' = u_C(t)\big|_{t \to \infty} = u_C(\infty)$$

通解为非齐次方程对应的齐次方程的解，形式是 Ae^{pt}，其中 A 是待定系数，p 是齐次方程所对应的特征方程的特征根。

齐次方程为

$$RC\frac{\mathrm{d}u_C}{\mathrm{d}t} + u_C = 0$$

特征方程为

$$RCp + 1 = 0$$

由此可得特征根为

$$p = -\frac{1}{RC}$$

令 $\tau = RC$，因此通解可写为

$$u_C'' = A\mathrm{e}^{-\frac{t}{\tau}}$$

可见通解是按指数规律衰减的，它只出现在过渡过程中，通常称为暂态分量。

由上述解得的特解和通解，可得到方程的全解为

$$u_C(t) = u_C(\infty) + A\mathrm{e}^{-\frac{t}{\tau}}$$

式中，常数 A 可由初始条件确定。代入 $t = 0_+$，根据换路定则有

$$u_C(0_+) = u_C(\infty) + A$$

进而可得 $A = u_C(0_+) - u_C(\infty)$。

将 A 值代入全解式，得到微分方程的解为

$$u_C(t) = u_C(\infty) + [u_C(0_+) - u_C(\infty)]\mathrm{e}^{-\frac{t}{\tau}}$$

图 3-11 所示为 RL 电路，开关 S 在 $t = 0$ 时闭合，研究开关闭合后电感电流 i_L 的变化规律。开关闭合后，根据 KVL 列回路方程。

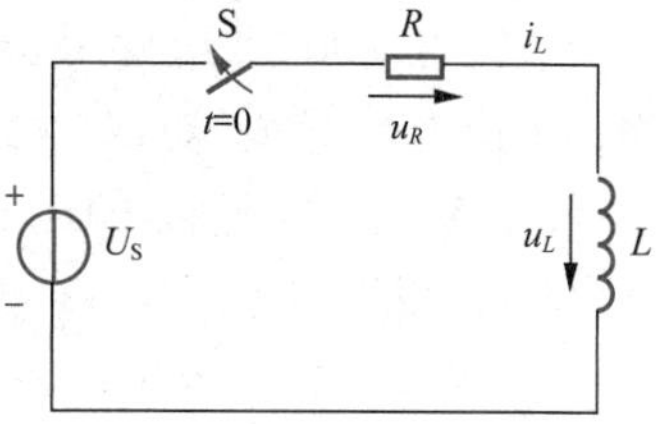

$$Ri_L + u_L = U_\mathrm{S}$$

将 $u_L = L\dfrac{\mathrm{d}i_L}{\mathrm{d}t}$ 代入，可得

图 3-11　RL 电路

$$Ri_L + L\frac{\mathrm{d}i_L}{\mathrm{d}t} = U_\mathrm{S} \quad \text{或} \quad \frac{L}{R}\frac{\mathrm{d}i_L}{\mathrm{d}t} + i_L = \frac{U_\mathrm{S}}{R}$$

设该方程的解为 $i_L(t) = i_L' + i_L''$，其中 i_L' 为特解，i_L'' 为通解。特解取电路的稳态解即

$$i_L' = i_L(\infty)$$

微分方程的齐次方程为

$$\frac{L}{R}\frac{\mathrm{d}i_L}{\mathrm{d}t} + i_L = 0$$

令通解 $i_L'' = A\mathrm{e}^{pt}$，代入齐次方程可得特征方程式为

$$\frac{L}{R}p + 1 = 0$$

解得特征根为

$$p = -\frac{1}{\dfrac{L}{R}}$$

这里我们令 $\tau = L/R$，因此通解可写为

$$u_C'' = A\mathrm{e}^{-\frac{t}{\tau}}$$

进而可得到方程的全解为

$$i_L(t) = i_L(\infty) + A\mathrm{e}^{-\frac{t}{\tau}}$$

同样由初始条件确定常数 A。代入 $t = 0_+$，根据换路定则可得 $A = i_L(0_+) - i_L(\infty)$。

将 A 值代入全解式，得到微分方程的解为

$$i_L(t) = i_L(\infty) + [i_L(0_+) - i_L(\infty)]\mathrm{e}^{-\frac{t}{\tau}}$$

解微分方程通常比较麻烦，但它是最经典的方法，且适用于任何线性电路的暂态分析。根据上述分析可以将微分方程求解法分析暂态过程的一般步骤总结如下。

（1）根据基尔霍夫定律对换路后的电路列写线性微分方程式。注意：分析较为复杂的电路时，可以应用戴维南定理或诺顿定理将换路后的电路等效为一个简单电路，再进行求解。

（2）运用高等数学知识求解微分方程的一般形式"全解=特解+齐次通解"。选用电路的稳态值作为方程的"特解"，列写微分方程对应的齐次方程及特征方程求"通解"。

（3）根据换路定则确定暂态过程的初始值，代入方程确定积分常数，从而可以写出暂态过程的表达式并画出暂态变化曲线。

前面在对 RC 和 RL 电路进行分析的过程中，我们引入了一个时间常数 τ 来表征暂态过程快慢，单位为秒（s），对 RC 电路来说，$\tau = RC$；对 RL 电路来说，$\tau = L/R$。τ 越大，暂态过程的速度越慢；τ 越小，暂态过程的速度则越快。同一电路中，各个电压、电流量的 τ 相同，暂态过程的速度也是相同的。

理论上，当 $t \to \infty$ 时，暂态过程结束，电路达到新稳态。实际上，当 $t = (3 \sim 5)\tau$ 时，即可认为暂态过程结束。以图3-10所示 RC 电路为例，假设电容 C 无初始储能，即 $u_C(0_+) = 0$。对 $u_C(t)$ 进行计算。

当 $t = \tau$ 时：$u_C(\tau) = u_C(\infty) - 0.368[u_C(\infty) - u_C(0_+)] = 0.632 u_C(\infty)$

当 $t = 3\tau$ 时：$u_C(3\tau) = u_C(\infty) - 0.05[u_C(\infty) - u_C(0_+)] = 0.95 u_C(\infty)$

当 $t = 5\tau$ 时：$u_C(5\tau) = u_C(\infty) - 0.007[u_C(\infty) - u_C(0_+)] = 0.993 u_C(\infty)$

可以从式中明显看出，当 $t = (3 \sim 5)\tau$ 时，u_C 与稳态值仅差 $5\% \sim 0.7\%$，可以认为电路已经进入稳定状态了。图3-12所示为 u_C 随时间变化的曲线。

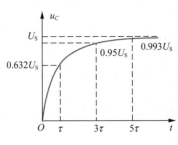

时间常数 τ 的物理意义是很明显的，RC 电路中当电源电压一定时，C 越大，要储存的电场能量越多，将此能量储存或释放所需时间就越长；R 越大，充电或放电的电流就越小，充电或放电所需时间也就越长。因此，RC 电路中的时间常数 τ 正比于 R 和 C 之乘积。适当调节参数 R 和 C，就可控制 RC 电路过渡过程的快慢。对于 RL 电路亦可如此进行分析。

图3-12　u_C 随时间变化的曲线

3.3.2　三要素法

由上一小节微分方程的解可以看出，只要求出待求量的初始值、稳态值及时间常数这3个要素，就可确定待求量的暂态过程的解析表达式。这种利用上述3个要素确定一阶电路电压或电流随时间变化的关系式的方法就是三要素法，其一般形式为

$$f(t) = f(\infty) + [f(0_+) - f(\infty)]\mathrm{e}^{-\frac{t}{\tau}} \tag{3-5}$$

这里 $f(t)$ 既可以代表电压，也可以代表电流。式中，$f(0_+)$ 表示暂态变量的初始值；$f(\infty)$ 表示暂态变量的稳态值；τ 表示电路的时间常数。

暂态变量初始值及稳态值的求解，3.2节已经介绍过，这里不赘述。下面介绍一下时间常数

的求法，对于一阶 RC 电路，$\tau = RC$；对于一阶 RL 电路，$\tau = L/R$。这里 R、L、C 都是等效值，其中 R 是把换路后的电路变成无源电路，从电容（或电感）两端看进去的等效电阻（同戴维南定理求 R_0 的方法）。

下面举例说明三要素法的应用。

例题 3-4

问题　现有图 3-13 所示电路，$t = 0$ 时闭合开关 S，开关闭合前电路已经处于稳态。试求开关闭合后的电容电压 u_C 和电流 i_2，并画出 u_C 随时间变化的曲线。

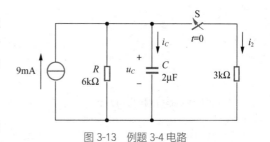

图 3-13　例题 3-4 电路

解答

（1）用三要素法求 $u_C(t)$，即求电容电压的初始值 $u_C(0_+)$、稳态值 $u_C(\infty)$ 和时间常数 τ。

① 求初始值 $u_C(0_+)$。

开关闭合前电路处于稳态，电容支路相当于开路，等效电路如图 3-14（a）所示，此时电容两端电压为

$$u_C(0_-) = 9\times 10^{-3}\times 6\times 10^3 = 54\text{V}$$

由换路定则可知　　　　　　$$u_C(0_+) = u_C(0_-) = 54\text{V}$$

例题 3-4 讲解

② 求稳态值 $u_C(\infty)$。

开关闭合后电路因为换路进入暂态过程，电容开始放电，放电结束，电路达到新的稳定状态，电容支路相当于开路，等效电路如图 3-14（b）所示。此时电容两端电压为

$$u_C(\infty) = 9\times 10^3\times \frac{6\times 3}{6+3}\times 10^3 = 18\text{V}$$

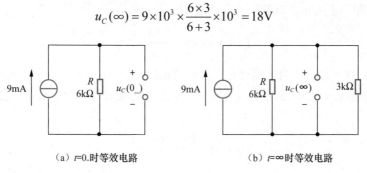

（a）$t=0_-$ 时等效电路　　　　　　　（b）$t=\infty$ 时等效电路

图 3-14　图 3-13 所示电路在不同时刻的等效电路

③ 根据换路后电路求时间常数 τ。

把换路后的电路即图 3-14（b）所示电路除源（电压源短路，电流源开路），从电容端看进去求等效电阻，为 6kΩ 和 3kΩ 并联，所以可得时间常数为

$$\tau = R_0 C = \frac{6\times 3}{6+3}\times 10^3\times 2\times 10^{-6} = 4\times 10^{-3}\text{s}$$

将上述求得的初始值 $u_C(0_+)$、稳态值 $u_C(\infty)$ 和时间常数 τ 代入三要素法公式可得

$$u_C(t) = 18 + (54-18)\mathrm{e}^{-\frac{t}{4\times 10^{-3}}}\text{V}$$

进而可得 u_C 随时间变化的曲线如图 3-15 所示。

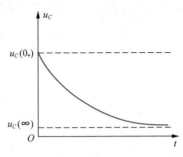

图 3-15　u_C 随时间变化的曲线

（2）由欧姆定律求 $i_2(t)$。

$$i_2(t) = \frac{u_C(t)}{3 \times 10^{-3}} = 6 + 12\mathrm{e}^{-250t}$$

例题 3-5

问题　电路如图 3-16 所示，$t = 0$ 时开关 S 闭合，已知换路前电路已达到稳态。求换路后各支路电流。

解答

方法一： 先用三要素法求 i_L，再求 u_L、i_1 和 i_2。

（1）由换路定则确定 $i_L(0_+)$。开关闭合前，电路为电阻电感串联的简单电路，且处于稳定状态，此时电感相当于短路，如图 3-17（a）所示，所以可得

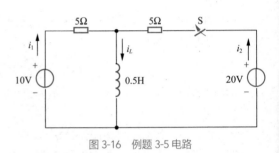

图 3-16　例题 3-5 电路

$$i_L(0_+) = i_L(0_-) = \frac{10}{5} = 2\mathrm{A}$$

（2）由换路后 $t = \infty$ 时等效电路确定 $i_L(\infty)$。如图 3-17（b）所示，开关闭合后，电路变成由双电源共同作用的电路，经过过渡过程电路会达到新的稳定状态，稳定状态下电感相当于短路，所以可得

$$i_L(\infty) = \frac{10}{5} + \frac{20}{5} = 6\mathrm{A}$$

（3）确定时间常数 τ。将 $t = \infty$ 时等效电路内部除源（电压源短路），从电感两端看进去求等效电阻，为两个 5Ω 电阻并联，所以可得

$$\tau = \frac{L}{R_0} = \frac{0.5}{5 / / 5} = \frac{1}{5}\mathrm{s}$$

（4）代入三要素法公式可得

$$i_L(t) = 6 + (2 - 6)\mathrm{e}^{-5t} = 6 - 4\mathrm{e}^{-5t}\mathrm{A} \quad (t \geqslant 0)$$

由电感的伏安关系可得

$$u_L(t) = L\frac{\mathrm{d}i_L}{\mathrm{d}t} = 0.5 \times (-4\mathrm{e}^{-5t}) \times (-5) = 10\mathrm{e}^{-5t}\mathrm{V} \quad (t \geqslant 0_+)$$

然后根据基尔霍夫定律可得

$$i_1(t) = \frac{10 - u_L}{5} = 2 - 2e^{-5t}\,\text{A} \quad (t \geqslant 0_+)$$

$$i_2(t) = \frac{20 - u_L}{5} = 4 - 2e^{-5t}\,\text{A} \quad (t \geqslant 0_+)$$

方法二: 直接用三要素法求各支路电流。

(1) 确定各支路电流初始值。

由换路定则确定 $i_L(0_+)$: $i_L(0_+) = i_L(0_-) = \dfrac{10}{5} = 2\text{A}$

根据 $t = 0_+$ 时等效电路,如图 3-17(a)所示,采用叠加定理确定 $i_1(0_+)$ 和 $i_2(0_+)$:

$$i_1(0_+) = \frac{10 - 20}{10} + 1 = 0\text{A} \qquad i_2(0_+) = \frac{20 - 10}{10} + 1 = 2\text{A}$$

(2) 确定各支路电流稳态值。

由 $t = \infty$ 时等效电路,如图 3-17(b)所示,可得

$$i_1(\infty) = \frac{10}{5} = 2\text{A} \qquad i_2(\infty) = \frac{20}{5} = 4\text{A}$$

根据 KCL 可得 $i_L(\infty) = i_1(\infty) + i_2(\infty) = 6\text{A}$。

(3) 确定时间常数(同方法一)。

$$\tau = \frac{L}{R_0} = \frac{0.5}{5 /\!/ 5} = \frac{1}{5}\text{s}$$

将上述数值代入三要素法公式即可得出各支路电流值。

$$i_L(t) = 6 + (2 - 6)e^{-5t} = 6 - 4e^{-5t}\,\text{A} \quad (t \geqslant 0)$$

$$i_1(t) = 2 + (0 - 2)e^{-5t} = 2 - 2e^{-5t}\,\text{A} \quad (t \geqslant 0_+)$$

$$i_2(t) = 4 + (2 - 4)e^{-5t} = 4 - 2e^{-5t}\,\text{A} \quad (t \geqslant 0_+)$$

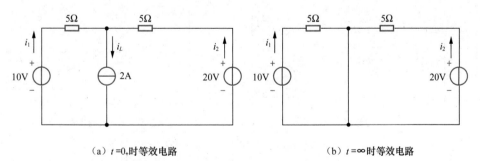

(a) $t = 0_+$ 时等效电路 (b) $t = \infty$ 时等效电路

图 3-17 图 3-16 所示电路在不同时刻的等效电路

例题 3-6

问题 在图 3-18(a)所示电路中,开关 S 原处于位置 3,电容无初始储能。在 $t = 0$ 时,开关接到位置 1,经过一个时间常数的时间,又突然接到位置 2。试写出电容电压 $u_C(t)$ 的表达式,画出变化曲线,并求开关 S 接到位置 2 后电容电压变到 0V 所需的时间。

解答

（1）先用三要素法求开关S接到位置1时的电容电压 u_{C1}。

$$u_{C1}(0_+) = u_{C1}(0_-) = 0$$

$$u_{C1}(\infty) = U_{S1} = 10\text{V}$$

$$\tau_1 = (R_1 + R_3)C = (0.5 + 0.5) \times 10^3 \times 0.1 \times 10^{-6} = 0.1\text{ms}$$

则 $u_{C1}(t) = u_{C1}(\infty) + [u_{C1}(0_+) - u_{C1}(\infty)]\mathrm{e}^{-\frac{t}{\tau_1}} = 10(1 - \mathrm{e}^{-\frac{t}{0.1}})\text{V}$（$t$ 以 ms 计）。

（2）在经过一个时间常数 τ_1 后，开关S接到位置2，用三要素法求电容电压 u_{C2}。

$$u_{C2}(\tau_{1+}) = u_{C2}(\tau_{1-}) = 10(1 - \mathrm{e}^{-1}) \approx 6.32\text{V}$$

$$u_{C2}(\infty) = -5\text{V}$$

$$\tau_2 = (R_2 + R_3)C = (1 + 0.5) \times 10^3 \times 0.1 \times 10^{-6} = 0.15\text{ms}$$

则 $u_{C2}(t) = u_{C2}(\infty) + [u_{C2}(\tau_{1+}) - u_{C2}(\infty)]\mathrm{e}^{-\frac{t-\tau_1}{\tau_2}} \approx (-5 + 11.32\mathrm{e}^{-\frac{t-0.1}{0.15}})\text{V}$。

所以，在 $0 \leqslant t < \infty$ 时电容电压的表达式为

$$u_C(t) = \begin{cases} 10(1 - \mathrm{e}^{-\frac{t}{0.1}})\text{V} & (0 \leqslant t < 0.1\text{ms}) \\ (-5 + 11.32\mathrm{e}^{-\frac{t-0.1}{0.15}})\text{V} & (t \geqslant 0.1\text{ms}) \end{cases}$$

在电容电压变到0V时，即

$$-5 + 11.32\mathrm{e}^{-\frac{t-0.1}{0.15}} = 0$$

解得 $t = 0.1 - 0.15\ln\dfrac{5}{11.32} \approx 0.22\text{ms}$。

$u_C(t)$ 的变化曲线如图3-18（b）所示。

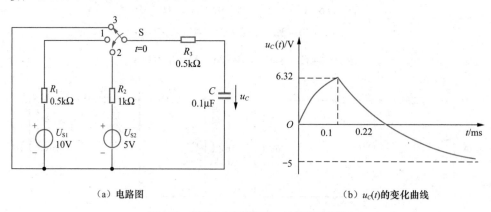

（a）电路图　　　　　　　　　　　　　（b）$u_C(t)$ 的变化曲线

图3-18　例题3-6电路图及 $u_C(t)$ 的变化曲线

三要素法具有方便、实用和物理概念清楚等特点，是分析一阶电路常用的方法。应用三要素法求出的暂态方程可满足在阶跃信号激励下所有一阶线性电路的响应情况，如图3-19所示。电路暂态分析所得出的电压和电流的充、放电曲线都可以用三要素法直接求出和描述。但三要素法仅适用于含一个储能元件的一阶电路在阶跃（或直流）信号激励下的过程分析。

根据上述例题分析可以将使用三要素法分析暂态过程的一般步骤总结如下。

（1）求初始值 $f(0_+)$。

① 若换路前电路处于稳态，可用求稳态值的方法求出电感中的电流 $i_L(0_-)$ 或电容两端的电压 $u_C(0_-)$，其他元件的电压、电流可不必求解。由换路定则有 $i_L(0_+) = i_L(0_-)$，$u_C(0_+) = u_C(0_-)$，即它们的初始值。

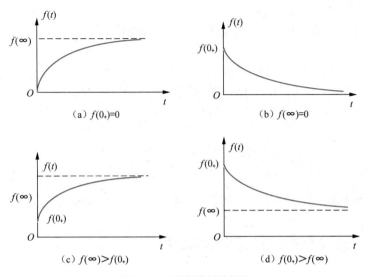

图 3-19　电路暂态过程曲线

② 若换路前电路处于前一暂态过程中，则可将换路时间 t_0 代入前一暂态过程的 $i_L(t)$ 或 $u_C(t)$，即得 $i_L(t_{0-})$ 或 $u_C(t_{0-})$，由换路定则有 $i_L(t_{0+}) = i_L(t_{0-})$，$u_C(t_{0+}) = u_C(t_{0-})$，即它们的初始值。

③ 取换路后的电路，将电路中的电感用 $i_L(0_+)$ 代替，作为理想电流源，将电路中的电容用 $u_C(0_+)$ 代替，作为理想电压源，获得直流纯电阻电路，求出各支路电流和元件端电压，即初始值 $f(0_+)$。

（2）求稳态值 $f(\infty)$。取换路后的电路，将其中的电感元件视作短路，电容视作开路，获得直流电阻性电路，求出各支路电流和各元件端电压，即它们的稳态值 $f(\infty)$。

（3）求时间常数 τ。对含有电容的一阶电路，$\tau = RC$；对含有电感的一阶电路，$\tau = \dfrac{L}{R}$。其中 R 是换路后的电路除去电源和储能元件后在储能元件两端所得无源二端网络的等效电阻。

（4）将这 3 个要素代入通式 $f(t) = f(\infty) + [f(0_+) - f(\infty)]\mathrm{e}^{-\frac{t}{\tau}}$（$t \geqslant 0$），即所求。

3.3.3　一阶 RC 电路的零输入响应

如果电路换路后无外界激励源作用，仅由储能元件的初始储能作用所产生的响应，称为零输入响应。分析 RC 电路的零输入响应，实际上就是分析它的放电过程，所以零输入响应都是随时间按指数规律衰减的，因为没有外施电源，原有的储能总是要逐渐衰减到零的。零输入响应具有比例性，若初始储能增大 α 倍，则零输入响应也相应地增大 α 倍。

一阶 RC 电路如图 3-20 所示，设开关 S 在 $t = 0$ 时闭合，开关闭合前电路处于稳态。下面用三要素法来分析

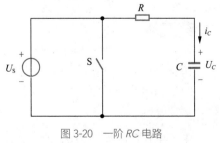

图 3-20　一阶 RC 电路

电路换路后电容电压的响应。

换路前，电路处于稳定状态，即电容充电结束，有 $u_C(0_-) = U_S$。根据换路定则，电容电压的初始值 $u_C(0_+) = u_C(0_-) = U_S$，即电容有初始储能。

换路后，电源被短路，电容无外界激励源，故电路响应是零输入响应。

换路后，电容与电阻构成回路，电容相当于电压源开始放电。$t = \infty$ 时，电容放电完毕，相当于开路，所以 $u_C(\infty) = 0$。

时间常数 $\tau = RC$，根据三要素法公式可得

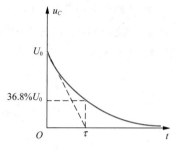

图 3-21　零输入响应 $u_C(t)$ 的变化曲线

$$u_C(t) = u_C(\infty) + [u_C(0_+) - u_C(\infty)]\mathrm{e}^{-\frac{t}{\tau}}$$

$$= U_S \mathrm{e}^{-\frac{t}{RC}}$$

（3-6）

$u_C(t)$ 的变化曲线如图 3-21 所示，$u_C(t)$ 从初始值 U_S 按指数规律随时间衰减而趋于零。

3.3.4　一阶 RC 电路的零状态响应

如果电路中储能元件没有初始储能，换路后仅由外界激励源（电源）的作用而产生的响应，称为零状态响应。分析 RC 电路的零状态响应，实际上就是分析它的充电过程。零状态响应具有比例性，若外施激励增大 α 倍，则零状态响应也增大 α 倍，如果有多个独立电源作用于电路，可以运用叠加定理求出零状态响应。

图 3-20 所示的一阶 RC 电路中，设 $t<0$ 时开关 S 闭合，电路处于稳定状态，即电容 C 放电结束，无初始储能；当 $t=0$ 时开关 S 打开，接通电源 U_S。下面用三要素法来分析电路换路后电容电压的响应。

根据假设，换路前电容 C 无初始储能，即 $u_C(0_-) = 0$。根据换路定则，$u_C(0_+) = u_C(0_-) = 0$，故电路响应是零状态响应。

换路后，电容开始充电，$t = \infty$ 时，电容充电完毕，相当于开路，所以 $u_C(\infty) = U_S$。

时间常数 $\tau = RC$，根据三要素法公式可得

$$u_C(t) = u_C(\infty) + [u_C(0_+) - u_C(\infty)]\mathrm{e}^{-\frac{t}{\tau}}$$

$$= U_S(1 - \mathrm{e}^{-\frac{t}{RC}})$$

（3-7）

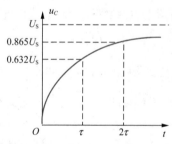

图 3-22　零状态响应 $u_C(t)$ 的变化曲线

$u_C(t)$ 的变化曲线如图 3-22 所示，$u_C(t)$ 按指数规律随时间增长而趋于稳态值 U_S。

例题 3-7

问题　图 3-23 所示电路现处于稳态，$t = 0$ 时开关闭合，求 $t \geqslant 0$ 时的 $u_C(t)$ 和 $u_o(t)$。

解答　根据题意分析电路为零状态响应。采用三要素法来求 $u_C(t)$ 和 $u_o(t)$。

（1）初始值：开关闭合前，R_1 和 C 构成回路，R_2 断路，电路处于稳定状态，所以

$$u_C(0_+) = u_C(0_-) = 0\mathrm{V}$$

电容电压的初始值为 0，所以在 $t = 0_+$ 时，电容相当于短路，同时电阻 R_1 也被短路，所以电

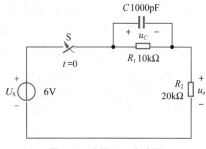

阻 R_2 两端电压的初始值为电源电压，即

$$u_o(0_+) = 6V$$

（2）稳态值：开关闭合后，电源接入电路，电容开始充电，$t = \infty$ 时，电容充电完毕，相当于开路，电路等效为 R_1 和 R_2 串联电路。$u_C(\infty)$ 和 $u_o(\infty)$ 即两电阻两端电压。

$$u_C(\infty) = \frac{UR_1}{R_1 + R_2} = \frac{6 \times 10}{10 + 20} = 2V$$

$$u_o(\infty) = \frac{UR_2}{R_1 + R_2} = \frac{6 \times 20}{10 + 20} = 4V$$

图 3-23　例题 3-7 电路图

（3）时间常数：电压源短路，从电容端看进去求等效电阻，为 R_1 和 R_2 并联，所以

$$\tau = \frac{R_1 R_2}{R_1 + R_2}C = \frac{2}{3} \times 10^{-5}s$$

（4）代入三要素法公式可得

$$u_C(t) = 2 + (0 - 2)e^{-1.5 \times 10^5 t} = 2 - 2e^{-1.5 \times 10^5 t}V$$

$$u_o(t) = 4 + (6 - 4)e^{-1.5 \times 10^5 t} = 4 + 2e^{-1.5 \times 10^5 t}V$$

3.3.5　一阶 RC 电路的全响应

所谓全响应，是指外界激励源和储能元件的初始储能均不为零时的响应。由叠加定理可知，全响应就是零输入响应和零状态响应的代数和。

全响应 = 零输入响应 + 零状态响应

图 3-24（a）所示电路为一阶 RC 电路，开关 S 在 $t = 0$ 时从 1 打向 2。换路前电路处于稳定状态。根据换路定则可知 $u_C(0_+) = u_C(0_-) = -U_{S1}$，电容有初始储能。换路后电路断开 U_{S1}，接入 U_{S2}，电路有外界激励源，所以电路响应为全响应。

$t = \infty$ 时，电容充电完毕，可知 $u_C(\infty) = U_{S2}$。时间常数 $\tau = RC$，根据三要素法公式可得

$$u_C(t) = u_C(\infty) + [u_C(0_+) - u_C(\infty)]e^{-\frac{t}{\tau}}$$

$$= U_{S2} + (-U_{S1} - U_{S2})e^{-\frac{t}{RC}}$$

$$= U_{S2} - (U_{S1} + U_{S2})e^{-\frac{t}{RC}}$$

可将上式继续展开为

$$u_C(t) = \underbrace{-U_{S1}e^{-\frac{t}{RC}}}_{\text{零输入响应}} + \underbrace{U_{S2}(1 - e^{-\frac{t}{RC}})}_{\text{零状态响应}}$$

然后可得零输入响应、零状态响应和全响应与三要素的关系式。

$$u_C(t) = \underbrace{u_C(0_+)e^{-\frac{t}{\tau}}}_{\text{零输入响应}} + \underbrace{u_C(\infty)(1 - e^{-\frac{t}{\tau}})}_{\text{零状态响应}} \tag{3-8}$$

可见全响应等于零输入响应和零状态响应相加，或者说等于稳态分量加暂态分量。也就是

说，可以分别求出零输入响应和零状态响应，将两者相加就是全响应。u_C 的变化曲线如图 3-24（b）所示，图 3-24（c）所示为 u_C 的零输入响应，图 3-24（d）所示为 u_C 的零状态响应。RC 电路的全响应，实际上就是电容从一种储能状态转换到另一种储能状态的过程。

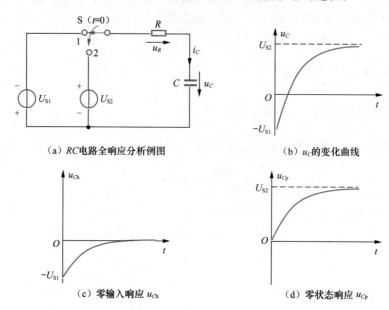

（a）RC 电路全响应分析例图

（b）u_C 的变化曲线

（c）零输入响应 u_{Ch}

（d）零状态响应 u_{Cp}

图 3-24　RC 电路全响应分析

下面通过例题来进一步理解一阶 RC 电路的零输入响应、零状态响应与全响应的关系，以及它们与三要素的关系。

例题 3-8

问题　图 3-25（a）所示电路现已达到稳态，$t = 0$ 时开关接通，求 $t \geqslant 0$ 时的 $u_C(t)$，并绘出曲线图。

解答　采用三要素法分析电路暂态过程。

（1）初始值：开关闭合前电路处于稳态，电容相当于开路，电容两端电压为 3kΩ 和 2kΩ 电阻串联部分电压。结合换路定则可得

$$u_C(0_+) = u_C(0_-) = \frac{100}{5+3+2} \times (3+2) = 50\text{V}$$

（2）稳态值：开关闭合后，电容与 3kΩ 电阻形成并联模式，电容开始放电，$t = \infty$ 时，电路再次达到稳态，电容电压的稳态值即 3kΩ 电阻两端电压。

$$u_C(\infty) = \frac{100}{5+3+2/\!/2} \times 3 = \frac{100}{3}\text{V}$$

（3）时间常数：将换路后电路内部除源，从电容端看进去求等效电阻。

$$R_0 = [(2/\!/2) + 3]/\!/5 = \frac{20}{9}\text{k}\Omega$$

进而可得时间常数为

$$\tau = R_0 C = \frac{20}{9} \times 10^3 \times 5 \times 10^{-6} = \frac{100}{9} \times 10^{-3}\text{s}$$

（4）代入三要素法公式可得

$$u_C(t) = u_C(\infty) + [u_C(0_+) - u_C(\infty)]e^{-\frac{t}{\tau}}$$

$$= \frac{100}{3} + \left(50 - \frac{100}{3}\right)e^{-\frac{9}{100} \times 10^3 t}$$

$$= \frac{100}{3} + \frac{50}{3}e^{-\frac{9}{100} \times 10^3 t}V$$

$u_C(t)$ 的变化曲线如图 3-25（b）所示。

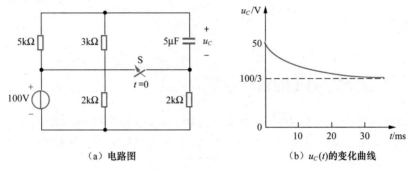

（a）电路图　　　　　　　　（b）$u_C(t)$ 的变化曲线

图 3-25　例题 3-8 电路图及 $u_C(t)$ 的变化曲线

例题 3-9

问题　图 3-26 所示电路处于稳态，$t = 0$ 时开关 S 闭合。求换路后电容电压 $u_C(t)$ 和电容电流 $i_C(t)$，并指出 $u_C(t)$ 中的零输入响应分量和零状态响应分量，以及稳态分量和暂态分量。

解答

（1）初始值：开关闭合前电路处于稳态，电容相当于开路，$t = 0_-$ 时电容两端电压即电源 U_{S1} 两端电压。结合换路定则可得

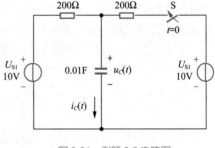

图 3-26　例题 3-9 电路图

$$u_C(0_+) = u_C(0_-) = 10V$$

（2）稳态值：开关闭合后，电源 U_{S2} 和电阻 R_2 接入电路，双电源作用，电容开始充电。$t = \infty$ 时电路会再次达到稳态，电容相当于开路，此时电容电压的稳态值为

$$u_C(\infty) = 10 + \frac{20 - 10}{200 + 200} \times 200 = 15V$$

（3）时间常数：将换路后电路内部除源，从电容端看进去，等效电阻为两个电阻的并联，所以可得时间常数为

$$\tau = R_0 C = (200 // 200) \times 0.01 = 1s$$

（4）代入三要素法公式可得

$$u_C(t) = u_C(\infty) + [u_C(0_+) - u_C(\infty)]e^{-\frac{t}{\tau}}$$

$$= 15 + (10 - 15)e^{-t}$$

$$= 15 - 5e^{-t}V$$

其中，15V是稳态分量，$-5\mathrm{e}^{-t}$V是暂态分量。

将$u_C(t)$表达式改写为零输入响应加零状态响应形式，为

$$u_C(t) = u_C(0_+)\mathrm{e}^{-\frac{t}{\tau}} + u_C(\infty)(1-\mathrm{e}^{-\frac{t}{\tau}})$$
$$= 10\mathrm{e}^{-t} + 15(1-\mathrm{e}^{-t})$$

其中，$10\mathrm{e}^{-t}$为零输入响应，$15(1-\mathrm{e}^{-t})$为零状态响应。

（5）根据电容的伏安关系可得电容电流为

$$i_C(t) = C\frac{\mathrm{d}u_C(t)}{\mathrm{d}t} = 0.01\times 5\mathrm{e}^{-t} = 0.05\mathrm{e}^{-t}\mathrm{A}$$

3.3.6　一阶 *RL* 电路的暂态分析

一阶 *RL* 电路也分为零输入响应、零状态响应和全响应3种类型。类型区分和分析方法与一阶 *RC* 电路相同，可对照来推导学习。需要注意的是电感元件的伏安关系及等效变换与电容的区别。下面通过例题来具体分析。

例题 3-10

问题　电路如图3-27所示，$t=0$时开关断开，已知换路前电路处于稳态，试求换路后的电流$i_L(t)$。

解答　分析题意可知电路为零输入响应。

（1）初始值：$t<0$时已处于稳态，即电感的初始电流为换路前电感的短路电流。

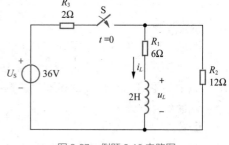

图 3-27　例题 3-10 电路图

$$i_L(0_-) = \frac{U_S}{R_3 + R_1//R_2}\times\frac{R_2}{R_1+R_2} = 4\mathrm{A}$$

根据换路定则，电感电流的初始值$i_L(0_+) = i_L(0_-) = 4\mathrm{A}$。

（2）稳态值：$t=\infty$时，稳态值$i_L(\infty)$为换路后电感储能耗尽后的电流，因此$i_L(\infty)=0$。

（3）时间常数$\tau = \dfrac{L}{R_0}$，R_0是换路后电路内部除源，从电感端看进去的等效电阻。

$$\tau = \frac{L}{R_0} = \frac{L}{R_1+R_2} = \frac{1}{9}\mathrm{s}$$

（4）代入三要素法公式可得

$$i_L(t) = i_L(\infty) + [i_L(0_+)-i_L(\infty)]\mathrm{e}^{-\frac{t}{\tau}} = 4\mathrm{e}^{-9t}\mathrm{A}$$

例题 3-11

问题　电路如图3-28所示，换路前电路处于稳态，试用三要素求$t\geqslant 0$时的i_1、i_2及i_L。

解答

（1）初始值：开关闭合前电路处于稳态，电感中的电流为

$$i_L(0_-) = \frac{12}{6} = 2\text{A}$$

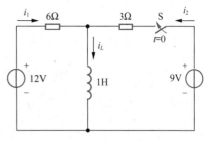

图 3-28　例题 3-11 电路图

根据换路定则可知电感电路的初始值为 $i_L(0_+) = i_L(0_-)$ =2A。

（2）稳态值：开关闭合后，9V 电源接入电路，电感开始充电。$t = \infty$ 时，电路再度达到稳定状态，稳态值 $i_L(\infty)$ 由两电源共同作用得出。

$$i_L(\infty) = \frac{12}{6} + \frac{9}{3} = 5\text{A}$$

（3）时间常数 $\tau = \dfrac{L}{R_0}$，R_0 是换路后电路内部除源，从电感端看进去的等效电阻。

$$\tau = \frac{L}{R_0} = \frac{1}{6//3} = 0.5\text{s}$$

（4）代入三要素法公式可得

$$i_L(t) = i_L(\infty) + [i_L(0_+) - i_L(\infty)]e^{-\frac{t}{\tau}} = 5 + (2-5)3e^{-2t} = 5 - 3e^{-2t}\text{A}$$

（5）然后根据第 2 章介绍的电路分析方法求其他未知量。

$$u_L(t) = L\frac{\mathrm{d}i_L(t)}{\mathrm{d}t} = 6e^{-2t}$$

$$i_1(t) = \frac{12 - u_L(t)}{6} = \frac{12 - 6e^{-2t}}{6} = 2 - e^{-2t}\text{A}$$

$$i_2(t) = i_L(t) - i_1(t) = (5 - 3e^{-2t}) - (2 - e^{-2t}) = 3 - 2e^{-2t}\text{A}$$

3.4 二阶 RLC 串联电路的暂态分析

实际应用中，我们可能会遇到一个电路包含两个或两个以上独立储能元件的情况，这种情况下我们仍可以用一阶电路中的分析方法来分析电路的暂态响应。本节将重点讨论二阶电路的暂态分析，二阶电路最典型的例子就是 RLC 串联电路。下面将分别分析 RLC 串联电路零输入响应、零状态响应和全响应。

3.4.1 RLC 串联电路的零输入响应

零输入响应分析假设电源的输入电压为零，即电路不包含电源，电容电压的初始状态为 $u_C(0_-) = U_0$，$i_L(0_-) = 0$。

RLC 串联放电电路如图 3-29 所示。

考虑在 $t = 0$ 时闭合开关 S，各元件之间的电压关系如下。

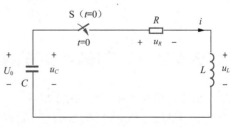

图 3-29　RLC 串联放电电路

$$u_R + u_L + u_C = 0$$

各个元件的电压电流方程为

$$u_R = Ri_L, \quad u_L = L\frac{\mathrm{d}i_L}{\mathrm{d}t}, \quad i_L = C\frac{\mathrm{d}u_C}{\mathrm{d}t}$$

将上述方程代入电压关系，可得 u_C 的微分方程为

$$LC\frac{\mathrm{d}^2 u_C}{\mathrm{d}t^2} + RC\frac{\mathrm{d}u_C}{\mathrm{d}t} + u_C = 0 \quad (t \geqslant 0)$$

求解该微分方程。该二阶微分方程的特征方程为

$$p^2 + \frac{R}{L}p + \frac{1}{LC} = 0$$

特征方程的特征根为

$$\begin{cases} p_1 = -\dfrac{R}{2L} + \sqrt{\left(\dfrac{R}{2L}\right)^2 - \dfrac{1}{LC}} = -\delta + \sqrt{\delta^2 - \omega_0^2} \\ p_2 = -\dfrac{R}{2L} - \sqrt{\left(\dfrac{R}{2L}\right)^2 - \dfrac{1}{LC}} = -\delta + \sqrt{\delta^2 - \omega_0^2} \end{cases}$$

其中，$\delta = \dfrac{R}{2L}$ 称为衰减常数，$\omega_0 = \dfrac{1}{\sqrt{LC}}$ 称为谐振角频率，p_1、p_2 称为自然频率或固有频率。当电路的参数不同时，微分方程的解不同。

（1）$\delta > \omega_0$ 时，电路的动态过程是非振荡的，称为过阻尼情况。

此时 p_1、p_2 为相异负实根，因此方程通解为

$$u_C = A_1 \mathrm{e}^{p_1 t} + A_2 \mathrm{e}^{p_2 t}$$

（2）$\delta < \omega_0$ 时，电路的动态过程是振荡的，称为欠阻尼情况。

此时 p_1、p_2 为一对共轭负根，方程的通解为

$$u_C = A\mathrm{e}^{-\alpha t}\sin(\omega_\mathrm{d} t + \theta)$$

（3）$\delta = \omega_0$ 时，电路的动态过程是临界状态，称为临界阻尼情况。

此时 p_1、p_2 为相同的负实根，方程通解为

$$u_C = (A_1 + A_2 t)\mathrm{e}^{-\alpha t}$$

上述3种情况下通解中的参数均需要满足以下初始条件

$$\begin{cases} u_C(0_+) = u_C(0_-) = u_{C0} \\ \dfrac{\mathrm{d}u_C}{\mathrm{d}t}\bigg|_{t=0_+} = \dfrac{1}{C}i_L(0_+) = \dfrac{1}{C}i_L(0_-) = 0 \end{cases}$$

3.4.2　RLC 串联电路的零状态响应

给图 3-29 所示 RLC 串联电路串联一个电源 U_S，电源 U_S 为正值，在开关闭合之后，电容会逐渐充电，最后达到 $u_C = U_\mathrm{S}$ 进入稳态。可以将图 3-29 所示电路的暂态响应看作此时电路的零输入响应，那么零状态响应需要满足的条件是初始状态下

$$\begin{cases} u_C(0_+) = u_C(0_-) = u_{C0} = 0 \\ \dfrac{\mathrm{d}u_C}{\mathrm{d}t}\bigg|_{t=0_+} = \dfrac{1}{C}i_L(0_+) = \dfrac{1}{C}i_L(0_-) = 0 \end{cases}$$

零状态响应的微分方程为二阶常系数线性非齐次微分方程。

$$LC\frac{\mathrm{d}^2 u_C}{\mathrm{d}t^2} + RC\frac{\mathrm{d}u_C}{\mathrm{d}t} + u_C = \frac{1}{LC}U_s$$

令 $\delta = \dfrac{R}{2L}$，$\omega_0 = \dfrac{1}{\sqrt{LC}}$，同理我们可以得到 3 种情况下的微分方程通解。

（1）$\delta > \omega_0$ 时，方程通解为

$$u_C = U_s + A_1 \mathrm{e}^{p_1 t} + A_2 \mathrm{e}^{p_2 t}$$

（2）$\delta < \omega_0$ 时，方程的通解为

$$u_C = U_s + A\mathrm{e}^{-\alpha t}\sin(\omega_d t + \theta)$$

（3）$\delta = \omega_0$ 时，方程通解为

$$u_C = U_s + (A_1 + A_2 t)\mathrm{e}^{-\alpha t}$$

3.4.3 *RLC* 串联电路的全响应

由全响应＝零输入响应＋零状态响应，可知

$$u_C = u_{C_h} + u_{C_p}$$

按照上文所讨论的情况，全响应在通解形式上与零状态响应相同，在初始值条件上与零输入响应相同。

以上就是对 *RLC* 串联电路的暂态响应分析。可见在二阶或二阶以上的电路中，暂态响应的分析较为复杂，需要解二阶或二阶以上的微分方程，有时候也可以运用拉普拉斯变换等数学工具来求解，降低求解难度。

3.5 拓展阅读与实践应用：电路的暂态过程在实际工程中的应用

生活中某些电气设备在打开或关闭开关时会出现比稳态时大数倍至数十倍的电压或电流，威胁电气设备和人身安全。暂态过程虽然时间很短，但很重要，对它的研究颇有意义。暂态过程在模拟电路、脉冲数字电路等电子技术领域中发挥了极大的作用。例如，*RC* 电路由于电路的形式、信号源和元件参数不同而有各种应用形式，如微分电路、积分电路、耦合电路、滤波电路及脉冲分压器等。除此之外，工程中我们利用电路的暂态过程实现了各种巧妙的应用，如汽车点火系统、航空障碍灯等。

3.5.1 *RC* 微分电路

图 3-30（a）所示电路为微分电路。输入信号 u_i 是脉冲幅度为 U、占空比为 50% 的脉冲序列。

所谓占空比是指t_w/T的比值，其中t_w是脉冲持续时间（脉冲宽度，简称脉宽），T是周期。

在$0 \leqslant t < t_w$时，电路相当于接入阶跃电压。由RC电路的零状态响应，我们知道其输出电压为

$$u_o = Ue^{-\frac{t}{\tau}} \qquad (0 \leqslant t < t_w)$$

设时间常数$\tau \ll t_w$（一般取$\tau < 0.2t_w$），则电容的充电过程很快完成，输出电压也跟着很快衰减到零，因而输出u_o是一个峰值为U的正尖脉冲，波形如图3-30（b）所示。

在$T > t \geqslant t_w$时，输入信号u_i为零，输入端短路，电路相当于电容初始电压值为U的零输入响应，其输出电压为

$$u_o = -Ue^{\frac{t-t_w}{\tau}} \qquad (T > t \geqslant t_w)$$

设时间常数$\tau \ll t_w$，则电容的放电过程很快完成，输出u_o是一个峰值为$-U$的负尖脉冲，波形如图3-30（b）所示。

因为$\tau \ll t_w$，所以$u_i = u_C + u_o \approx u_C$，进而可知

$$u_o = iR = RC\frac{\mathrm{d}u_C}{\mathrm{d}t} \approx RC\frac{\mathrm{d}u_i}{\mathrm{d}t}$$

这表明输出电压u_o近似与输入电压u_i的微分成正比，所以该电路称为微分电路。

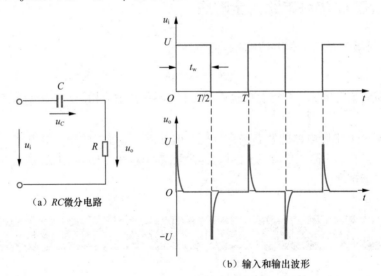

（a）RC微分电路

（b）输入和输出波形

图 3-30　RC微分电路及输入和输出波形

在电子技术中，微分电路常用于把矩形波变换成尖脉冲，作为触发器的触发信号，或用来触发可控硅（晶闸管），用途非常广泛。

当电路参数RC不满足$\tau \ll t_w$的条件时，输出电压将不会是正负相间的尖脉冲。当$\tau \gg t_w$时，电路的充、放电过程极慢，此时电容C两端电压几乎不变，电路中的电容起"隔直、通交"的耦合作用，电路称为耦合电路。晶体管放大电路中的阻容耦合就是这样的。

3.5.2　RC积分电路

图3-31（a）所示电路为积分电路，设电路的时间常数$\tau \gg t_w$，则此RC电路在脉冲序列作用

下，电路的输出 u_o 将是和时间 t 基本上成直线关系的三角波电压，如图 3-31（b）所示。

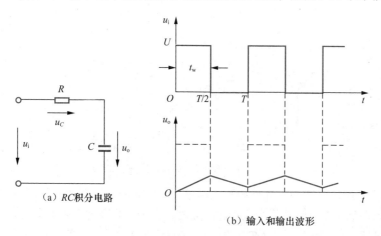

（a）RC 积分电路　　（b）输入和输出波形

图 3-31　RC 积分电路及输入和输出波形

由于 $\tau \gg t_w$，因此在整个脉冲持续时间内（脉宽 t_w 时间内），电容两端电压 $u_C = u_o$ 缓慢增长。当 u_C 还远未增长到稳态值时，脉冲消失（$t = t_w = T/2$）。然后电容缓慢放电，输出电压 u_o（即电容电压 u_C）缓慢衰减。u_C 的增长和衰减虽仍遵循指数规律，但由于 $\tau \gg t_w$，其变化曲线尚处于指数曲线的初始阶段，近似为直线段，所以输出 u_o 为三角波电压。

因为充、放电过程非常缓慢，所以有

$$u_o = u_C \ll u_R$$
$$u_i = u_R + u_o \approx u_R = iR$$
$$i = \frac{u_R}{R} \approx \frac{u_i}{R}$$
$$u_o = u_C = \frac{1}{C}\int i\,dt \approx \frac{1}{RC}\int u_i\,dt$$

上式表明，输出电压 u_o 近似地与输入电压 u_i 对时间的积分成正比，所以该电路称为积分电路。积分电路在电子技术中也被广泛应用，比如用作示波器的扫描锯齿波电压。

3.5.3　滤波器

滤波器是一种用于重塑、修改和阻断所有不需要的频率的电路。通常，在低频（<100kHz）应用中，无源滤波器由电阻和电容组成，因此这些电路被称为无源 RC 电路。同样，对于高频（>100kHz）信号，无源滤波器可以设计为电阻-电感-电容组合，因此这些电路被称为无源 RLC 电路。常用滤波器有 3 种：低通滤波器、高通滤波器和带通滤波器。

图 3-32（a）所示电路为无源低通滤波电路。低通滤波电路与积分电路有些相似（电容 C 都并在输出端），但它们应用的是不同的电路功能。低通滤波电路利用电容通高频阻低频的原理将较高频率的信号去掉（因 $X_C = 1/(2\pi fC)$，f 较大时，X_C 较小，相当于短路），因而电容 C 的值是参照低频点的数值来确定的。当输入信号 u_i 频率低于转折频率 f_0 时，由于 C 的容抗很大而无分流作用，因此这一低频信号经 R 输出。当 u_i 频率高于转折频率 f_0 时，因为容抗很小，故通过电阻的高频信号由电容分流到地而无输出，达到低通的目的。图 3-32（b）所示为无源低通滤波器的幅频

特性曲线。

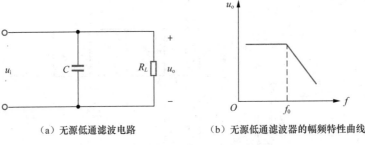

（a）无源低通滤波电路　　　　　　　（b）无源低通滤波器的幅频特性曲线

图 3-32　无源低通滤波电路及其幅频特性曲线

如图 3-33（a）所示电路为无源高通滤波电路。高通滤波器具有让高频信号通过、阻止低频信号的作用。频率低于 f_0 的信号输入这一滤波器时，由于 C 的容抗很大而受到阻止，输出减小，且频率越低输出越小。当频率高于 f_0 的信号输入这一滤波器时，由于 C 容抗很小，故电路对信号无衰减作用。实际上，对极高的频率而言，电容相当于"短路"，这些频率基本上都可以在电阻两端获得输出。图 3-33（b）所示为无源高通滤波器的幅频特性曲线。

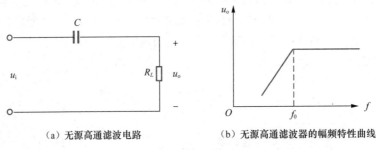

（a）无源高通滤波电路　　　　　　　（b）无源高通滤波器的幅频特性曲线

图 3-33　无源高通滤波电路及其幅频特性曲线

高通滤波电路与微分电路或耦合电路形式相同。一方面，在脉冲数字电路中，高通滤波电路因 RC 与脉宽 t_w 的关系不同而区分为微分电路和耦合电路。在模拟电路中，选择恰当的电容 C 值，就可以有选择性地让较高频的信号通过，而阻断直流及低频信号，例如，高音喇叭串接的电容，就是为了阻止中低音进入高音喇叭，以免烧坏设备。另一方面，在多级交流放大电路中，高通滤波电路也是一种耦合电路。

带通滤波器是一种仅允许特定频率通过，同时对其余频率的信号进行有效抑制的电路。例如，RLC 振荡回路就是一个模拟带通滤波器。由于它对信号具有选择性，故而被广泛地应用电子设计和信号处理领域。

3.5.4　振荡器

文氏桥正弦波振荡器是一种经典 RC 振荡器，也称为 RC 桥式正弦波振荡器。图 3-34（a）所示电路为文氏桥正弦波振荡器的基本形式，它由反馈网络和放大器两部分组成。电路以 RC 串并联网络为选频网络和正反馈网络，并引入电压串联负反馈，两个网络构成桥路，如图 3-34（b）所示，一对顶点作为输出电压，一对顶点作为放大电路的净输入电压。

选频网络承担的主要作用是只让单一频率满足振荡条件，以产生单一频率正弦波。产生振荡信号的两个重要条件：一是正反馈组件不能产生任何相移，即反馈回同相放大器的信号与输出信号同相；二是振荡器的闭环增益必须为 1，即如果同相放大器的增益为 A，则正反馈网络的增益为 $1/A$。这样就可构成正弦波振荡器。

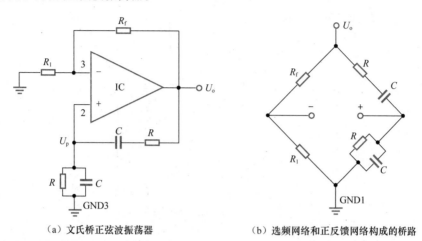

（a）文氏桥正弦波振荡器　　　　　　　　（b）选频网络和正反馈网络构成的桥路

图 3-34　振荡器

从理论上讲，任何满足放大倍数要求的放大电路与 RC 串并联选频网络都可组成正弦波振荡电路。但是，实际上所选用的放大电路应具有尽可能大的输入电阻和尽可能小的输出电阻，以减小放大电路对选频特性的影响，使振荡频率几乎仅取决于选频网络。因此，设计者通常选用引入电压串联负反馈的放大电路。

文氏桥正弦波振荡器主要用于测量、遥控、通信、自动控制、热处理和超声波电焊等加工设备之中，也常用于提供模拟电子电路的测试信号，如函数信号发生器、数控等。

3.5.5　汽车点火系统

汽车点火系统主要由电源（蓄电池和发电机）、点火开关、点火线圈、点火器、分电器、火花塞等部分组成，其电路结构如图 3-35 所示。点火线圈由一次侧线圈、二次侧线圈和铁芯组成。点火线圈有两个串联的磁耦合线圈，因此又称为自耦合变压器。点火线圈的作用就是将电源提供的低压直流电转变为高压直流电。

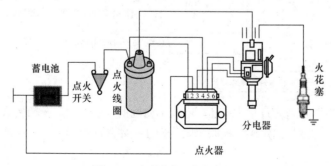

图 3-35　汽车点火系统电路结构

汽车点火系统是基于 RLC 电路暂态响应的原理工作的，其简化电路如图 3-36 所示。在点火电路中，开关的动作使电感线圈中产生一个快速变化的电流。在汽车点火系统中，电感线圈通常称作点火线圈，点火线圈由两个磁耦合线圈组成，其中与电池相连的线圈 L_1 称作一次侧线圈，与火花塞相连的线圈 L_2 称作二次侧线圈。一次侧线圈上电流的快速变化通过磁耦合（互感）使二次侧线圈上产生一个高电压，其峰值可达到 20 ～ 40kV，这一高压将在火花塞的间隙中产生一个电火花，从而点燃气缸中的油气混合物。

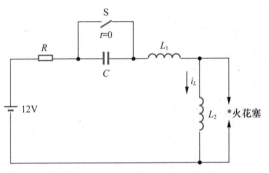

图 3-36　汽车点火系统简化电路

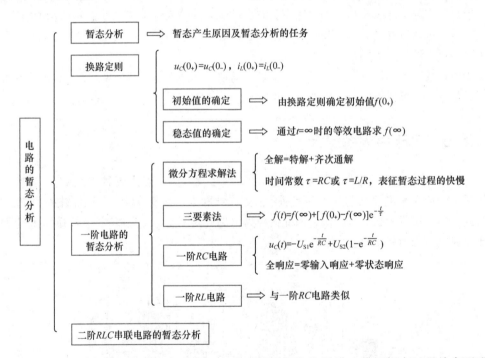

本章主要分析电路在暂态过程中电压、电流随时间的变化规律。分析暂态过程首先要明白暂态产生的原因，然后理解换路定则。换路定则是指在换路瞬间电容元件的电压和电感元件的电流不能突变。

根据换路定则可以确定电路的初始值。由换路后的等效电路可以确定电路的稳态值。这里要特别注意储能元件电容和电感在不同情况下的等效变换。储能元件初值和终值的等效电路如表 3-1 所示。

表 3-1　储能元件初值和终值的等效电路

初始条件	电路	初值 $t = 0_+$	终值 $t = \infty$
无初始储能	C	C　短路	C　开路
	L	L　开路	L　短路
有初始储能	C　U_0　+　−	C　U_0　+　−	C　开路
	I_0　L	L　I_0	L　短路

　　分析一阶电路的暂态过程，有两种常用方法：一种是经典的微分方程法，根据KCL、KVL和伏安关系建立以时间为自变量的一阶线性常系数微分方程，分别求其"特解"和"通解"，然后得出该方程的"全解"；另一种是三要素法，根据经典法的结论，可知电路中电流和电压变化都是由初始值、稳态值和时间常数3个要素组成的，分别求三要素然后代入一般形式 $f(t) = f(\infty) + [f(0_+) - f(\infty)]\mathrm{e}^{-\frac{t}{\tau}}$ 中即得暂态变化表达式。其中时间常数中"R"是换路后等效电路内部除源后，从储能元件端口看进去的等效电阻，求解方法与戴维南定理中的 R_0 相同。

　　电路分析中，如果电路没有初始储能，仅由外界激励源的作用产生响应，称为零状态响应；如果无外界激励源作用，仅由电路本身初始储能的作用产生响应，称为零输入响应；既有初始储能又有外界激励源时，所产生的响应称为全响应。这里学习的要点在于理解电路的全响应是零输入响应和零状态响应的叠加。

　　二阶电路一般含有两个独立的储能元件，电路的电压电流变化可以通过二阶常微分方程描述。典型的二阶 RLC 串联电路中，由参数取值的不同，可以得到3种不同类型的暂态响应，分别为过阻尼、欠阻尼和临界阻尼。

📝 习题3

▶ 换路定则相关习题

3–1. 电路如题3-1图所示。设开关S闭合前电路已处于稳态。在$t=0$时将开关S闭合，试求$t=0_+$瞬间的u_C、i_1、i_2、i_3、i_C，即初始值。

3–2. 电路如题3-2图所示。$L=1H$，换路前电路已处于稳态，$t=0$时将开关合上。试求暂态过程的初始值$i_L(0_+)$、$i(0_+)$、$i_S(0_+)$及$u_L(0_+)$。

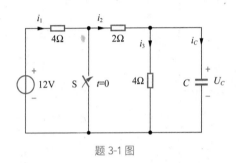

题 3-1 图

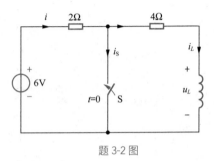

题 3-2 图

3–3. 如题3-3图所示，电路中$I_S=10A$，$r_1=r_2=2\Omega$，$r_3=1\Omega$，$L=1H$，$C=100\mu F$，求电感电压的初始值$u_L(0_+)$。

3–4. 电路如题3-4图所示，$t=0$时开关K由1扳向2，在$t<0$时电路已达到稳态，求初始值$i(0_+)$和$u_C(0_+)$。

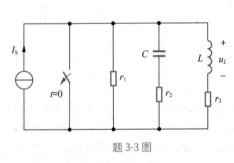

题 3-3 图

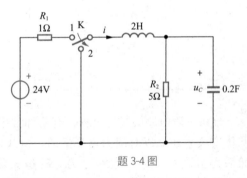

题 3-4 图

3–5. 电路如题3-5图所示。试求开关S闭合后瞬间各元件中电流及其两端电压的初始值。当电路达到稳态时的各稳态值又是多少？设开关S闭合前储能元件未储能。

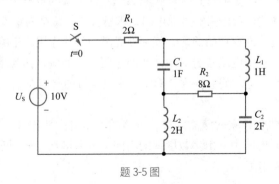

题 3-5 图

▶ 一阶电路的暂态分析相关习题

3-6. 如题3-6图所示，电路在S开路时已处于稳态，当 $t=0$ 时，S闭合。（1）求 u_C、i_C 及 u_{R_2}；（2）画出 u_C、u_{R_2} 的变化曲线。

3-7. 题3-7图所示电路中，已知 U_S=12V，R_1=3kΩ，R_2=6kΩ，R_3=2kΩ，C=5μF，用三要素法求开关闭合后 u_C、i_C、i_1、i_2 的变化规律，即解析式。

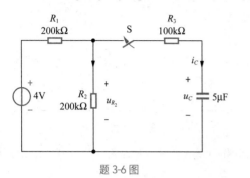

题 3-6 图

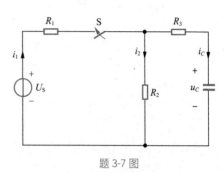

题 3-7 图

3-8. 电路如题3-8图所示，在开关S闭合前电路已处于稳态。试用三要素求 $t \geqslant 0$ 时的 u_C 和 i_1。

3-9. 在题3-9图所示电路中，已知 $E=20\text{V}$，$R=5\text{k}\Omega$，$C=100\mu\text{F}$，设电容初始储能为零。试求：（1）电路的时间常数 τ；（2）开关S闭合后的电流 i、各元件的电压 u_C 和 u_R，并画出它们的变化曲线；（3）经过一个时间常数后的电容电压值。

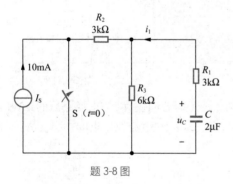

题 3-8 图

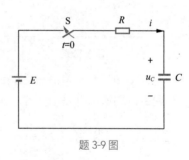

题 3-9 图

3-10. 电路如题3-10图所示，开关S在 $t=0$ 时断开，时间常数 τ 应为多少？

3-11. 电路如题3-11图所示，换路前已处于稳态，试求换路后（$t \geqslant 0$）的 u_C。

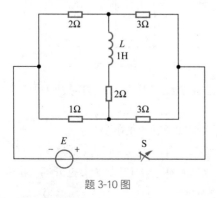

题 3-10 图

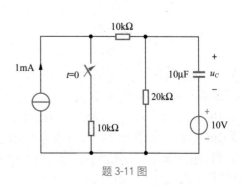

题 3-11 图

3-12. 在题 3-12 图所示电路中，$E = 40V$，$R_1 = R_2 = 2kΩ$，$C_1 = C_2 = 10μF$，电容元件原先均未储能。试求开关 S 闭合后电容元件两端的电压 $u_C(t)$。

3-13. 题 3-13 图所示电路原处于稳态。已知 $U_S = 20V$，$C = 4μF$，$R = 50 kΩ$。在 $t = 0$ 时闭合 S1，在 $t = 0.1s$ 时闭合 S2，求 S2 闭合后的电压 $u_R(t)$。

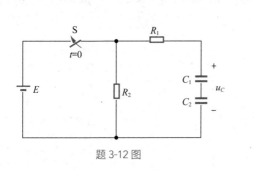

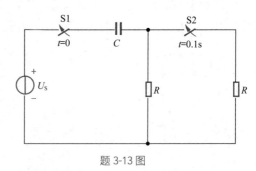

题 3-12 图   题 3-13 图

3-14. 题 3-14 图所示电路原处于稳态。在 $t = 0$ 时将开关 S 打开，试求开关 S 打开后电感元件的电流 $i_L(t)$ 及电压 $u_L(t)$。

3-15. 电路如题 3-15 图所示，开关 S 原在位置 1 已久，$t = 0$ 时合向位置 2，求 $u_C(t)$ 和 $i(t)$。

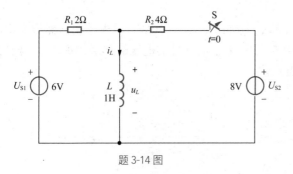

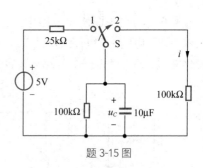

题 3-14 图   题 3-15 图

3-16. 题 3-16 图所示电路中开关 S 在位置 1 已久，$t = 0$ 时合向位置 2，求换路后的 $i(t)$ 和 $u_L(t)$。

3-17. 题 3-17 图所示电路中，若 $t = 0$ 时开关 S 打开，求 u_C 和电流源发出的功率。

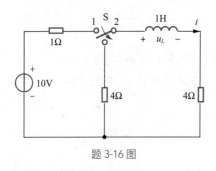

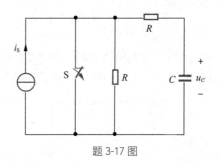

题 3-16 图   题 3-17 图

3-18. 题 3-18 图所示电路中，开关 S 打开前电路已处于稳定状态。$t = 0$ 时开关 S 打开，求 $t \geqslant 0$ 时的 $u_L(t)$ 和电压源发出的功率。

3-19. 电路如题 3-19 图所示，电路已处于稳态，开关 S 打开后，求电流 i。

3-20. 电路如题 3-20 图所示，S 闭合前电路已处于稳态。当 $t = 0$ 时 S 闭合，求 $t \geqslant 0$ 时的 u_C。

3-21. 电路如题 3-21 图所示。已知 $R_1 = R_2 = R_3 = 3kΩ$，$C = 10^3 pF$，$E = 12V$，S 未打开时，$u_C(0_-) = 0$，$t = 0$ 时打开开关 S，求 $t \geqslant 0$ 后的 u_{R_3}。

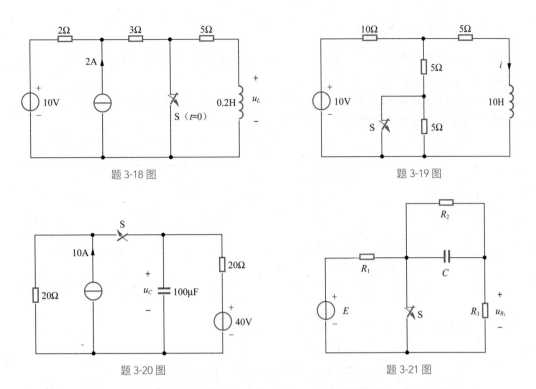

题 3-18 图　　　　　　　　　　　　题 3-19 图

题 3-20 图　　　　　　　　　　　　题 3-21 图

3-22. 题3-22图所示电路在换路前已达稳态。当$t=0$时开关接通，求$t \geq 0$的$i(t)$。

3-23. 电路如题3-23图所示，当$t=0$时开关闭合，闭合前电路已处于稳态。试求$i(t)$，$t \geq 0$。

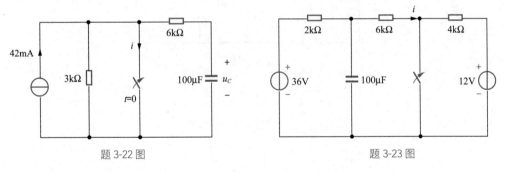

题 3-22 图　　　　　　　　　　　　题 3-23 图

3-24. 电路如题3-24图所示，当$t=0$时开关闭合，闭合前电路已达稳态。试求$i(t)$，$t \geq 0$。

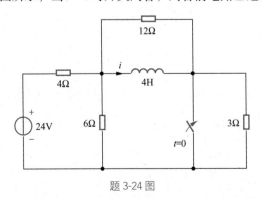

题 3-24 图

▶二阶电路的暂态分析相关习题

3-25. 电路如题 3-25 图所示。设开关 S 闭合前，电容电压和电感电流均为零。在 $t = 0$ 时，将开关 S 闭合，试求响应 u_C。

3-26. 题 3-26 图所示电路原处于稳态。在 $t = 0$ 时将开关 S 闭合，试求开关 S 闭合后电路所示的各电流和电压，并画出其变化曲线。（已知 $L = 2\text{H}$，$C = 0.125\text{F}$。）

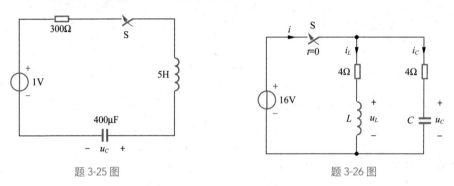

题 3-25 图   题 3-26 图

3-27. 电路如题 3-27 图所示。求开关 S 断开后的 u_C 和 i_L。

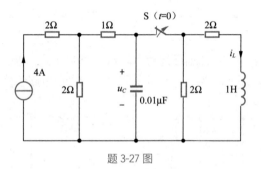

题 3-27 图

第 **4** 章

正弦交流电路分析

按正弦规律变化的电压或电流，称为正弦交流电，简称交流电。正弦交流电具有容易产生、传输经济、便于使用等特点。由于这些独特的优势，正弦交流电在工农业生产和日常生活中有广泛的应用。本章首先介绍正弦交流电的基本概念、相量表示，然后讨论正弦交流电路的相量分析方法，运用相量法对正弦交流电路（由单一参数电路到复合电路）进行分析，主要计算正弦交流电路中电压、电流、功率。此外，本章对功率因数提高和谐振电路进行了探讨。对于本章中所讨论的正弦交流电路的一些基本概念、基本理论和基本分析方法，读者应牢固地掌握，并能灵活运用，为后面学习交流电动机、变压器及电子电路技术奠定理论基础。

学习目标

- 掌握正弦交流电的概念，准确理解正弦交流电三要素、相位差、有效值的定义及表达式。
- 掌握正弦交流电相量表示法。
- 在理解单一参数正弦交流电路特点、掌握其相量计算方法的基础上，熟练掌握复合正弦交流电路的相量分析方法。
- 理解正弦交流电路的不同功率之间的关系，掌握其计算方法。
- 理解提高功率因数的意义，掌握提高功率因数的方法。
- 理解谐振的意义和条件。

4.1 正弦交流电的基本概念

在现代工农业生产和日常生活中，人们广泛地使用着交流电。交流电是指大小和方向都随时间周期性变化且在一个周期内其平均值为零（在一个周期内正负半周的面积相等）的电压或电流。

交流电中的正弦交流电有着广泛的应用。我国的工业电力网采用的就是50Hz的正弦交流电（简称工频交流电），因为它有以下优点：

（1）可以利用变压器升压或降压，便于电能的远距离输送；

（2）交流电动机结构简单、成本低、电磁噪声小、使用维护方便；

（3）可以通过整流将交流电变为直流电，供直流设备应用。

4.1.1 正弦交流电的产生

图4-1所示为几种交流电压的波形图。

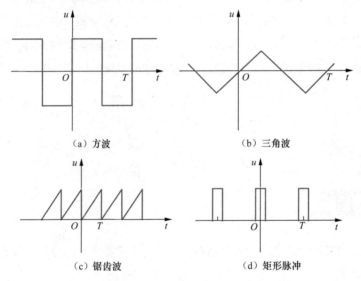

（a）方波　　　　　　　　　　（b）三角波

（c）锯齿波　　　　　　　　　　（d）矩形脉冲

图 4-1　交流电压波形图

在图4-1中，电压的大小和方向随时间按一定规律周期性变化。在交流电中应用最广泛的是正弦交流电，其电压、电流是随时间按正弦规律周期性变化的，统称正弦量。由于交流电的大小和方向都是随时间不断变化的，因此分析和计算交流电路比直流电路复杂。

在电力系统中，交流电是由交流发电机产生的；在信号系统中，交流电是由振荡电路产生的。交流发电机模型如图4-2所示，它由静止部分和转动部分组成。静止部分称为定子，由硅钢片和线圈组成，用以产生均匀的磁场。转动部分称为转子，由线圈和滑环组成。转子上的线圈在均匀磁场中转动产生的感应电动势，通过滑环与负载连接形成电流。

线圈在磁场中转动，切割磁力线，在时刻t，线圈中产生的感应电动势为$E = E_{\mathrm{m}} \sin \omega t$。

线圈在只有一对磁极（一个N极和一个S极称一对磁极）的磁场中转动一周，感应电动势按正弦规律完成一次变化。

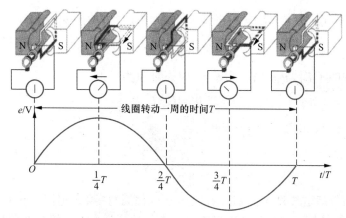

图 4-2 交流发电机模型

正弦量可用三角函数式表示，以正弦电流为例，其瞬时值表达式为

$$i = I_{\mathrm{m}} \sin(\omega t + \varphi_i)$$

其波形如图 4-3 所示（$\varphi_i \geqslant 0$），图中横轴表示 ωt。正弦电流波形图中横轴也可表示 t。

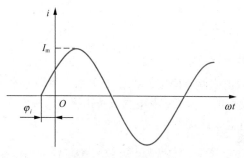

图 4-3 正弦电流波形图

其中，小写字母 i 表示电流的瞬时值，I_{m} 为最大值（幅值）、ω 为角频率、φ_i 为初相。

4.1.2 正弦交流电的三要素

幅值、角频率、初相分别表征正弦量变化的大小、快慢和初始值。它们是确定一个正弦量的 3 个要素。下面分别对它们进行讨论。

1. 幅值

正弦交流电流的波形如图 4-3 所示。图中的 I_{m} 为电流幅值，又称最大值，用下标为 m 的大写英文字母表示。例如，U_{m}、I_{m} 分别表示正弦电压、正弦电流的幅值。正弦量的瞬时值表达式中的系数就是幅值，它是与时间无关的定值。

正弦量的瞬时值是随时间而变化的，不便于用它表示正弦量的大小。因此，在工程上常用有效值来衡量正弦交流电的大小。有效值用大写字母表示，如 I 和 U，与直流量的形式相同。

交流电的有效值是根据它的热效应确定的。若某一交流电与某一直流电在相等的时间内通过同一电阻产生的热量相等，则称该交流电与直流电热效应相当。

有效值的定义：以交流电流为例，当某一交流电流和一直流电流分别通过同一电阻 R 时，如果在一个周期 T 内产生的热量相等，那么这个直流电流 I 的数值就称为交流电流的有效值。

正弦交流电流 $i = I_m \sin(\omega t + \varphi_i)$ 一个周期内在电阻 R 上产生的能量为

$$W = \int_0^T i^2 R \mathrm{d}t$$

直流电流 I 在相同时间 T 内，在电阻 R 上产生的能量为

$$W = I^2 RT$$

根据有效值的定义，由 $I^2 RT = \int_0^T i^2 R \mathrm{d}t$ 得

$$I = \sqrt{\frac{1}{T} \int_0^T i^2 \mathrm{d}t} \tag{4-1}$$

式（4-1）为有效值定义的数学表达式，适用于任何周期变化的电流、电压。

正弦电流的有效值等于其瞬时电流值 i 的平方在一个周期内积分的平均值再取平方根，所以有效值又称为均方根值。

将正弦交流电流 $i = I_m \sin(\omega t + \varphi_i)$ 代入式（4-1）得

$$I = \sqrt{\frac{1}{T} \int_0^T I_m^2 \sin^2(\omega t + \varphi_i) \mathrm{d}t} = \sqrt{\frac{1}{T} \int_0^T I_m^2 \left[\frac{1}{2} - \cos 2(\omega t + \varphi_i) \right] \mathrm{d}t} = \frac{1}{\sqrt{2}} I_m \approx 0.707 I_m \tag{4-2}$$

同理得

$$U = \frac{1}{\sqrt{2}} U_m \approx 0.707 U_m \tag{4-3}$$

正弦量的最大值与有效值之间有固定的 $\sqrt{2}$ 倍的关系。我们通常所说的交流电的数值都是指有效值。交流电压表、电流表的表盘读数及电气设备铭牌上所标的电压、电流也都是有效值。用有效值表示正弦电流的瞬时值表达式为

$$i = \sqrt{2} I \sin(\omega t + \varphi_i)$$

例题 4-1

问题　一个正弦电压的初相为 45°，最大值为 537V，角频率 $\omega = 314 \mathrm{rad/s}$，试求它的有效值、瞬时值表达式，并求 $t = 0.03\mathrm{s}$ 时的瞬时值。

解答　$U_m = 537\mathrm{V}$，所以其有效值为

$$U = \frac{U_m}{\sqrt{2}} = \frac{537}{\sqrt{2}} \approx 380\mathrm{V}$$

则电压的瞬时值表达式为

$$u = 380\sqrt{2} \sin\left(314t + \frac{\pi}{4}\right) \mathrm{V}$$

$t = 0.03\mathrm{s}$ 时，将 $t = 0.03$ 代入上式得

$$u = 380\sqrt{2} \sin\left(314 \times 0.03 + \frac{\pi}{4}\right) \approx 16.2\mathrm{V}$$

一般所讲的正弦电压或电流的大小，如我国交流三相负载电压 380V，照明电压 220V，380V和 220V 都是有效值。

2. 角频率

从正弦量瞬时值表达可以看出，正弦量随时间变化的部分是式中的$(\omega t + \varphi)$，它反映了正弦电压和电流随时间t变化的进程，称为正弦量的相位。ω就是相位随时间变化的速度，即

$$\frac{\mathrm{d}(\omega t + \varphi)}{\mathrm{d}t} = \omega$$

单位是弧度/秒（rad/s）。

正弦量随时间变化正、负一周所需要的时间T称为周期，单位是秒（s）。单位时间内正弦量重复变化一周的次数f，称为频率，$f = \dfrac{1}{T}$，单位是赫兹（Hz）。正弦量变化一周，相当于正弦函数变化2π弧度的电角度，正弦量的角频率ω就是单位时间变化的弧度数，即

$$\omega = \frac{2\pi}{T} = 2\pi f$$

上式就是角频率ω与周期T和频率f的关系式。

3. 初相

正弦量瞬时值表达式中的$(\omega t + \varphi_u)$或$(\omega t + \varphi_i)$为电压或电流正弦量的相位角，简称相位。φ_u、φ_i称为初相，单位为弧度（rad），初相反映了正弦量在计时起点（即$t = 0$）所处的状态。一般规定初相在$-\pi \sim \pi$范围内，初相在纵轴的左边时，为正角，取$0 \leqslant \varphi \leqslant \pi$；初相在纵轴的右边时，为负角，取$-\pi \leqslant \varphi \leqslant 0$。

例题 4-2

问题　试计算正弦量$5\sin(314t + 30°)$的周期、频率和初相。

解答　周期$T = \dfrac{2\pi}{\omega} = \dfrac{2\pi}{314} \approx 0.02\mathrm{s}$

　　　　频率$f = \dfrac{1}{T} = \dfrac{1}{0.02} = 50\mathrm{Hz}$

　　　　初相$\varphi = 30°$

在分析和计算正弦电路时，电路中常引用"相位差"的概念描述两个同频率正弦量之间的相位关系，两个同频率正弦量相位之差，称为相位差，用φ表示。例如，设电流、电压分别为$i = I_m \sin(\omega t + \varphi_i)$，$u = U_m \sin(\omega t + \varphi_u)$，则电压与电流的相位差为

$$\varphi_{ui} = (\omega t + \varphi_u) - (\omega t + \varphi_i) = \varphi_u - \varphi_i$$

可见，同频率正弦量的相位差始终不变，它等于两个正弦量初相之差。相位差取值为$|\varphi_{ui}| \leqslant \pi$。

若$\varphi_{ui} > 0$，则电压u超前电流i，相位差大小为φ_{ui}，如图4-4（a）所示。

若$\varphi_{ui} < 0$，则电压u滞后电流i，相位差大小为$-\varphi_{ui}$，如图4-4（b）所示。

若$\varphi_{ui} = 0$，则电压u与电流i同相，如图4-4（c）所示。

若$\varphi_{ui} = \pm\pi$，则称电压u与电流i反相，如图4-4（d）所示。

当两个同频率正弦量的计时起点改变时，它们的初相也随之改变，但两者之间的相位差却保持不变。对于两个频率不相同的正弦量，其相位差随时间变化，不再是常量。需要指出，只有两个同频率正弦量之间的相位差才有意义。

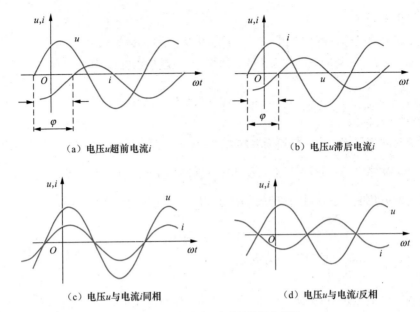

(a) 电压 u 超前电流 i (b) 电压 u 滞后电流 i

(c) 电压 u 与电流 i 同相   (d) 电压 u 与电流 i 反相

图 4-4　同频率电压与电流的相位关系

例题 4-3

问题　有两个正弦电流分别为 $i_1(t) = 100\sqrt{2}\sin(\omega t + 30°)\mathrm{A}$，$i_2(t) = 50\sqrt{2}\sin(\omega t - 30°)\mathrm{A}$，问：两个电流的相位关系如何？

解答　$\varphi_{12} = \varphi_1 - \varphi_2 = 30° - (-30°) = 60°$（符合取值范围 $|\varphi| \leq \pi$）

即 i_1 相位超前 i_2 相位 $60°$。

4.2 正弦交流电的相量表示和复数运算

如 4.1 节所述，正弦量有幅值、角频率及初相 3 个要素，可以用瞬时值表达式或波形图表示一个正弦量。在交流电路的分析和计算中，常需对频率相同的正弦量进行加减或乘除运算，采用瞬时值表达式或波形图运算都不够方便。因此，正弦交流电常用相量表示，以便将三角函数的烦琐运算简化成复数形式的代数运算。

4.2.1 正弦量的相量表示

如图 4-5 所示，左侧为正弦交流电用旋转矢量表示。在直角坐标系中，取正弦量的最大值 I_{m}（也可以用有效值）作为旋转矢量的长度，矢量的起始位置与 x 轴正方向的夹角为正弦交流电的初相 φ_0，旋转角速度为正弦交流电的角频率 ω，矢量以逆时针方向绕坐标原点旋转。在任意时刻，旋转矢量在 y 轴的投影等于该时刻正弦交流电的瞬时值，与 x 轴正方向的夹角等于正弦交流电相位 $\omega t + \varphi_0$。

图 4-5 右侧为该正弦交流电的波形图，可见旋转矢量和波形图有一一对应的关系，即用旋转

AR 交互动画

以人随地球旋转解释相量的定义

矢量也可以完全表明交流电的三要素。

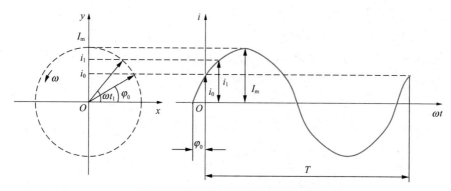

图 4-5　正弦交流电的旋转矢量与波形图

当有两个（或多个）同频率的正弦交流电用旋转矢量表示时，由于它们的角频率 ω 相同，它们的相位差不变（也就是在任意时刻两旋转矢量的相对位置是不变的，类似于自行车车轮上的辐条，无论走多远，两辐条之间的相对位置不变），因此，研究这两个（或多个）同频率的旋转矢量时，就可以不考虑旋转角频率 ω，而只研究它们在初相时的关系。这些旋转矢量用大写英文字母上面加点表示，称为相量，如果相量长度等于最大值则称为最大值相量，符号为 $\dot{U}_m$、$\dot{I}_m$。由

于正弦量的大小通常是用有效值表示的，且 $I = \dfrac{I_m}{\sqrt{2}}$，故正弦量也可用

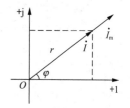

长度等于正弦量的有效值、初始角等于正弦量的初相的固定矢量来表示，我们称之为有效值相量，用符号 $\dot{U}$、$\dot{I}$ 表示，如图 4-6 所示。

必须指出，正弦量可以用相量表示，但相量不等于正弦量，如 $\dot{U}_m = U\angle\varphi_u \neq U_m\sin(\omega t + \varphi_u)$。另外，只有同频率的正弦量才可以画在同一张相量图中。应注意区分 i、I_m、I、$\dot{I}_m$、$\dot{I}$（或 u、U_m、U、$\dot{U}_m$、$\dot{U}$）5 种符号的不同含义。

图 4-6　最大值相量与有效
值相量

例题 4-4

问题　已知 $i = 141.4\sin(314t + 15°)\text{A}$，$u = 311.1\sin(314t - 45°)\text{V}$，用相量表示 i、u。

解答　要将电流、电压的瞬时值表达式形式转换为相量形式（这里指有效值相量），需要知道有效值和初相。

由 $i = 141.4\sin(314t + 15°)\text{A}$，可知有效值为

$$I = \frac{I_m}{\sqrt{2}} = \frac{141.4}{\sqrt{2}} = 100\text{A}$$

初相为 $\varphi_i = 15°$。

因此 $\dot{I} = 100\angle 15°\text{A}$，同理可得 $\dot{U} = 220\angle -45°\text{V}$。

4.2.2　相量的复数运算

复平面中的任一矢量都可以用复数来表示，因而相量也可以用复数来表示。图 4-7 所示的复

平面上的矢量 A，长度为 r，与实轴正方向的夹角为 φ，在实轴上的投影为 a，在虚轴上的投影为 b，由图 4-7 可得复数的代数式 $A = a + jb$，转化为三角函数形式为 $A = r(\cos\varphi + j\sin\varphi)$。

根据欧拉公式 $e^{j\varphi} = \cos\varphi + j\sin\varphi$，将复数的三角函数形式转化为指数形式 $A = re^{j\varphi}$，代数式为 $A = a + jb = r\cos\varphi + jr\sin\varphi$，极坐标形式为 $A = r\angle\varphi$。

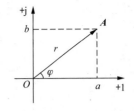

图 4-7　复平面上的矢量 A

a、b、r、φ 之间的换算关系为

$$a = r\cos\varphi, \quad b = r\sin\varphi$$

$$r = \sqrt{a^2 + b^2}$$

$$\varphi = \arctan\frac{b}{a}$$

利用这些换算关系可在多种表达式之间进行转换。一般来说，两复数的加减运算使用代数式较为方便，它们的实部与实部相加减，虚部与虚部相加减；两复数的乘除运算常使用极坐标式计算，两复数的模相乘除，辐角相加减。

例如，$A_1 = a_1 + jb_1$，$A_2 = a_2 + jb_2$，则 $A_1 \pm A_2 = (a_1 \pm a_2) + j(b_1 \pm b_2)$。也可以按平行四边形法则在复平面上作图求矢量，如图 4-8 所示。

两个复数进行乘除运算时，可将其化为指数形式或极坐标形式来进行计算。

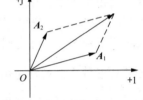

图 4-8　运用平行四边形法则进行复数求和

如将两个复数 $A_1 = a_1 + jb_1 = r_1\angle\varphi_1$，$A_2 = a_2 + jb_2 = r_2\angle\varphi_2$ 相除得

$$\frac{A_1}{A_2} = \frac{r_1\angle\varphi_1}{r_2\angle\varphi_2} = \frac{|r_1|}{|r_2|}\angle(\varphi_1 - \varphi_2)$$

又如将复数 $A_1 = re^{j\varphi}$ 乘以另一个复数 $e^{j\omega t}$，则得 $A_2 = re^{j\varphi}e^{j\omega t} = re^{j(\omega t + \varphi)}$，其中 $j = \sqrt{-1}$ 是虚数的单位，其极坐标形式为 $j = 1\angle 90°$，同理 $-j = 1\angle -90°$。

在复数运算中，当一个复数乘以 j 时，其模不变，辐角增大 $90°$，而当一个复数除以 j（或乘以 $-j$）时，其模不变，辐角减少 $90°$。因此 j 称为旋转因子，是旋转 $90°$ 的算符，即任意一个相量乘以 $\pm j$ 后，可使其旋转 $\pm 90°$。

例题 4-5

问题　已知 $i_1 = 6\sqrt{2}\sin\omega t\text{A}$，$i_2 = 8\sqrt{2}\sin(\omega t + 90°)\text{A}$，求：（1）$i = i_1 + i_2$；（2）$i = i_1 \cdot i_2$。

解答

（1）$\dot{I}_1 = 6\angle 0°\text{A}$，$\dot{I}_2 = 8\angle 90°\text{A}$

$\quad\quad \dot{I} = \dot{I}_1 + \dot{I}_2 = 6\angle 0° + 8\angle 90° = 10\angle 53.1°\text{A}$

$\quad\quad i = i_1 + i_2 = 10\sqrt{2}\sin(\omega t + 53.1°)\text{A}$

（2）$\dot{I}_1 = 6\angle 0°\text{A}$，$\dot{I}_2 = 8\angle 90°\text{A}$

$\quad\quad \dot{I} = \dot{I}_1 \cdot \dot{I}_2 = 6 \times 8\angle(0° + 90°) = 48\angle 90°\text{A}$

$\quad\quad i = i_1 \cdot i_2 = 48\sqrt{2}\sin(\omega t + 90°)\text{A}$

注意：相量只能表示正弦量，而不能等于正弦量。只有正弦周期量才能用相量表示；只有同频率的正弦量才能画在同一相量图上，倘若将不同频率的正弦量画在一起是无法进行比较与计算的。

4.3　单一电阻、电容、电感元件的正弦交流电路分析

电阻、电感和电容是组成电路的基本元件，本节分别对单一元件的交流电路的电流与电压的关系、阻抗与功率进行分析，将所得到的结果应用于复合交流电路中的具体问题的分析、计算。

4.3.1　纯电阻元件的正弦交流电路分析

1. 电压与电流关系

图4-9（a）所示电阻电路中，为了方便，以i为参考相量。

$$i = I_m \sin \omega t$$

$$u = Ri = RI_m \sin \omega t = U_m \sin \omega t$$

可见u与i不但是同频率的正弦量，而且u、i同相，其波形如图4-9（b）所示。

电阻的电压与电流之间的关系如下。

（1）大小关系

$$U_m = RI_m \tag{4-4}$$

$$U = RI \tag{4-5}$$

（2）相位关系

$$\varphi_u = \varphi_i \tag{4-6}$$

（3）相量关系

$$\dot{I} = I\angle 0° , \quad \dot{U} = U\angle 0° = RI\angle 0°$$

即 $\dot{U} = R\dot{I}$ 或 $\dot{I} = G\dot{U}$。

其相量图如图4-10（a）所示，图4-10（b）所示为电阻的相量模型。

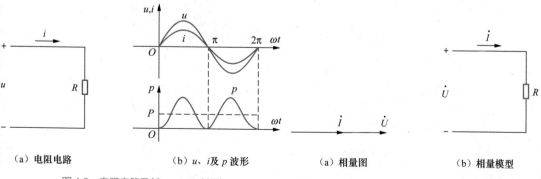

| （a）电阻电路 | （b）u、i及p波形 | （a）相量图 | （b）相量模型 |

图4-9　电阻电路及其u、i、p波形　　　　图4-10　电阻的电压、电流相量图和相量模型

2. 功率

（1）瞬时功率

瞬时功率指的是元件上瞬时电压与瞬时电流的乘积。

$$p = ui = U_m I_m \sin^2 \omega t = \frac{U_m I_m}{2}(1 - \cos 2\omega t) = UI(1 - \cos 2\omega t) \quad （4\text{-}7）$$

其波形如图4-9（b）所示。可见p总为正值，电阻总是吸收能量，将电能转换为热能，所以电阻是耗能元件。

（2）平均功率

电路在一个周期内消耗电能的平均值，即瞬时功率在一个周期内的平均值，称为平均功率，又称为有功功率，用大写字母P表示，即

$$P = \frac{1}{T}\int_0^T p\,\mathrm{d}t \quad （4\text{-}8）$$

电阻元件的平均功率为

$$P = \frac{1}{T}\int_0^T UI(1 - \cos 2\omega t)\mathrm{d}t = UI = I^2 R = \frac{U^2}{R} \quad （4\text{-}9）$$

结论：在电阻元件的交流电路中，电流和电压是同相的；电压的幅值（或有效值）与电流的幅值（或有效值）的比值，就是电阻R。

4.3.2 纯电感元件的正弦交流电路分析

1. 电压与电流关系

图4-11（a）所示的电感电路中，设

$$i = I_m \sin \omega t$$

根据电感特性可知

$$u = L\frac{\mathrm{d}i}{\mathrm{d}t} = L\frac{\mathrm{d}(I_m \sin \varphi t)}{\mathrm{d}t} = \omega L I_m \cos \omega t = \omega L I_m \sin(\omega t + 90°) \quad （4\text{-}10）$$

可见其u与i是同频率的正弦量，且u比i超前$90°$，其波形如图4-11（b）所示。

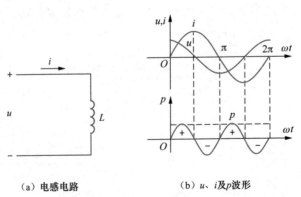

（a）电感电路　　　（b）u、i及p波形

图 4-11　电感电路及其 u、i、p 波形

由式（4-10）可得电感电压与电流之间的关系如下。

（1）大小关系

$$U_m = \omega L I_m$$

$$\frac{U_m}{I_m} = \frac{U}{I} = \omega L = X_L \qquad (4\text{-}11)$$

式（4-11）中X_L为电压有效值与电流有效值之比，称为感抗，单位为Ω。

$$X_L = \omega L = 2\pi f L \qquad (4\text{-}12)$$

可见电感对交流电流有阻碍作用，频率越高，则感抗越大，其阻碍作用越强。在直流电路中$f = 0$，$X_L = 0$，电感可视为短路。

感抗X_L的倒数又称为感纳B_L，即

$$B_L = \frac{1}{X_L} = \frac{1}{\omega L}$$

（2）相位关系

$$\varphi_u = \varphi_i + 90° \qquad (4\text{-}13)$$

（3）相量关系

由$\dot{I} = I\angle 0°$，得

$$\dot{U} = UI\angle 90° = \omega L I\angle(0° + 90°)$$
$$= \omega L I\angle 0° \cdot 1\angle 90° = \text{j}\omega L\dot{I}$$

即

$$\frac{\dot{U}}{\dot{I}} = \text{j}\omega L = \text{j}X_L \quad \text{或} \quad \frac{\dot{I}}{\dot{U}} = \frac{1}{\text{j}\omega L} = -\text{j}B_L \quad (4\text{-}14)$$

电感的电压与电流的相量图如图4-12（a）所示，图4-12（b）所示为电感的相量模型。

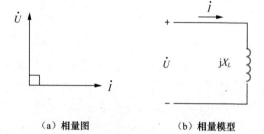

（a）相量图　　　（b）相量模型

图 4-12　电感的电压、电流相量图和相量模型

2. 功率

（1）瞬时功率

瞬时功率与电压、电流的关系为

$$p = ui = U_m \sin(\omega t + 90°) \cdot I_m \sin\omega t = U_m I_m \sin\omega t \cos\omega t = \frac{1}{2} U_m I_m \sin 2\omega t = UI \sin 2\omega t \qquad (4\text{-}15)$$

其波形曲线如图4-11（b）所示。当$|i|$增大时，$p > 0$，电感从电源吸收能量，磁场能量增加，电能转变为磁场能量；当$|i|$减小时，$p < 0$，电感释放能量，磁场能量减小，磁场能量转变为电能。

（2）平均功率

$$P = \frac{1}{T}\int_0^T UI\sin 2\omega t \, \text{d}t = 0 \qquad (4\text{-}16)$$

可见电感元件不消耗能量，只与电源交换能量，是储能元件。

（3）无功功率

为了衡量电感元件与电源交换能量的规模大小，将瞬时功率的最大值定义为无功功率Q。

$$Q = UI = I^2 X_L = \frac{U^2}{X_L} \qquad (4\text{-}17)$$

为了与有功功率区别，其单位用乏（Var）或千乏（kVar）。

例题 4-6

问题 图 4-11（a）所示电路中，已知 $u = 200\sqrt{2}\sin(\omega t + 60°)\text{V}$，$L = 0.318\text{H}$。求：（1）$f = 50\text{Hz}$ 时，电流 i 和无功功率 Q；（2）$f = 500\text{Hz}$ 时，电流 i。

解答 （1）$f = 50\text{Hz}$ 时

$$X_L = \omega L = 2\pi f L \approx 2 \times 3.14 \times 50 \times 0.318 \approx 100\,\Omega$$

$$\dot{I} = \frac{\dot{U}}{jX_L} = \frac{200\angle 60°}{j100} = 2\angle -30°\,\text{A}$$

$$i = 2\sqrt{2}\sin(314t - 30°)\,\text{A}$$

$$Q = UI = 200 \times 2 = 400\,\text{Var}$$

（2）$f = 500\text{Hz}$ 时

$$X_L = 2\pi f L \approx 1000\,\Omega$$

$$\dot{I} = \frac{\dot{U}}{jX_L} = \frac{200\angle 60°}{j1000} = 0.2\angle -30°\,\text{A}$$

$$i = 0.2\sqrt{2}\sin(3140t - 30°)\,\text{A}$$

结论：电感元件交流电路中，u 比 i 超前 90°；电压有效值等于电流有效值与感抗的乘积；平均功率为零，但存在着电源与电感元件之间的能量交换，所以瞬时功率不为零。为了衡量这种能量交换的规模，取瞬时功率的最大值，即电压和电流有效值的乘积，为无功功率。

4.3.3 纯电容元件的正弦交流电路分析

1. 电压与电流关系

图 4-13（a）所示的电容电路中，设

$$u = U_m \sin \omega t$$

根据电容瞬态响应

$$i = C\frac{\mathrm{d}u}{\mathrm{d}t} = C\frac{\mathrm{d}(U_m \sin \omega t)}{\mathrm{d}t} = \omega C U_m \cos \omega t = \omega C U_m \sin(\omega t + 90°) \tag{4-18}$$

可见其 u 与 i 是同频率的正弦量，且 i 比 u 超前 90°，波形如图 4-13（b）所示。

由式（4-18）可得电容电压与电流之间关系如下。

（1）大小关系

$$I_m = \omega C U_m \tag{4-19}$$

$$\frac{I_m}{U_m} = \frac{I}{U} = \omega C = B_C \tag{4-20}$$

或

$$\frac{U}{I} = \frac{1}{\omega C} = X_C \tag{4-21}$$

式（4-21）中X_C为电压与电流有效值之比，称为容抗，单位为Ω。

$$X_C = \frac{1}{\omega C} = \frac{1}{2\pi f C} \quad （4-22）$$

可见电容对交流电流有阻碍作用，频率越低，则容抗越大，其阻碍作用越强。在直流电路中$f = 0$，$X_C = \infty$，电容可视为开路。

容抗X_C的倒数B_C称为容纳。

（2）相位关系

$$\varphi_i = \varphi_u + 90°$$

（3）相量关系

由$\dot{U} = U\angle 0°$，有

$$\dot{I} = I\angle 90° = \omega CU \angle(0° + 90°) = \omega CU \angle 0° \cdot 1\angle 90° = \mathrm{j}\omega C\dot{U} \quad （4-23）$$

即

$$\frac{\dot{I}}{\dot{U}} = \mathrm{j}\omega C = \mathrm{j}B_C \quad 或 \quad \frac{\dot{U}}{\dot{I}} = \frac{1}{\mathrm{j}\omega C} = -\mathrm{j}X_C \quad （4-24）$$

电容的电压与电流相量图如图4-14（a）所示，图4-14（b）所示为电容的相量模型。

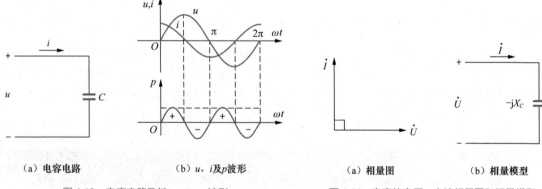

| （a）电容电路 | （b）u、i及p波形 | （a）相量图 | （b）相量模型 |

图 4-13　电容电路及其u、i、p波形　　　　图 4-14　电容的电压、电流相量图和相量模型

2. 功率

（1）瞬时功率

瞬时功率与电压、电流的关系为

$$p = ui = U_\mathrm{m}\sin\omega t \cdot I_\mathrm{m}\sin(\omega t + 90°) = U_\mathrm{m}I_\mathrm{m}\sin\omega t\cos\omega t = \frac{1}{2}U_\mathrm{m}I_\mathrm{m}\sin 2\omega t = UI\sin 2\omega t \quad （4-25）$$

其波形曲线如图4-13（b）所示。当$|u|$增大时，$p>0$，电容从电源吸收能量，电场能量增加，电能转变为电场能量；当$|u|$减小时，$p<0$，电容释放能量，电场能量减小，电场能量转变为电能。

（2）平均功率

$$P = \frac{1}{T}\int_0^T UI\sin 2\omega t \mathrm{d}t = 0 \quad （4-26）$$

可见电容元件不消耗能量，只与电源交换能量，是储能元件。

（3）无功功率

为了同电感元件电路的无功功率相比较，也设$i = I_\mathrm{m}\sin\omega t$，则

$$u = U_m \sin(\omega t - 90°)$$

于是

$$p = ui = -UI \sin 2\omega t$$

由此可得电容的无功功率为

$$Q = -UI = -I^2 X_C = -\frac{U^2}{X_C} = -U^2 B_C \qquad (4\text{-}27)$$

即电容的无功功率取负值，以示区别。

例题 4-7

问题　图4-13（a）所示电路中，已知 $u = 200\sqrt{2}\sin(314t + 30°)\text{V}$，$C = 31.8\mu\text{F}$。求：电流 i，无功功率 Q 和电容的最大储能 W_{Cm}。

解答　$B_C = \omega C = 314 \times 31.8 \times 10^{-6} \approx 1 \times 10^{-2}\text{S}$

$$\dot{I} = jB_C\dot{U} = 1 \times 10^{-2}\angle 90° \times 200\angle 30° = 2\angle 120°\text{A}$$

$$i = 2\sqrt{2}\sin(314t + 120°)\text{A}$$

$$Q = -UI = -200 \times 2 = -400\text{Var}$$

$$W_{Cm} = \frac{1}{2}CU_m^2 = \frac{1}{2} \times 31.8 \times 10^{-6} \times (200\sqrt{2})^2 \approx 1.27\text{J}$$

结论：在电容元件电路中，相位上电流比电压超前90°；电压的幅值（或有效值）与电流的幅值（或有效值）的比值为容抗 X_C；电容元件是储能元件，平均功率为零，瞬时功率的最大值（即电压和电流有效值的乘积）为无功功率，为了与电感元件区别，电容的无功功率取负值。

4.4　复合正弦交流电路分析

4.3节我们学习了单一电阻、电容、电感的正弦交流电路的分析方法，本节将对存在多种元件的复合电路进行分析，探讨求解方法。第2章讲解的直流电路的各种求解方法在正弦交流电路中同样适用。

4.4.1　复数阻抗

无源二端网络如图4-15左侧所示，在输入端角频率为 ω 的正弦电压（或正弦电流）激励下，因网络中是线性元件，端口的电流（或电压）将是同频率的正弦量。定义端口电压相量 $\dot{U}$ 与电流相量 $\dot{I}$ 的比值为该端口的复数阻抗，用大写字母 Z 表示，其图形符号如图4-15右侧所示。Z 是一个复数，而不是正弦量的相量。

按照定义得

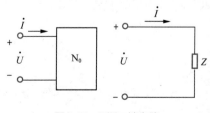

图 4-15　无源二端电路

$$Z = \frac{\dot{U}}{\dot{I}} = \frac{U \angle \varphi_u}{I \angle \varphi_i} = \frac{U}{I} \angle (\varphi_u - \varphi_i) = |Z| \angle \varphi_Z \tag{4-28}$$

$|Z|$为阻抗的模，等于电压有效值与电流有效值之比。$\varphi_Z = \varphi_u - \varphi_i$为阻抗角，即电路电压与电流的相位差。

可以用其他形式表示，如

$$Z = |Z| \cos \varphi_Z + \mathrm{j} |Z| \sin \varphi_Z = R + \mathrm{j}X$$

其中，$R = |Z| \cos \varphi_Z$，称为交流电阻，简称电阻；$X = |Z| \sin \varphi_Z$，称为交流电抗，简称电抗。依据上述阻抗的定义得R、L、C单个元件的复数阻抗分别为

$$\begin{aligned} Z_R &= R \\ Z_L &= \mathrm{j}\omega L \\ Z_C &= \frac{1}{\mathrm{j}\omega C} = -\mathrm{j}\frac{1}{\omega C} \end{aligned} \tag{4-29}$$

1. 复数形式的欧姆定律

无论是单一元件还是线性网络，其上的电压与电流满足以下的相量关系式，即

$$\dot{U} = \dot{I}Z \tag{4-30}$$

式（4-30）也称为相量形式的欧姆定律。复数导纳（简称导纳）定义为同一端口上电流相量$\dot{I}$与电压相量$\dot{U}$之比，单位是西门子（S）。它也是一个复数。

$$Y = \frac{\dot{I}}{\dot{U}} = \frac{I \angle \varphi_i}{U \angle \varphi_u} = \frac{I}{U} \angle (\varphi_i - \varphi_u) = |Y| \angle \varphi_Y = |Y|(\cos \varphi_Y + \mathrm{j}\sin \varphi_Y) \tag{4-31}$$

故

$$Y = G + \mathrm{j}B \tag{4-32}$$

式（4-31）、式（4-32）中，$|Y|$称为导纳模，等于电流有效值与电压有效值之比；φ_Y称为导纳角，是电流与电压的相位差；$G = |Y| \cos \varphi_Y$称为交流电导，简称电导；$B = |Y| \sin \varphi_Y$称为交流电纳，简称电纳；由导纳的定义得到R、L、C单个元件的复数导纳分别为

$$Y_R = \frac{1}{R} \tag{4-33}$$

$$Y_L = \frac{1}{\mathrm{j}\omega L} = -\mathrm{j}\frac{1}{\omega L} \tag{4-34}$$

$$Y_C = \mathrm{j}\omega C \tag{4-35}$$

由以上定义可知，同一端口的阻抗和导纳互为倒数，即

$$Z = \frac{1}{Y} \tag{4-36}$$

2. 关于基尔霍夫定律的相量形式

我们在第1章所学的KVL、KCL是普遍适用的定律，对于正弦交流电也是适用的，正弦交流电路中各支路电流、电压都是同频率的正弦量，因此可以用相量法将KCL和KVL转化为相量形式。

KCL指出：在电路中，任何时刻，任意节点的各支路电流瞬时值的代数和为零。KCL的瞬时值表达式为$\sum i = 0$。由于所有支路的电流都是同频率的正弦量，因此KCL的相量形式为

$$\sum \dot{I} = 0 \qquad\qquad (4\text{-}37)$$

同理，KVL 的相量形式为

$$\sum \dot{U} = 0 \qquad\qquad (4\text{-}38)$$

特别要注意的是，正弦电流、正弦电压的有效值一般都不满足基尔霍夫定律。

4.4.2　阻抗的串联和并联

串联阻抗符合分流定理。阻抗的串联电路如
图 4-16（a）所示。

阻抗的串联电路具有下列特点。

（1）同一电流 i 通过各个阻抗。

（2）总电压为

$$\dot{U} = \dot{U}_1 + \dot{U}_2 = \dot{I}(Z_1 + Z_2) = \dot{I}Z \qquad (4\text{-}39)$$

Z 为电路的等效阻抗，如图 4-16（b）所示。

（3）等效阻抗为

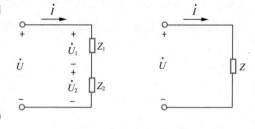

（a）阻抗串联　　（b）等效电路

图 4-16　阻抗串联及其等效电路

$$Z = Z_1 + Z_2 \qquad\qquad (4\text{-}40)$$

即等效阻抗等于各串联阻抗之和。一般几个阻抗串联时

$$Z = \sum Z_k = \sum R_k + \mathrm{j}\sum X_k = |Z| \angle \varphi \qquad (4\text{-}41)$$

$\sum X_k$ 中感抗 X_L 取正，容抗 X_C 取负。

$$|Z| = \sqrt{\left(\sum R_k\right)^2 + \left(\sum X_k\right)^2} \qquad (4\text{-}42)$$

$$\varphi = \arctan \frac{\sum X_k}{\sum R_k} \qquad\qquad (4\text{-}43)$$

（4）每个阻抗两端的电压用相量表示为

$$\dot{U}_1 = \frac{Z_1}{Z}\dot{U} \qquad\qquad \dot{U}_2 = \frac{Z_2}{Z}\dot{U} \qquad (4\text{-}44)$$

注意：一般 $\dot{U} \neq \dot{U}_1 + \dot{U}_2$，$|Z| \neq |Z_1| + |Z_2|$。

并联阻抗符合分流定理。阻抗的并联电路如图 4-17（a）所示。

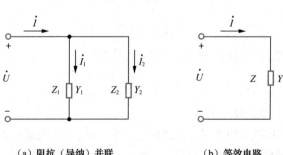

（a）阻抗（导纳）并联　　（b）等效电路

图 4-17　阻抗（导纳）并联及其等效电路

阻抗的并联电路，采用导纳并联分析比较方便，设

$$Y_1 = \frac{1}{Z_1}, \quad Y_2 = \frac{1}{Z_2}$$

由于阻抗的串联电路与导纳的并联电路也互为对偶电路，根据对偶规则，容易推知该电路具有以下特点。

（1）各导纳两端的电压是同一电压$\dot{U}$。

（2）总电流为

$$\dot{I} = \dot{I}_1 + \dot{I}_2 = \dot{U}\left(\frac{1}{Z_1} + \frac{1}{Z_2}\right) = \dot{U}(Y_1 + Y_2) = \dot{U}Y \tag{4-45}$$

Y为电路的等效导纳，如图4-17（b）所示。

（3）等效导纳为

$$Y = Y_1 + Y_2 \tag{4-46}$$

即等效导纳等于并联导纳之和，一般几个导纳并联时，采用

$$Y = \sum Y_k = \sum G_k + j\sum B_k = |Y| \angle \theta \tag{4-47}$$

其中，$\sum B_k$中容纳B_C取正，感纳B_L取负。

$$|Y| = \sqrt{\left(\sum G_k\right)^2 + \left(\sum B_k\right)^2} \tag{4-48}$$

$$\theta = \arctan \frac{\sum B_k}{\sum G_k} \tag{4-49}$$

（4）每个导纳中的电流为

$$\dot{I}_1 = \frac{Y_1}{Y}\dot{I} \tag{4-50}$$

$$\dot{I}_2 = \frac{Y_2}{Y}\dot{I} \tag{4-51}$$

注意：一般$I \neq I_1 + I_2$，$|Y| \neq |Y_1| + |Y_2|$。

例题 4-8

问题　图4-18所示电路中，已知$R_1 = 3\Omega$，$X_L = 4\Omega$，$R_2 = 8\Omega$，$X_C = 6\Omega$，$\dot{U} = 220\angle 0°\text{V}$，试求电路中的电流$\dot{I}_1$、$\dot{I}_2$和$\dot{I}$。

解答

$$Z_1 = R_1 + jX_L = 3 + j4 \approx 5\angle 53°\,\Omega$$

$$Z_2 = R_2 - jX_C = 8 - j6 \approx 10\angle -37°\,\Omega$$

$$Y_1 = \frac{1}{Z_1} \approx \frac{1}{5\angle 53°} = 0.2\angle -53°\,\text{S}$$

$$Y_2 = \frac{1}{Z_2} \approx \frac{1}{10\angle -37°} = 0.1\angle 37°\,\text{S}$$

$$Y = Y_1 + Y_2 \approx 0.2\angle -53° + 0.1\angle 37° \approx 0.324\angle -26.5°\,\text{S}$$

$$\dot{I}_1 = \dot{U}Y_1 \approx 220\angle 0° \times 0.2\angle -53° = 44\angle -53°\,\text{A}$$

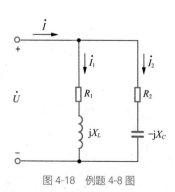

图 4-18　例题 4-8 图

$$\dot{I}_2 = \dot{U} Y_2 \approx 220\angle 0° \times 0.1\angle 37° = 22\angle 37°\text{A}$$

$$\dot{I} = \dot{U} Y \approx 220\angle 0° \times 0.324\angle -26.5° \approx 49.2\angle -26.5°\text{A}$$

$$i \approx 49.2\sqrt{2}\sin(\omega t - 26.5°)\text{A}$$

例题4-9

问题 图4-19（a）所示电路中，已知 $L_1 = \dfrac{1}{3}$H，$L_2 = \dfrac{5}{6}$H，$C = \dfrac{1}{3}$F，$R = 2\Omega$，

$i = \sin(3t + 45°)$A，求电路的等效阻抗 Z 和电压 u。

例题4-9讲解

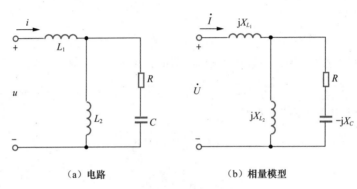

（a）电路　　　　　　　（b）相量模型

图 4-19　例题 4-9 图

解答 先画出电路的相量模型，如图4-19（b）所示。

$$Z_1 = jX_{L_1} = j\omega L_1 = j3 \times \frac{1}{3} = j\Omega$$

$$Z_2 = jX_{L_2} = j\omega L_2 = j3 \times \frac{5}{6} = j\frac{5}{2}\Omega$$

$$Z_3 = R - jX_C = 2 - j\frac{1}{3 \times \frac{1}{3}} = (2-j)\Omega$$

$$\dot{I} = \frac{1}{\sqrt{2}}\angle 45°\text{A}$$

两并联电路的等效导纳为

$$Y_{23} = Y_2 + Y_3 = \frac{1}{j\frac{5}{2}} + \frac{1}{2-j} = \frac{1}{5}(2-j)\Omega$$

$$Z_{23} = \frac{1}{Y_{23}} = \frac{1}{\frac{1}{5}(2-j)} = (2+j)\Omega$$

电路的等效阻抗为

$$Z = Z_1 + Z_{23} = j + (2+j) = 2 + 2j = 2\sqrt{2}\angle 45°\Omega$$

则

$$\dot{U} = \dot{I}Z = \frac{1}{\sqrt{2}}\angle 45° \times 2\sqrt{2}\angle 45° = 2\angle 90°\text{V}$$

$$u = 2\sqrt{2}\sin(3t + 90°)\text{V}$$

下面分析电阻、电感、电容元件串联和并联的交流电路，进一步理解阻抗的串、并联，探讨复合交流电路的性质和相量分析方法。

1. R、L、C 串联的正弦交流电路

电阻、电感和电容元件串联的交流电路如图4-20（a）所示，图4-20（b）所示是它的相量模型。设 $i = I_m \sin\omega t$，即以 $\dot{I}$ 为参考相量。

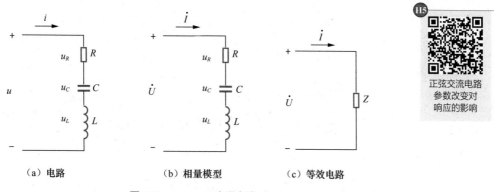

|（a）电路|（b）相量模型|（c）等效电路|

图 4-20　R、L、C 串联电路

（1）电压与电流关系

根据 KVL 有

$$u = u_R + u_L + u_C$$

用相量表示，则

$$\dot{U} = \dot{U}_R + \dot{U}_L + \dot{U}_C = R\dot{I} + jX_L\dot{I} - jX_C\dot{I} = \dot{I}[R + j(X_L - X_C)] = \dot{I}(R + jX) = \dot{I}Z \quad （4\text{-}52）$$

式（4-52）中，$X = X_L - X_C$ 称为电抗，Z 则称为电路的等效阻抗。等效电路如图4-20（c）所示。

$$Z = |Z| \angle \varphi = R + jX = R + j(X_L - X_C) \quad （4\text{-}53）$$

可知阻抗模为

$$|Z| = \sqrt{R^2 + X^2} = \sqrt{R^2 + (X_L - X_C)^2} \quad （4\text{-}54）$$

阻抗角为

$$\varphi = \arctan\frac{X}{R} = \arctan\frac{X_L - X_C}{R} \quad （4\text{-}55）$$

由于 $Z = \dfrac{\dot{U}}{\dot{I}}$，因此 $Z = |Z|\angle\varphi = \dfrac{U\angle\varphi_u}{I\angle\varphi_i} = \dfrac{U}{I}\angle(\varphi_u - \varphi_i)$。可得电压和电流之间的关系如下。

大小关系：
$$|Z| = \frac{U}{I} \quad （4\text{-}56）$$

相位关系：
$$\varphi = \varphi_u - \varphi_i \quad （4\text{-}57）$$

由式（4-57）可知阻抗角 φ 就是电压与电流间的相位差，其大小由电路参数决定。根据式（4-55），可知：

$X > 0$（即 $X_L > X_C$）时，$\varphi > 0$，u 超前 i，电路呈电感性；

$X < 0$（即 $X_L < X_C$）时，$\varphi < 0$，u 滞后 i，电路呈电容性；

$X = 0$（即 $X_L = X_C$）时，$\varphi = 0$，u 与 i 同相，电路呈电阻性。

以电流为参考相量，根据纯电阻、电感和电容的电压与电流的相量关系及总电压相量等于各部分电压相量之和，可画出电路中的电流和各部分电压的相量图，如图 4-21 所示。图中各电压组成一个直角三角形，利用相量图也可得到电压与电流的关系。

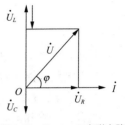

图 4-21　R、L、C 串联电路的相量图

$$U = \sqrt{U_R^2 + (U_L - U_C)^2} = I\sqrt{R^2 + (X_L - X_C)^2} = I|Z| \qquad (4\text{-}58)$$

$$\varphi = \arctan\frac{U_L - U_C}{U} = \arctan\frac{X_L - X_C}{R} \qquad (4\text{-}59)$$

（2）电路的功率

瞬时功率为

$$\begin{aligned} p = ui &= U_m \sin(\omega t + \varphi) \cdot I_m \sin \omega t \\ &= U_m I_m \cdot \frac{1}{2}[\cos\varphi - \cos(2\omega t + \varphi)] = UI[\cos\varphi - \cos(2\omega t + \varphi)] \end{aligned} \qquad (4\text{-}60)$$

有功功率为

$$P = \frac{1}{T}\int_0^T p\,\mathrm{d}t = \frac{1}{T}\int_0^T UI[\cos\varphi - \cos(2\omega t + \varphi)\mathrm{d}t = UI\cos\varphi \qquad (4\text{-}61)$$

式（4-61）表明交流电路中，有功功率的大小不仅取决于电压和电流的有效值，而且和电压、电流间的相位差 φ（阻抗角）有关，即与电路的参数有关。式中 $\cos\varphi$ 称为电路的功率因数。由相量图中的各元件上的电压关系可知 $U\cos\varphi = U_R = IR$，故

$$P = UI\cos\varphi = U_R I = I^2 R = \frac{U_R^2}{R} \qquad (4\text{-}62)$$

这说明交流电路中只有电阻元件消耗功率，电路中电阻元件消耗的功率就等于电路的有功功率。

电路中电感和电容元件要与电源交换能量，相应的无功功率为

$$Q = U_L I - U_C I = I(U_L - U_C) = UI\sin\varphi \qquad (4\text{-}63)$$

交流电路中，电压有效值 U 与电流有效值 I 的乘积称为电路的视在功率，用 S 表示，即

$$S = UI \qquad (4\text{-}64)$$

视在功率的单位为伏安（V·A）或千伏安（kV·A）。

根据前面的分析，由于 $P = UI\cos\varphi$，$Q = UI\sin\varphi$，$S = UI$，可知有功功率 P、无功功率 Q 和视在功率 S 之间的关系为

$$S = \sqrt{P^2 + Q^2} \qquad (4\text{-}65)$$

$$P = S\cos\varphi \qquad (4\text{-}66)$$

$$Q = S\sin\varphi \qquad (4\text{-}67)$$

交流发电机和变压器等供电设备都是按照一定的输出额定电压 U_N 和额定电流 I_N 设计制造的，两者的乘积称为设备的额定视在功率 S_N，即

$$S_N = U_N I_N \qquad (4\text{-}68)$$

使用时若实际视在功率超过额定视在功率，设备可能损坏，故其额定视在功率又称为额定容量，简称容量。

例题 4-10

问题　图4-20（a）所示的R、L、C串联电路中，已知$R = 30\Omega$，$L = 127\text{mH}$，$C = 40\mu\text{F}$，$\omega = 314\text{rad/s}$。求：（1）感抗X_L，容抗X_C；（2）电路中的电流i及各元件电压u_R、u_L和u_C；（3）电路的有功功率P、无功功率Q和视在功率S。

解答　该电路的相量模型如图4-20（b）所示。

（1）
$$X_L = \omega L = 314 \times 127 \times 10^{-3} \approx 40\Omega$$

$$X_C = \frac{1}{\omega C} = \frac{1}{314 \times 40 \times 10^{-6}} \approx 80\Omega$$

（2）电路的等效复数阻抗

$$Z = R + \text{j}(X_L - X_C) \approx 30 + \text{j}(40 - 80) = 30 - \text{j}40 \approx 50\angle -53°\Omega \quad （电容性）$$

$$\dot{I} = \frac{\dot{U}}{Z} \approx \frac{220\angle 30°}{50\angle -53°} = 4.4\angle 83°\text{A}$$

$$i = 4.4\sqrt{2}\sin(314t + 83°)\text{A}$$

$$\dot{U}_R = \dot{I}R \approx 30 \times 4.4\angle 83° = 132\angle 83°\text{V}$$

$$u_R \approx 132\sqrt{2}\sin(314t + 83°)\text{V}$$

$$\dot{U}_L = \text{j}X_L\dot{I} \approx 40\angle 90° \times 4.4\angle 83° = 176\angle 173°\text{V}$$

$$u_L \approx 176\sqrt{2}\sin(314t + 173°)\text{V}$$

$$\dot{U}_C = -\text{j}X_C\dot{I} \approx 80\angle -90° \times 4.4\angle 83° = 352\angle -7°\text{V}$$

$$u_C \approx 352\sqrt{2}\sin(314t - 7°)\text{V}$$

（3）
$$P = UI\cos\varphi \approx 220 \times 4.4 \times \cos(-53°) \approx 581\text{W}$$

$$Q = UI\sin\varphi \approx 220 \times 4.4 \times \sin(-53°) \approx -774\text{Var}$$

$$S = UI \approx 220 \times 4.4 = 968\text{V}\cdot\text{A}$$

R、L、C串联电路包含3种性质不同的参数，是具有一定意义的典型电路。如果电路中只有其中两种元件，分析时，可视为R、L、C串联电路在R、X_L、X_C中某个等于零时的特例。

2. R、L、C并联的正弦交流电路

电阻、电感和电容元件并联的交流电路如图4-22（a）所示，图4-22（b）所示是它的相量模型，设$u = U_m\sin\omega t$，即以$\dot{U}$为参考相量。

（1）电压与电流关系

根据KCL，有

$$i = i_R + i_C + i_L$$

用相量表示，则

$$\dot{I} = \dot{I}_R + \dot{I}_L + \dot{I}_C = \frac{\dot{U}}{R} + \frac{\dot{U}}{-\mathrm{j}X_C} + \frac{\dot{U}}{\mathrm{j}X_L} = \dot{U}[G + \mathrm{j}(B_C - B_L)] = \dot{U}(G + \mathrm{j}B) = \dot{U}Y \tag{4-69}$$

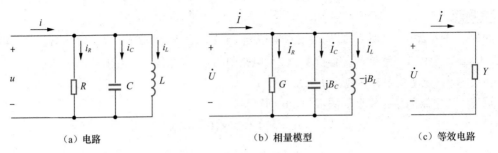

（a）电路　　　　　　　　　　（b）相量模型　　　　　　（c）等效电路

图 4-22　R、L、C 并联电路

式（4-69）中，$B = B_C - B_L$ 称为电纳，Y 则称为电路的等效导纳。等效电路如图 4-22（c）所示。

$$Y = |Y| \angle \theta = G + \mathrm{j}B = G + \mathrm{j}(B_C - B_L) \tag{4-70}$$

可知导纳模为

$$|Y| = \sqrt{G^2 + B^2} = \sqrt{G^2 + (B_C - B_L)^2} \tag{4-71}$$

导纳角为

$$\theta = \arctan\frac{B}{G} = \arctan\frac{B_C - B_L}{G} \tag{4-72}$$

由电压与电流间的相量关系式 $\dot{I} = \dot{U}Y$ 或 $Y = \dfrac{\dot{I}}{\dot{U}}$，有

$$Y = |Y| \angle \theta = \frac{I \angle \varphi_i}{U \angle \varphi_u} = \frac{I}{U} \angle (\varphi_i - \varphi_u)$$

可得电压和电流之间的关系如下。

大小关系：
$$|Y| = \frac{I}{U} \tag{4-73}$$

相位关系：
$$\theta = \varphi_i - \varphi_u \tag{4-74}$$

由式（4-74）可知导纳角 θ，也就是电流与电压间的相位差，其大小由电路参数决定。根据式（4-72），可知：

$B > 0$（即 $B_C > B_L$）时，$\theta > 0$，i 超前 u，电路呈电容性；

$B < 0$（即 $B_C < B_L$）时，$\theta < 0$，i 滞后 u，电路呈电感性；

$B = 0$（即 $B_C = B_L$）时，$\theta = 0$，i 与 u 同相，电路呈电阻性。

又因 $Y = \dfrac{\dot{I}}{\dot{U}} = \dfrac{1}{Z}$（即 R、L、C 并联电路既可等效为一导纳 Y 也可等效为一阻抗 Z，导纳和阻抗是互为倒数的关系）即有

$$|Y| = \frac{1}{|Z|}, \quad \theta = -\varphi$$

以电压为参考相量，根据纯电阻、电容和电感的电流与电压的相量关系，以及总电流相量等于各支路电流相量之和，可画出电路中电压和各电流的相量图，如图 4-23 所示。各电流组成一电流三角形。

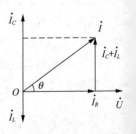

图 4-23　R、L、C 并联电路的相量图

利用相量图也可得电压与电流关系为

$$I = \sqrt{I_R^2 + (I_C - I_L)^2} = U\sqrt{G^2 + (B_C - B_L)^2} = U|Y| \tag{4-75}$$

$$\theta = \arctan\frac{I_C - I_L}{I_R} = \arctan\frac{X_C - X_L}{G} \tag{4-76}$$

（2）电路的功率

用与分析 R、L、C 串联电路同样的方法可推得如下结论。

瞬时功率为

$$p = ui = UI[\cos\theta - \cos(2\omega t + \theta)] \tag{4-77}$$

有功功率为

$$P = \frac{1}{T}\int_0^T p\,\mathrm{d}t = UI\cos\theta = UI_R = U^2 G = I_R^2 R \tag{4-78}$$

当电容的无功功率被定义为负值时，无功功率为

$$\begin{aligned} Q &= UI_L - UI_C = -U(I_C - I_L) = -U^2(B_C - B_L) \\ &= -UI\sin\theta = UI\sin(-\theta) = UI\sin\theta \end{aligned} \tag{4-79}$$

视在功率为

$$S = \sqrt{P^2 + Q^2} \tag{4-80}$$

在 R、L、C 并联的交流电路中，P、Q 和 S 组成的功率三角形，与导纳三角形及电流三角形亦为相似三角形。

R、L、C 并联电路也是一定意义上的典型电路，若只有其中两种元件并联，分析时，可视为 R、L、C 并联电路在 G、B_L、B_C 中某个参数等于零时的特例。

例题 4-11

问题　图4-22（a）所示的 R、L、C 并联电路中，已知 $u = 100\sqrt{2}\sin 1000t\,\mathrm{V}$，$R = 12.5\,\Omega$，$L = 25\mathrm{mH}$，$C = 100\mu\mathrm{F}$。试求电路中的电流 i_R、i_C、i_L 和 i。

解答　该电路的相量模型如图4-22（b）所示。

$$B_C = \omega C = 1000 \times 100 \times 10^{-6} = 0.1\mathrm{S}$$

$$B_L = \frac{1}{\omega L} = \frac{1}{1000 \times 25 \times 10^{-3}} = 0.04\mathrm{S}$$

由于 $\dot{U} = 100\angle 0°\mathrm{V}$，故

$$\dot{I}_R = G\dot{U} = \frac{1}{12.5} \times 100\angle 0° = 8\angle 0°\mathrm{A}$$

$$i_R = 8\sqrt{2}\sin 1000t\,\mathrm{A}$$

$$\dot{I}_C = \mathrm{j}B_C\dot{U} = 0.1\angle 90° \times 100\angle 0° = 10\angle 90°\mathrm{A}$$

$$i_C = 10\sqrt{2}\sin(1000t + 90°)\mathrm{A}$$

$$\dot{I}_L = -\mathrm{j}B_L\dot{U} = 0.04\angle -90° \times 100\angle 0° = 4\angle -90°\mathrm{A}$$

$$i_L = 4\sqrt{2}\sin(1000t - 90°)\mathrm{A}$$

$$\dot{I} = \dot{I}_R + \dot{I}_C + \dot{I}_L = 8\angle 0° + 10\angle 90° + 4\angle -90°$$
$$= 8 + j10 - j4 = 8 + j6 \approx 10\angle 53.1° \text{A}$$

$$i \approx 10\sqrt{2}\sin(1000t + 53.1°)\text{A}$$

也可由求等效导纳再求总电流。

$$Y = G + j(B_C - B_L) = \frac{1}{12.5} + j(0.1 - 0.04)$$
$$= 0.08 + j0.06 \approx 0.1\angle 53.1° \text{S}$$
$$\dot{I} = \dot{U}Y \approx 100\angle 0° \times 0.1\angle 53.1° = 10\angle 53.1° \text{A}$$

4.4.3　复杂正弦交流电路的分析方法

采用相量法对复杂的正弦交流电路分析求解，一般按以下 3 个步骤进行。

（1）构造电路的相量模型。在相量模型中，正弦电压和正弦电流用相量表示，电阻、电感、电容用复数阻抗表示。

（2）使用复杂的直流电阻电路的分析方法（节点电压法、叠加定理、戴维南定理等）对相量模型列写方程或方程组进行求解，求解过程中使用到相量的复数计算，计算结果为交流电压或交流电流的相量形式。

（3）根据题目要求，将电压或电流的相量形式转换成瞬时值表达式或有效值形式。

下面将通过例题，将第 2 章中学习的电阻电路的各种分析方法应用到正弦交流电路中，使用基于相量的思想来分析正弦交流电路。

1. 节点电压法

节点电压法是以节点电压为未知变量列出除参考节点以外的其他 $(n-1)$ 个节点的电流（KCL）方程，从而求解电路中的待求量。

例题 4-12

问题　电路相量模型如图 4-24 所示，试用节点法列方程并求节点电压 $\dot{U}_1$ 和 $\dot{U}_2$。

解答　列出两个节点方程。

$$\begin{cases} \left(\dfrac{1}{j4} + \dfrac{1}{2} - \dfrac{1}{j2}\right)\dot{U}_1 - \left(\dfrac{1}{-j2}\right)\dot{U}_2 = \dfrac{10\angle 0°}{j4} \\ \left(\dfrac{1}{4} + \dfrac{1}{-j2} + \dfrac{1}{j1}\right)\dot{U}_2 - \left(\dfrac{1}{-j2}\right)\dot{U}_1 = \dfrac{12\angle 90°}{4} \end{cases}$$

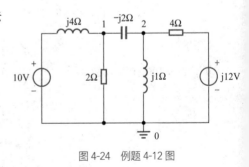

图 4-24　例题 4-12 图

解得　$\dot{U}_1 \approx 5.32\angle 213.36° \text{V}$，$\dot{U}_2 \approx 2.98\angle 92.13° \text{V}$。

2. 网孔电流法

网孔电流法是以假想的网孔电流作为电路的独立变量的求解方法。首先假设网孔电流为未知变量，指定各个网孔的绕行方向，根据 KVL 列出 $m = b - (n-1)$ 个网孔的电压方程，联立求得各网孔电流，最后根据网孔结构特点求出各支路电流及其他变量。

例题4-13

问题 电路如图4-25所示，已知$u_{S1} = 10\cos 10^4 t\,\mathrm{V}$，$u_{S2} = 20\cos(10^4 t + 60°)\,\mathrm{V}$，求$i_1$和$i_2$。

解答 考虑其相量形式，并用$\dot{I}_{1m}$和$\dot{I}_{2m}$来表示两个网也电流。

$$j\omega L = j0.4 \times 10^{-3} \times 10^4 = j4\,\Omega$$

$$\frac{1}{j\omega C} = -j\frac{1}{10^4 \times 50 \times 10^{-6}} = -j2\,\Omega$$

$$\dot{U}_{S1} = 10\angle 0°\,\mathrm{V}, \quad \dot{U}_{S2} = 20\angle 60°\,\mathrm{V}$$

列出网孔方程，即

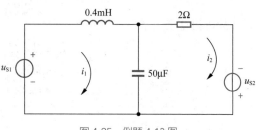

图 4-25 例题 4-13 图

$$\begin{cases} (j4 - j2)\dot{I}_{1m} - (-j2)\dot{I}_{2m} = 10\angle 0° \\ -(-j2)\dot{I}_{1m} + (2 - j2)\dot{I}_{2m} = 20\angle 60° \end{cases}$$

解得

$$\dot{I}_{1m} \approx 7.57\angle -62.8°\,\mathrm{A} \qquad \dot{I}_{2m} \approx 3.87\angle 153.4°\,\mathrm{A}$$

$$i_1 \approx 7.57\sin(10^4 t - 62.8°)\,\mathrm{A} \qquad i_2 \approx 3.87\sin(10^4 t + 153.4°)\,\mathrm{A}$$

3. 叠加定理

在多个电源（至少有两个）作用下的线性电路中，任一元件（支路）的电流（或电压），是各个电源单独作用在此元件（支路）上所产生的电流（或电压）的代数和，这就是叠加定理。

例题4-14

问题 电路如图4-26（a）所示，$\dot{U}_S = 100\angle 45°\,\mathrm{V}$，$\dot{I}_S = 4\angle 0°\,\mathrm{A}$，$Z_1 = Z_2 = 50\angle -30°\,\Omega$，$Z_3 = 50\angle 30°\,\Omega$，用叠加定理计算电流$\dot{I}_2$。

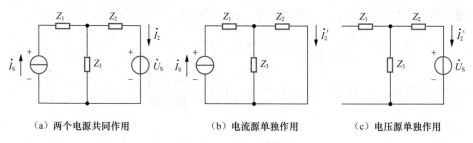

（a）两个电源共同作用　　　　　（b）电流源单独作用　　　　（c）电压源单独作用

图 4-26 例题 4-14 图

解答 电流关系如下。

$$\dot{I}_2 = \dot{I}_2' + \dot{I}_2''$$

$$\dot{I}_2' = \dot{I}_S \frac{Z_3}{Z_2 + Z_3}$$

$$= 4\angle 0° \times \frac{50\angle 30°}{50\angle -30° + 50\angle 30°}$$

$$= \frac{200\angle 30°}{50\sqrt{3}} \approx 2.31\angle 30°\,\mathrm{A}$$

$$\dot{I}_2'' = -\frac{\dot{U}_S}{Z_2 + Z_3}$$

$$= \frac{-100\angle 45^\circ}{50\sqrt{3}} \approx 1.155\angle -135^\circ \text{A}$$

故可得结果

$$\dot{I}_2 = \dot{I}_2' + \dot{I}_2''$$

$$\approx 2.31\angle 30^\circ + 1.155\angle -135^\circ$$

$$\approx 1.23\angle -15.9^\circ \text{A}$$

4. 戴维南定理

戴维南定理指出，任何一个线性的有源二端网络，对外电路来说，都可以用一个理想电压源（U_S）和一个内电阻（R_0）的串联组合来等效代替。在交流电路中，使用戴维南定理，要将电路转化成 $\dot{U}_{oc}$ 与内阻抗 Z_{eq} 串联的戴维南电路等效电路后再进行分析、计算。

例题4-15

问题 电路如图4-27（a）所示，$Z=5+j5\Omega$，用戴维南定理求 $\dot{I}$。

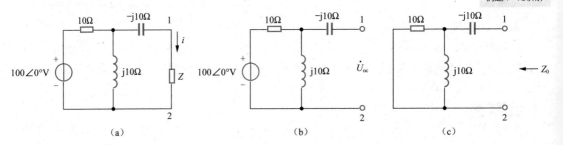

图 4-27　例题 4-15 图

解答 如图4-27（b）所示，将负载断开，求开路电压。

$$\dot{U}_{oc} = \frac{100\angle 0^\circ}{10 + j10} \times j10 = 50\sqrt{2}\angle 45^\circ \text{V}$$

求等效内阻抗 Z_0，如图4-27（c）所示，得 $Z_0 = \frac{10 \times j10}{10 + j10} + (-j10) =$

$5\sqrt{2}\angle -45^\circ \Omega$。

戴维南等效电路如图4-28所示，电流为

$$\dot{I} = \frac{\dot{U}_{oc}}{Z_0 + Z} = \frac{50\sqrt{2}\angle 45^\circ}{5\sqrt{2}\angle -45^\circ + 5 + j5} = 5\sqrt{2}\angle 45^\circ \text{A}$$

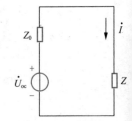

图 4-28　图 4-27（a）的戴维南等效电路

5. 最大功率传输定理

通过使用戴维南等效电路我们可以得到最大功率传输定理。

图4-29所示电路中，有源单端口网络 N_S 向负载 Z 传输功率，在不考虑传输效率时，研究负载获得最大功率（有功功率）的条件。利用戴维南定理将电路简化为图4-30所示电路。

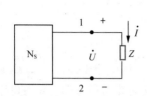

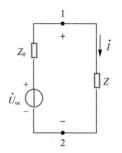

图 4-29　最大功率传输电路　　　　图 4-30　最大功率传输等效电路

设 $Z_{eq} = R_{eq} + jX_{eq}$，$Z = R + jX$，因为

$$I = \frac{U}{\sqrt{(R_0 + R)^2 + (X_0 + X)^2}}$$

所以负载 Z 获得的有功功率为

$$P = I^2 R = \frac{U^2 R}{(R_0 + R)^2 + (X_0 + X)^2}$$

可见，当 $X = -X_0$ 时，对任意的 R，负载获得的功率最大，其表达式为

$$P = \frac{U^2 R}{(R_0 + R)^2}$$

此时改变 R 可使 P 最大，可以证明 $R=R_0$ 时，负载获得最大功率，于是有

$$P_{max} = \frac{U^2}{4R_0}$$

因此负载获得最大功率的条件为 $X = -X_0$，$R = R_0$，即 $Z = Z_0$。

上述获得最大功率的条件称为最佳匹配，此时电路的传输效率为 50%。

4.5 功率因数提高

在交流电路中，总电压与总电流的相位差 $\varphi = \varphi_u - \varphi_i$ 称为该端口的功率因数角，$\cos\varphi$ 称为该端口的功率因数，通常用 λ 表示。功率因数是有功功率和视在功率的比值，即

功率因数提高

$$\lambda = \cos\varphi = \frac{P}{S} \tag{4-81}$$

有功功率 P（又称平均功率）是瞬时功率在一个周期内的平均值，反映了交流电路中实际消耗的功率，单位是瓦特（W）。单端口电路实际消耗的功率不仅与电压、电流的大小有关，而且与电压、电流的相位差有关。在工程上用视在功率 S 说明电力设备容量的大小，其定义是单端口电路的电流有效值与电压有效值的乘积，代表了交流电源可以向电路提供的最大功率，单位为伏安（V·A）或千伏安（kV·A）。正弦稳态电路的功率，如不加特殊说明，均指平均功率，即有功功率。

4.5.1 提高功率因数的原因

通过前面的分析，我们已知交流电路的有功功率的大小不仅取决于电压和电流的有效值，而且和电压、电流间的相位差 φ 有关，即

$$P = UI\cos\varphi$$

$\cos\varphi$ 为电路的功率因数，它与电路的参数有关。纯电阻电路中 $\cos\varphi = 1$，纯电感和纯电容的电路中 $\cos\varphi = 0$，一般电路中，$0 < \cos\varphi < 1$。目前，在各种用电设备中，除白炽灯、电阻炉等少数电阻性负载外，大多属于电感性负载。例如，工农业生产中广泛使用的三相异步电动机和日常生活中大量使用的日光灯、电风扇等都属于电感性负载，而且它们的功率因数往往比较低。功率因数低，会引起下列两个问题。

（1）降低了供电设备的利用率。

供电设备的额定容量 $S_N = U_N I_N$ 是一定的，其输出的有功功率为

$$P = U_N I_N \cos\varphi = S_N \cos\varphi \tag{4-82}$$

当 $\cos\varphi = 1$ 时，$P = S_N$，供电设备的利用率最高，一般 $\cos\varphi < 1$，$P < S_N$，$\cos\varphi$ 越低，则输出的有功功率 P 越小，而无功功率 Q 越大，电源与负载交换能量的规模越大，供电设备所提供的能量就越不能充分利用。

（2）增加了供电设备和线路的功率损耗。

负载从电源取用的电流为

$$I = \frac{P}{U\cos\varphi}$$

在 P 和 U 一定的情况下，$\cos\varphi$ 越低，I 就越大，供电设备和输电线路的功率损耗就越大。因此，提高电路的功率因数可以提高供电设备的利用率，减少供电设备和输电线路的功率损耗，具有非常重要的经济意义。

4.5.2 提高功率因数的方法

提高功率因数常用的方法就是保持用电设备原有的额定电压、额定电流及功率不变，即工作状态不变，在电感性负载上并联静电电容（设备在用户或变电所中）。其电路图和相量图如图4-31所示。

提高功率因数的方法

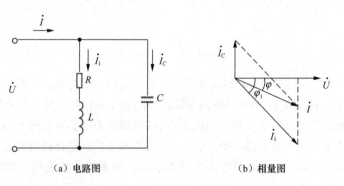

（a）电路图   （b）相量图

图4-31 电感性负载并联静电电容

由图4-31可知，并联电容前，电路的电流为电感性负载的电流i_1，电路的功率因数为电感性负载的功率因数$\cos\varphi_1$；并联电容后，电路的总电流$i = i_1 + i_C$，电路的功率因数变为$\cos\varphi$。可见，并联电容后，流过电感性负载的电流及其功率因数没有变，而整个电路的功率因数$\cos\varphi > \cos\varphi_1$，比并联电容前提高了；电路的总电流$I < I_1$，比并联电容前减小了。这是由于并联电容后电感性负载所需的无功功率大部分可由电容的无功功率补偿，减小了电源与负载之间的能量交换规模。但要注意，并联电容后，电路的有功功率并未改变。由于原负载的工作状态未变，因此它的有功功率无变化，而电容C是不消耗电能的。

根据图4-31（b）所示相量图可得：

$$I_C = I_1\sin\varphi_1 - I\sin\varphi = \frac{P}{U\cos\varphi_1}\sin\varphi_1 - \frac{P}{U\cos\varphi}\sin\varphi$$

$$= \frac{P}{U}(\tan\varphi_1 - \tan\varphi)$$

又因　$I_C = UB_C = U\omega C$，所以

$$C = \frac{P}{\omega U^2}(\tan\varphi_1 - \tan\varphi) \tag{4-83}$$

根据式（4-83）可计算出将功率因数由$\cos\varphi_1$提高到$\cos\varphi$所需并联的电容的容量。

例题 4-16

问题　有一电感性负载，接到220V、50Hz的交流电源上，消耗的有功功率为4.8kW，功率因数为0.5，试问：并联多大的电容才能将电路的功率因数提高到0.95？

解答　据题意，有

$$P = 4.8\text{kW} \quad U = 220\text{V} \quad f = 50\text{Hz}$$

未加电容时

$$\cos\varphi_1 = 0.5 \quad \varphi_1 = \arccos 0.5 = 60°$$

并联电容后

$$\cos\varphi = 0.95 \quad \varphi = \arccos 0.95 \approx 18.19°$$

$$C = \frac{P}{2\pi f U^2}(\tan\varphi_1 - \tan\varphi) \approx \frac{4.8\times10^3}{2\times3.14\times50\times220^2}(\tan60° - \tan18.19°) \approx 433\mu\text{F}$$

4.6　交流电路中的谐振

包含电容、电感、电阻的电路网络，其性质可能是电容性、电感性或电阻性。当电路端口的电压$\dot{U}$和电流$\dot{I}$同相位，电路呈电阻性时，即发生了谐振。

谐振是电路的一种特殊的工作状态，在电工和电子技术中得到广泛应用，谐振电路能使特定频率的信号通过，谐振发生时，可以放大电压。但是谐振也可能导致过压或过流而造成设备、元件的损坏，我们必须避免谐振现象可能带来的危害，因此研究谐振电路具有实际的意义。按电路连接方式的不同，谐振分为串联谐振和并联谐振。

串联谐振发生的
条件及电路特点

4.6.1 串联谐振

图 4-32（a）所示电路为 RLC 串联谐振电路。

$$Z(\mathrm{j}\omega) = \frac{\dot{U}}{\dot{I}} = R + \mathrm{j}\omega L + \frac{1}{\mathrm{j}\omega C} = R + \mathrm{j}\left(\omega L - \frac{1}{\omega C}\right) = R + \mathrm{j}(X_L - X_C) = R + \mathrm{j}X$$

RLC 串联电路呈谐振状态时，感抗与容抗相等，即 $X_L = X_C$，设谐振角频率为 ω_0，则 $\omega_0 L = \frac{1}{\omega_0 C}$，如图 4-32（b）所示，谐振角频率为

$$\omega_0 = \frac{1}{\sqrt{LC}} \tag{4-84}$$

由于 $\omega_0 = 2\pi f_0$，所以谐振频率为

$$f_0 = \frac{1}{2\pi\sqrt{LC}} \tag{4-85}$$

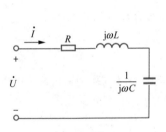

（a）RLC 串联谐振电路

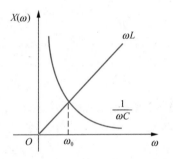

（b）RLC 串联谐振电路中的感抗与容抗

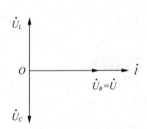

（c）RLC 串联谐振电路中的电压关系

图 4-32　串联谐振

由此可见，谐振频率 f_0 只由电路中的电感 L 与电容 C 决定，是电路中的固有参数，所以我们通常将谐振频率 f_0 称为固有频率。

电路发生谐振时的感抗或容抗称为特性阻抗，用符号 ρ 表示，单位为欧姆（Ω）。

$$\rho = \omega_0 L = \frac{1}{\omega_0 C} = \sqrt{\frac{L}{C}} \tag{4-86}$$

1. 串联谐振电路的特点

（1）电路呈电阻性

当外加电源 u_S 的频率 $f = f_0$ 时，电路发生谐振，由于 $X_L = X_C$，则此时电路的阻抗达到最小值，称为谐振阻抗 Z_0 或谐振电阻 R，即

$$Z_0 = |Z|_{\max} = R$$

（2）电流呈现最大

谐振时电路中的电流达到最大值，称为谐振电流 I_0，即

$$I_0 = \frac{U_S}{R}$$

（3）电感L与电容C上的电压

串联谐振时，电感L与电容C上的电压大小相等，如图4-32（c）所示。即

$$U_L = U_C = X_L I_0 = X_C I_0 = QU_s$$

式中，Q称为串联谐振电路的品质因数，即

$$Q = \frac{\rho}{R} = \frac{\omega_0 L}{R} = \frac{1}{\omega_0 CR} \qquad (4\text{-}87)$$

R、L、C串联电路发生谐振时，电感L与电容C上的电压大小都是外加电源电压U_s的Q倍，所以以串联谐振又称为电压谐振。一般情况下串联谐振电路都符合$Q \gg 1$的条件。

（4）R、L、C串联谐振时的频率特性

在R、L、C串联电路中，当外加正弦交流电压的频率改变时，电路中的阻抗、导纳、电压、电流随其频率的变化而改变，这种随频率变化的特性，称为频率特性，或称为频率响应。它包括幅频特性和相频特性。相应的随频率变化的曲线称为谐振曲线。

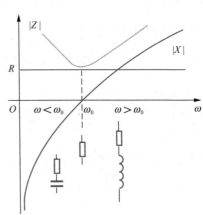

图 4-33 R、L、C元件阻抗与频率的关系曲线

各量的模（大小）随频率变化的关系称为该量的幅频特性，各量的幅角（方向）随频率变化的关系称为该量的相频特性。例如，$|Z(j\omega)|$称为阻抗的幅频特性，$\varphi(j\omega)$称为阻抗的相频特性。R、L、C元件阻抗与频率的关系曲线如图4-33所示。

$$|Z| = \sqrt{R^2 + \left(\omega L - \frac{1}{\omega C}\right)^2} \qquad (4\text{-}88)$$

$$Z(j\omega) = R + j\left(\omega L - \frac{1}{\omega C}\right) = R\left[1 + j\left(\frac{\omega L}{R} - \frac{1}{\omega CR}\right)\right] = R\left[1 + jQ\left(\eta - \frac{1}{\eta}\right)\right] \qquad (4\text{-}89)$$

$$U_R(\eta) = \frac{U}{|Z(j\omega)|}R = \frac{U}{\sqrt{1 + Q^2\left(\eta - \frac{1}{\eta}\right)^2}} \qquad (4\text{-}90)$$

$$\frac{U_R(\eta)}{U} = \frac{1}{\sqrt{1 + Q^2\left(\eta - \frac{1}{\eta}\right)^2}} \qquad (4\text{-}91)$$

其中，$\eta = \frac{\omega}{\omega_0}$。

式（4-91）可用于不同的RLC串联谐振电路。对于不同的Q值，曲线有不同的形状，而且可以明显看出Q值对谐振曲线形状的影响。

图4-34给出了不同Q值（$Q_1 < Q_2 < Q_3$）的谐振曲线，根据谐振曲线可知，串联谐振电路对不同的信号具有不同的响应，它能将ω_0附近的信号选出

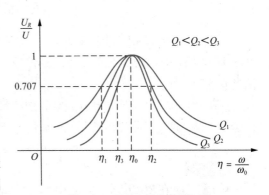

图 4-34 不同Q值的谐振曲线

来。串联谐振电路能使谐振频率 ω_0 周围的一部分频率分量通过，而对其他的频率分量起抑制作用，电路的这种性能称为选择性。由图 4-34 可知，Q 越大，选择性越好。

在工程上，$\dfrac{U_R(\eta)}{U} = \dfrac{1}{\sqrt{2}}$ 时对应的两个角频率 ω_2 与 ω_1 的差被定义为通频带，即 $\Delta\omega = \omega_1 - \omega_2$。

2. 串联谐振的应用

串联谐振电路常用于对交流信号的选择，如接收机选择电台信号，即调谐。

在 RLC 串联电路中，阻抗大小 $|Z| = \sqrt{R^2 + \left(\omega L - \dfrac{1}{\omega C}\right)^2}$，设外加交流电源（又称信号源）电压 u_s 的大小为 U_s，则电路中电流的大小为

$$I = \frac{U_s}{|Z|} \frac{U_s}{\sqrt{R^2 + (\omega L - \frac{1}{\omega C})^2}}$$

由于 $I_0 = \dfrac{U_s}{R}$，$Q = \dfrac{\omega_0 L}{R} = \dfrac{1}{\omega_0 CR}$，则

$$\frac{I}{I_0} = \frac{1}{\sqrt{1 + Q^2\left(\dfrac{\omega}{\omega_0} - \dfrac{\omega_0}{\omega}\right)^2}} \tag{4-92}$$

式（4-92）表示出电流大小与电路工作频率之间的关系，称为串联电路的电流幅频特性。电流大小随频率变化的曲线，称为谐振特性曲线，如图 4-35 所示。

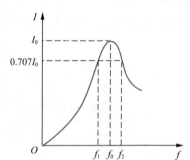

图 4-35 RLC 串联谐振电路的谐振特性曲线

当外加电源 u_s 的频率 $f = f_0$ 时，电路处于谐振状态；当 $f \neq f_0$ 时，称电路处于失谐状态，若 $f < f_0$，则 $X_L < X_C$，电路呈电容性；若 $f > f_0$，则 $X_L > X_C$，电路呈电感性。

在实际应用中，规定把电流 I 范围 $0.7071 I_0 \sim I_0$ 所对应的频率范围 $f_1 \sim f_2$ 称为串联谐振电路的通频带（又称为频带宽度），用符号 B 或 Δf 表示，其单位也是频率的单位。

理论分析表明，串联谐振电路的通频带为

$$B = \Delta f = f_2 - f_1 = \frac{f_0}{Q}$$

频率 f 在通频带以内（即 $f_1 < f < f_2$）的信号，可以在串联谐振电路中产生较大的电流，而频率 f 在通频带以外（即 $f < f_1$ 或 $f > f_2$）的信号，仅在串联谐振电路中产生很小的电流，因此谐振电路具有选频特性。

Q 值越大说明电路的选择性越好，但频带较窄；反之，频带越宽，则要求 Q 值越小，而选择性越差。选择性与频带宽度是相互矛盾的两个物理量。

例题 4-17

问题 设在 RLC 串联电路中，$L = 30\mu H$，$C = 211pF$，$R = 9.4\Omega$，外加电源电压为 $u = \sqrt{2}\sin\omega t$ mV。

（1）该电路的固有谐振频率f_0与通频带B；

（2）当电源频率$f = f_0$时（即电路处于谐振状态时）电路中的谐振电流I_0、电感L与电容C上的电压U_{L_0}、U_{C_0}；

（3）如果电源频率与谐振频率的偏差$\Delta f = f - f_0 = 10\% f_0$，电路中的电流$I$为多少？

解答 （1）$f_0 = \dfrac{1}{2\pi\sqrt{LC}} \approx 2\text{MHz}$ $Q = \dfrac{\omega_0 L}{R} \approx 40$ $B = \dfrac{f_0}{Q} = 50\text{kHz}$

（2）$I_0 = U/R = 1/9.4 \approx 0.106\text{ mA}$，$U_{L_0} = U_{C_0} \approx QU = 40\text{mV}$

（3）当$f = f_0 + \Delta f = 2.2\text{MHz}$时，$B = 2\Delta f \approx 13.816 \times 10^6\text{Hz}$

$$|Z| = \sqrt{R^2 + \left(\omega L - \dfrac{1}{\omega C}\right)^2} \approx 72\Omega$$

$$I = \dfrac{U}{|Z|} \approx 0.014\text{mA}$$

这时的电流仅为谐振电流I_0的13.2%。

4.6.2 并联谐振

图4-36所示RLC并联电路是一种典型的谐振电路。当端口电压$\dot{U}$与端口电流$\dot{I}_S$同相时，电路工作状况称为并联谐振。

$$Y(\text{j}\omega) = \dfrac{\dot{I}_S}{\dot{U}} = G + \text{j}\left(\omega C - \dfrac{1}{\omega L}\right)$$

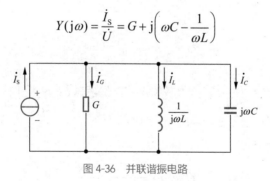

图 4-36 并联谐振电路

根据谐振的定义，当$Y(\text{j}\omega)$的虚部为零，即$\omega C - \dfrac{1}{\omega L} = 0$时，解得

$$\omega_0 = \dfrac{1}{\sqrt{LC}}$$

ω_0称为电路谐振角频率。

$$f_0 = \dfrac{1}{2\pi\sqrt{LC}}$$

f_0称为电路谐振频率。

1. 实际的并联谐振电路

工程上经常采用电感线圈和电容组成并联谐振电路，如图4-37（a）所示，其中R（代表线圈损耗电阻）和L的串联支路表示实际的电感线圈。

该电路导纳为

$$Y(\mathrm{j}\omega) = \mathrm{j}\omega C + \frac{1}{R + \mathrm{j}\omega L} = \frac{R}{R^2 + \omega^2 L^2} + \mathrm{j}\left(\omega C - \frac{\omega L}{R^2 + \omega^2 L^2}\right)$$

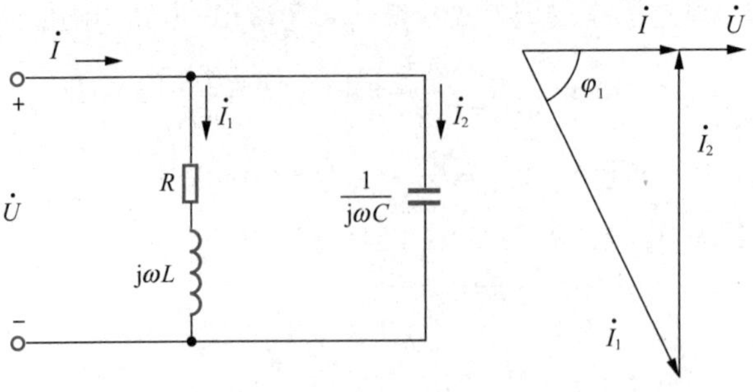

（a）电路图　　　　　　　（b）相量图

图 4-37　电感线圈与电容并联谐振

谐振时有

$$\omega_0 C - \frac{\omega_0 L}{R^2 + {\omega_0}^2 L^2} = 0$$

故谐振角频率为

$$\omega_0 = \frac{1}{\sqrt{LC}}\sqrt{1 - \frac{CR^2}{L}} \tag{4-93}$$

谐振频率为

$$f_0 = \frac{1}{2\pi\sqrt{LC}}\sqrt{1 - \frac{CR^2}{L}} \tag{4-94}$$

显然 $1 - \dfrac{CR^2}{L} > 0$，即 $R < \sqrt{\dfrac{L}{C}}$ 时，ω_0 为实数，才发生谐振；$R > \sqrt{\dfrac{L}{C}}$ 时，ω_0 为虚数，电路不发生谐振。发生谐振时的电流相量图如图 4-37（b）所示。

并联谐振时的输入导纳为

$$Y(\mathrm{j}\omega_0) = \frac{R}{|Z(\mathrm{j}\omega)|} = \frac{CR}{L}$$

品质因数为

$$Q = \frac{\dfrac{\omega_0 L}{R^2 + \omega_0^2 L^2}}{\dfrac{R}{R^2 + \omega_0^2 L^2}} = \frac{\omega_0 L}{R}$$

在 $R \ll \sqrt{\dfrac{L}{C}}$ 时，谐振特点接近理想情况。

2. 并联谐振电路的特点

（1）谐振频率

LC 并联谐振是建立在 $Q_0 = \dfrac{\omega_0 L}{R} \gg 1$ 条件下的，即电路的感抗 $X_L \gg R$，Q_0 称为谐振回路的空载 Q 值，实际电路一般都满足该条件。理论上可以证明 LC 并联谐振角频率 ω_0 与频率 f_0 分别为

$$\omega_0 \approx \frac{1}{\sqrt{LC}}, \; f_0 \approx \frac{1}{2\pi\sqrt{LC}}$$

（2）谐振阻抗

谐振时电路阻抗达到最大值，且呈电阻性。谐振阻抗为

$$|Z_0| = R(1 + Q_0^2) \approx Q_0^2 R = \frac{L}{CR}$$

（3）谐振电流

电路处于谐振状态，总电流为最小值，其表达式为

$$I_0 = \frac{U}{|Z_0|}$$

谐振时 $X_{C0} \approx X_{L0}$，则电感 L 支路电流 I_{L0} 与电容 C 支路电流 I_{C0} 为

$$I_{L0} \approx I_{C0} = \frac{U}{X_{C0}} \approx \frac{U}{X_{L0}} = Q_0 I_0$$

即谐振时各支路电流为总电流的 Q_0 倍，所以 LC 并联谐振又称为电流谐振。

当 $f \ne f_0$ 时，称电路处于失谐状态。对 LC 并联电路来说，若 $f < f_0$，则 $X_L < X_C$，电路呈电感性；若 $f > f_0$，则 $X_L > X_C$，电路呈电容性。

（4）通频带

理论分析表明，并联谐振电路的通频带为

$$B = f_2 - f_1 = \frac{f_0}{Q_0}$$

频率 f 在通频带以内（即 $f_1 < f < f_2$）的信号，可以在并联谐振回路两端产生较大的电压，而频率 f 在通频带以外（即 $f < f_1$ 或 $f > f_2$）的信号，在并联谐振回路两端产生很小的电压，因此并联谐振回路也具有选频特性。

例题 4-18

问题　图4-37（a）所示电感线圈与电容构成的 LC 并联谐振电路中，已知 $R = 10\Omega$，$L = 80\mu H$，$C = 320pF$。试求：（1）该电路的固有谐振频率 f_0、通频带 B 与谐振阻抗 $|Z_0|$；（2）若已知谐振状态下总电流 $I = 100\mu A$，则电感 L 支路与电容 C 支路中的电流 I_{L0}、I_{C0} 为多少？

解答　（1）$\omega_0 = \dfrac{1}{\sqrt{LC}} \approx 6.25 \times 10^6 \text{ rad/s}$　　$f_0 = \dfrac{1}{2\pi\sqrt{LC}} \approx 1\text{MHz}$　　$Q_0 = \dfrac{\omega_0 L}{R} \approx 50$

$$B \approx \frac{f_0}{Q_0} = 20\text{kHz} \qquad\qquad |Z_0| = Q_0^2 R = 25\text{k}\Omega$$

（2）$I_{L0} \approx I_{C0} = Q_0 I = 5\text{mA}$。

4.7　拓展阅读与实践应用：谐振在无线充电中的应用

抛弃充电的电源线是很多人的梦想，也是工程师们努力的目标。早在1890年，物理学家兼

电气工程师尼古拉·特斯拉就已经做了无线输电试验，实现了交流发电。这为后人的研究奠定了重要的理论基础。不过早期的无线充电技术很不成熟，其电力传输效率很低，发热量大，辐射也较大，安全性不好，在很长一段时间内没有大的发展。

直到 2007 年，美国麻省理工学院的研究小组用其试制的无线电力传输装置，向 2m 外的 60W 的灯泡供电，并成功点亮了它。这使得人们的视线再次聚焦到无线充电技术上。

无线充电，又称为感应充电、非接触式感应充电，是利用近场感应，也就是电感耦合，由供电设备（充电器）将能量传送至用电的装置，该装置使用接收到的能量对电池充电。由于充电器与用电装置之间以电感耦合传送能量，两者之间不用电线连接，因此充电器及用电的装置都可以做到无导电接点外露。

无线充电技术主要有 3 种：电磁感应方式、磁共振方式、无线电波方式。其中现在比较常见的磁共振方式中就使用到了本章中的谐振知识。

4.7.1　电磁感应方式

今天我们见到的各类无线充电技术，大多采用电磁感应方式，我们可以将这类技术看作分离式的变压器。现在广泛应用的变压器由一个磁芯和两个线圈组成，当一次侧线圈两端加上交变电压时，磁芯会产生交变磁场，从而在二次侧线圈上感应出相同频率的交流电压，电能就从输入电路传输至输出电路。

这种方式的缺陷在于，磁场随着距离的增加快速减弱，一般只能在数毫米至 10cm 的范围内工作，加上能量是朝着四面八方发散的，因此感应电流远远小于输入电流，充电效率并不是很高。这种工作方式用在智能手机中完全可行，许多手机厂商都在开发各自的无线充电器。

4.7.2　磁共振方式

磁共振同样要求两个线圈规格完全匹配，一个线圈通电后产生磁场，另一个线圈与之共振，产生的电流就可以给设备充电。除充电距离较远外，磁共振方式还可以同时对多个设备充电，并且对设备的位置并没有严格的限制，使用灵活度在各种方式中居于榜首。在传输效率方面，磁共振方式可以达到 40% ～ 60%。

这种基于磁共振的无线充电方式，简单来说，就是通过谐振让能量得到传递。图 4-38 所示就是磁耦合谐振式无线电能传输系统。

在电工技术中，有一定距离的两个 LC 振荡系统可在谐振频率下产生共振，从而传递能量。整个系统由能量发送装置和能量接收装置组成，当两个装置调整到相同频率，即在一个特定的频率上共振时，它们就可以交换彼此的能量。

这种方式的优点有，位置自由度高，可同时对多个设备充电，充电距离可以达到数米之远。但是磁共振以"电能—磁能—电能"的方式实现能量的传递，是一个开放的系统，存在着电磁的辐射和能量的损失，实际效率较低。近年来高通公司和三星公司采用磁共振方式，除针对智能手机、笔记本电脑等设备外，还研制开发了对电动汽车的无线充电技术。图 4-39 所示为一种电动汽车磁共振方式无线充电系统结构。

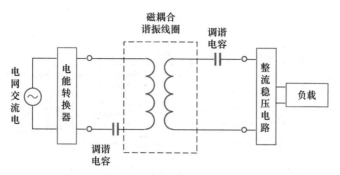

图 4-38　磁耦合谐振式无线电能传输系统示意图

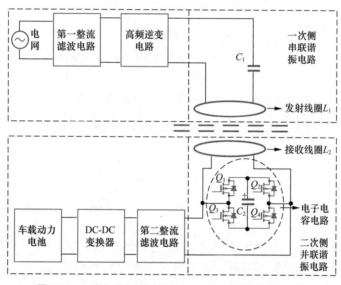

图 4-39　一种电动汽车磁共振方式无线充电系统结构示意图

4.7.3　无线电波方式

这种无线充电系统主要由微波发射装置和微波接收装置组成，可以捕捉到从墙壁弹回的无线电波能量，在随负载做出调整的同时保持稳定的直流电压。此种方式需要一个安装在墙身插头上的发送器，以及可以安装在任何低电压产品中的"蚊型"接收器。

无线电波方式的缺点十分明显，就是能量是向四面八方发散的，导致其能量利用效率非常低。英特尔公司是无线电波方式的拥护者，作为 PC 界的"巨头"，他们设计的无线充电方案的供应电力低至 1W 以下，乍一看实用性有限，但是优点则是位置高度灵活。

随着无线充电技术的成熟，我们相信这项神奇的技术将应用在日常生活的更多领域，为人类带来更多的惊喜。

📝 本章小结

本章介绍了正弦交流电的概念和正弦量的三要素。为了计算方便，可将正弦量转换为相量形式。R、L、C 元件的特性以及 RLC 串、并联电路参数总结如表 4-1、表 4-2 所示。

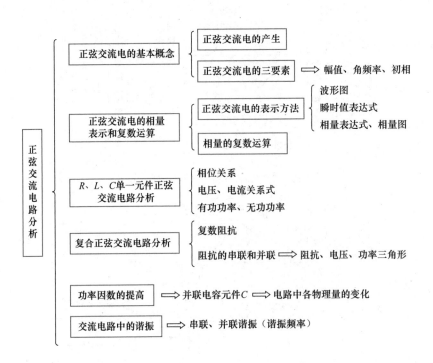

表 4-1　R、L、C 元件的特性

特性		电阻 R	电感 L	电容 C
（1）阻抗特性	①阻抗	电阻 R	感抗 $X_L = \omega L$	容抗 $X_C = 1/(\omega C)$
	②直流特性	呈现一定的阻碍作用	通直流（相当于短路）	隔直流（相当于开路）
	③交流特性	呈现一定的阻碍作用	通低频，阻高频	通高频，阻低频
（2）伏安关系	①大小关系	$U_R = RI_R$	$U_L = X_L I_L$	$U_C = X_C I_C$
	②相位关系（电压与电流相位差）	$\varphi_{ui} = 0°$	$\varphi_{ui} = 90°$	$\varphi_{ui} = -90°$
（3）功率情况		耗能元件，存在有功功率 $P_R = U_R I_R$（W）	储能元件（$P_L = 0$），存在无功功率 $Q_L = U_L I_L$（Var）	储能元件（$P_C = 0$），存在无功功率 $Q_C = U_C I_C$（Var）

表 4-2　RLC 串、并联电路参数总结

内容		RLC 串联电路	RLC 并联电路
等效阻抗	阻抗大小	$\lvert Z \rvert = \sqrt{R^2 + X^2}$ $= \sqrt{R^2 + (X_L - X_C)^2}$	$\lvert Z \rvert = \dfrac{1}{\sqrt{G^2 + B^2}}$ $= \dfrac{1}{\sqrt{\dfrac{1}{R^2} + \left(\dfrac{1}{X_C} - \dfrac{1}{X_L}\right)^2}}$
	阻抗角	$\varphi = \arctan(X/R)$	$\varphi = -\arctan(B/G)$
电压或电流关系	大小关系	$U = \sqrt{U_R^2 + (U_L - U_C)^2}$	$I = \sqrt{I_R^2 + (I_L - I_C)^2}$
电路性质	电感性电路	$X_L > X_C,\ U_L > U_C,\ \varphi > 0$	$X_L < X_C,\ I_L > I_C,\ \varphi > 0$

续表

内 容		*RLC* 串联电路	*RLC* 并联电路
电路性质	电容性电路	$X_L < X_C$, $U_L < U_C$, $\varphi < 0$	$X_L > X_C$, $I_L < I_C$, $\varphi < 0$
	谐振电路	$X_L = X_C$, $U_L = U_C$, $\varphi = 0$	$X_L = X_C$, $I_L = I_C$, $\varphi = 0$
功 率	有功功率	$P = I^2R = UI\cos\varphi$（W）	$P = U^2G = UI\cos\theta$（W）
	无功功率	$Q = I^2X = UI\sin\varphi$（Var）	$Q = U^2B = UI\sin\theta$（Var）
	视在功率	$S = UI = I^2\mid Z\mid = \dfrac{U^2}{\mid Z\mid} = \sqrt{P^2 + Q^2}$（V·A）	

采用相量法对复杂的正弦交流电路的分析求解，一般按以下 3 个步骤进行。

（1）构造电路的相量模型。在相量模型中，正弦电压和正弦电流用相量表示，电阻、电感、电容用复数阻抗表示。

（2）使用复杂的直流电阻电路的分析方法（节点电压法、叠加定理、戴维南定理等）对相量模型列写方程或方程组进行求解，求解过程中使用到相量的复数计算，计算结果为交流电压或交流电流的相量形式。

（3）根据题目要求，将电压或电流的相量形式转换成瞬时值表达式或有效值形式。

📝 习题 4

▶ 正弦交流电的相量表示和复数运算

4-1. 已知 $i_1 = 15\sqrt{2}\sin(314t + 45°)$A，$i_2 = 10\sqrt{2}\sin(314t - 30°)$A。（1）$i_1$ 与 i_2 的相位差等于多少？（2）画出 i_1 与 i_2 的波形图。（3）在相位上比较 i_1 与 i_2 谁超前谁滞后。

4-2. 下列两组正弦量，写出它们的相量，画出它们的相量图，分别说明各组内两个电量的超前、滞后关系。

（1）$i_1 = 10\sqrt{2}\sin(2513t + 45°)$A，$i_2 = 8\sqrt{2}\sin(2513t - 15°)$A。

（2）$u_1 = -\sqrt{2}\cos(1000t - 120°)$V，$i_2 = 10\sqrt{2}\sin(2000t - 140°)$A。

4-3. 在题 4-3 图所示相量图中，已知 $I_1 = 10$A，$I_2 = 5$A，$U = 110$V，$f = 50$Hz，试分别写出它们的相量表达式和瞬时值表达式。

4-4. 若已知 $i_1 = 10\cos(314t+60°)$A，$i_2 = 5\sin(314t+60°)$A，$i_3 = -4\cos(314t+60°)$A。

（1）分别写出上述电流的相量，并绘出它们的相量图；

（2）求 i_1 与 i_2、i_1 与 i_3 的相位差；

（3）绘出 i_1 的波形图；

（4）求 i_1 的周期 T 和频率 f。

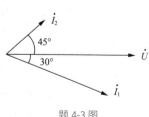

题 4-3 图

4-5. 已知 $u_1(t) = 3\sqrt{2}\sin314t$V，$u_2(t) = 4\sqrt{2}\sin(314t + 90°)$V，求 $u_1 + u_2$。

4-6. 试求题 4-6 图所示各电路的输入阻抗 Z 和导纳 Y。

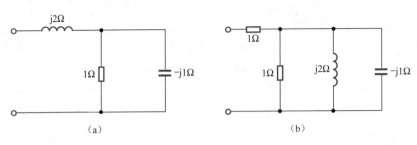

题 4-6 图

▶ 正弦交流电路分析和功率计算

4–7. 求题 4-7 图中的电流 $\dot{I}$。

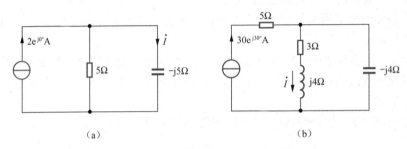

题 4-7 图

4–8. 题 4-8 图所示的电路中，已知 $u_{S1} = 5\sin t \text{V}$，$u_{S2} = 3\sin(t + 30°)\text{V}$，求：电流 i 和电路消耗的功率 P。

4–9. 一个电感线圈，其电阻可忽略不计。当将它接入正弦电源时已知 $u = 220\sqrt{2}\sin(314t + 90°)\text{V}$，用电流表测得 $I = 1.4\text{A}$，求线圈的电感和感抗，写出电流 I 的瞬时值表达式，并计算无功功率 Q。

4–10. 在题 4-10 图中，$\dot{I}_1 = \dot{I}_2 = 10\text{A}$，$\dot{U} = 100\mu\text{V}$ 时 u 与 i 同相，试求 $\dot{I}$、R、X_L 及 X_C。

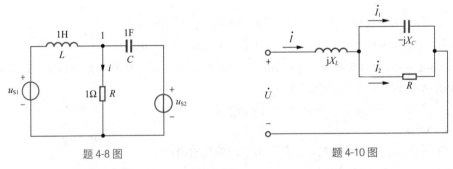

题 4-8 图　　　　　　　　　　　　　　题 4-10 图

4–11. 在题 4-11 图所示电路中有一个电感线圈，$R = 8\Omega$，$X_L = 6\Omega$，$I_1 = I_2 = 0.2\text{A}$，求：（1）u、i 的有效值；（2）电路的总的功率因数 $\cos\varphi$ 及总功率 P。

4–12. 电路如题 4-12 图所示，是 3 个阻抗串联的电路，电源电压 $\dot{U} = 220\angle30°\text{V}$，已知 $Z_1 = (2 + \text{j}6)\Omega$，$Z_2 = (3 + \text{j}4)\Omega$，$Z_3 = (3 - \text{j}4)\Omega$。

（1）求电路的等效复数阻抗 Z，电流 $\dot{I}$ 和电压 $\dot{U}_1$、$\dot{U}_2$、$\dot{U}_3$。

（2）画出电压、电流相量图。

（3）计算电路的有功功率P、无功功率Q和视在功率S。

4-13. 题4-13图所示的是RLC并联电路，输入电压$u = 220\sqrt{2}\sin(314t + 45°)$V，$R = 11\Omega$，$L = 35$mH，$C = 144.76\mu$F。求：（1）并联电路的等效复数阻抗$Z$；（2）各支路电流和总电流；（3）画出电压和电流相量图；（4）计算电路总的P、Q和S。

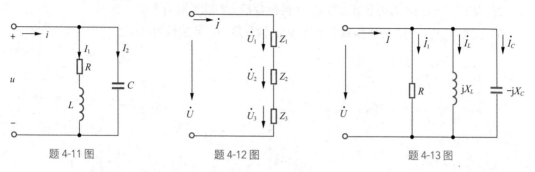

题 4-11 图　　　　　题 4-12 图　　　　　题 4-13 图

4-14. 电路如题4-14图所示，已知$R = R_1 = R_2 = 10\Omega$，$L = 31.8$mH，$C = 318\mu$F，$f = 50$Hz，$U = 10$V，试求并联支路端电压u_{ab}和电路的P、Q、S及$\cos\varphi$。

4-15. 在题4-15图所示电路中，$\dot{U}_S = 10\angle0°$V，$\dot{I}_S = 5\angle90°$A，$Z_1 = 3\angle90°\Omega$，$Z_2 = j2\Omega$，$Z_3 = -j2\Omega$，$Z_4 = 1\Omega$。试选用叠加定理、电源等效变换、戴维南定理、节点电压法及网孔电流法5种方法中的任意2种，计算通过Z_2的电流$\dot{I}_2$。

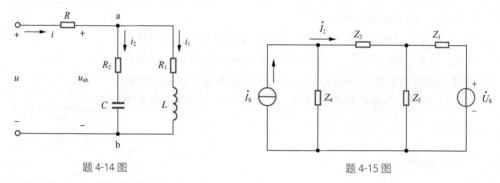

题 4-14 图　　　　　　　　　　题 4-15 图

4-16. 在题4-16图所示电路中，$Z_1 = 5\angle30°\Omega$，$Z_2 = 8\angle-45°\Omega$，$Z_3 = 10\angle60°\Omega$，$\dot{U}_S = 100\angle0°$V。Z_L取何值时可获得最大功率？并求最大功率。

4-17. 在题4-17图所示电路中，$u_S = 15\sqrt{2}\sin(\omega t + 30°)$V，电路为电感性的，电流表A的读数为6A。$\omega L = 3.5\Omega$，求电流表A1、A2的读数。

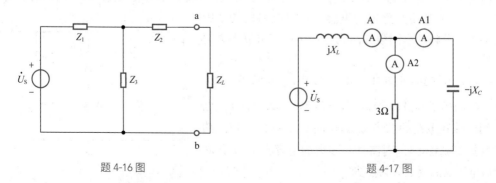

题 4-16 图　　　　　　　　　　题 4-17 图

4-18. 在题4-18图所示电路中，$u_S = 200\sqrt{2}\sin(314t+60°)$V，电流表A的读数为2A。电压表V1、V2读数均为200V。求参数 R、L、C，并作出该电路的相量图；写出 i 的瞬时值表达式。

4-19. 在题4-19图中，电流表A1和A2的读数分别为3A和4A。

（1）设 $Z_1 = R$，$Z_2 = jX_C$，则A0的读数应为多少？

（2）设 $Z_1 = R$，问 Z_2 为何参数才能使A0的读数最大？此读数为多少？

（3）设 $Z_1 = jX_L$，问 Z_2 为何参数才能使A0的读数最小？此读数为多少？

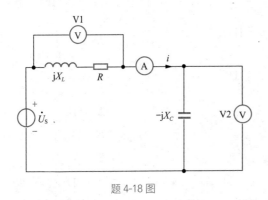

题 4-18 图

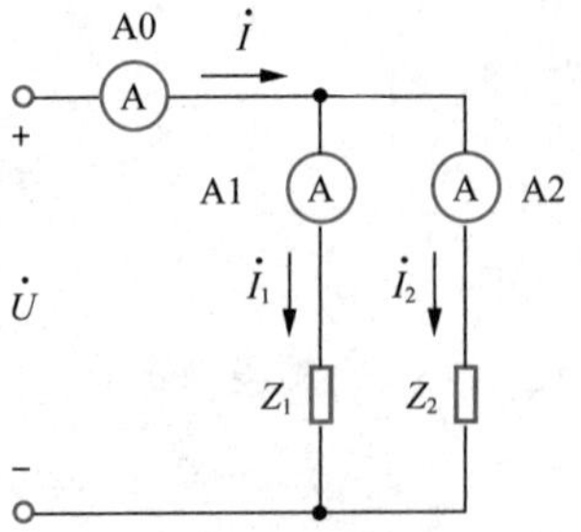

题 4-19 图

4-20. 一个电感线圈接在220V的直流电源时，测出通过线圈的电流为2.2A，后又接到220V、50Hz的交流电源上，测出通过线圈的电流为1.75A，计算电感线圈的电感和电阻。

4-21. 为了降低单相电动机的转速，可以采用降低电动机端电压的方法。为此，可在电路中串联一个电抗 X'_L，如题4-21图所示。已知电动机转动时，绕组的电阻为200Ω，电抗为280Ω，电源电压 $U=220$V，频率 $f = 50$Hz，现欲将电动机端电压降低为 $u_1 = 180$V，求串联电抗 X'_L 及其感抗 L' 的数值。

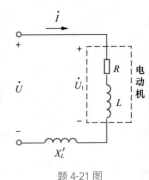

题 4-21 图

▶ 功率因数的提高

4-22. 功率为60W、功率因数为0.5的日光灯（电感性负载）与功率为100W的白炽灯各50只并联在220V的正弦电源上（$f = 50$Hz）。如果要把电路的功率因数提高到0.92，应并联多大电容？

4-23. 今有40W的日光灯一个，使用时灯管与镇流器（可近似地把镇流器看作纯电感）串联在电压为220V、频率为50Hz的电源上。已知灯管工作时属于纯电阻负载，灯管两端的电压等于110V，试求镇流器的感抗与电感。这时电路的功率因数是多少？若将功率因数提高到0.8，问：应并联多大的电容？

4-24. 在题4-24图中，$U = 220$V，$f = 50$Hz，$R_1 = 10$Ω，$X_1 = 10\sqrt{3}$Ω，$R_2 = 5$Ω，$X_2 = 5\sqrt{3}$Ω。试求：（1）电流表的读数和电路的功率因数 $\cos\varphi$；（2）欲使电路的功率因数提高到0.866，则需并联多大的电容？（3）并联电容后电流表的读数又为多少？

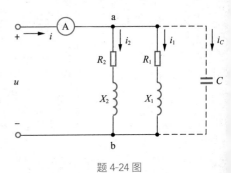

题 4-24 图

▶ **谐振电路分析**

4-25. 有一RLC串联电路，谐振时测得$U_R = 20$V，$U_C = 200$V。求电源电压U_S及电路的品质因数Q。

4-26. 有一RLC串联电路，它在电源频率f为500Hz时发生谐振。谐振时电流I为0.2A，容抗X_C为314Ω，测得电容电压U_C为电源电压U的20倍。试求该电路的电阻R和电感L。

4-27. 收音机天线调谐回路的模型如题4-27图所示，已知等效电感$L = 250\mu$H，等效电阻$R = 20$Ω，若接收频率$f = 1$MHz、电压$U_S = 10\mu$V的信号，求：（1）调谐回路的电容值；（2）谐振阻抗Z_0、谐振电流I_0及谐振电容电压U_{C0}；（3）电路的通频带。

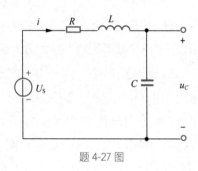

题 4-27 图

第 **5** 章

三相交流电路分析

电力系统目前普遍采用三相交流电源供电，由三相交流电源供电的电路称为三相交流电路。三相交流电路是指由3个频率相同、最大值（或有效值）相等、在相位上互差120°的单相交流电动势组成的电路，这3个电动势称为三相对称电动势。三相电路在生产上应用广泛。发电、输配电和主要电力负载一般都采用三相制。单相交流电路的分析计算方法在三相交流电路中完全适用。本章我们将学习在星形、三角形连接中，针对对称负载和不对称负载，三相交流电路的线电压与相电压、线电流与相电流的大小及相位关系，并学习三相电路中各种功率的计算方法。

学习目标

- 了解三相交流电的产生和对称三相电压的含义，熟悉三相四线制、三相三线制电路的基本概念。
- 牢记在对称的三相电路中，连接方式不同时，线电压与相电压、线电流与相电流的相互关系。
- 对比对称负载和不对称负载下三相交流电路求解的差异。
- 掌握三相电路负载上的功率的计算方法。

5.1 三相交流电

在具有多个正弦电源并按一定方式连接的电路中，若各个电源的频率相同而初相不同，工程上称其为多相制电路（多相系统）。第 4 章讨论的正弦电路属于单相电路。按照相数不同，多相制有二相、三相、六相和十二相等。目前世界上各个国家/地区的电力系统，绝大多数是三相制。本章我们将学习三相交流电路。第 4 章的单相交流电路分析方法在三相交流电路中仍然适用。

5.1.1　三相交流电的优点

电能是现代化生产、管理及生活的主要能源，电能的生产、传输、分配和使用等许多环节构成一个完整的系统，这个系统称为电力系统。三相电力系统由三相电源、三相负载和三相输电线路 3 个部分组成。

三相交流电路的普遍使用与三相制的优越性是分不开的。三相交流电具有如下优点。

（1）三相发电机比尺寸相同的单相发电机输出的功率要大。

（2）三相发电机的结构和制造不比单相发电机复杂多少，且使用、维护都较方便，运转时比单相发电机的振动要小。

（3）在同样条件下输送同样大的功率时，特别是在远距离输电时，三相输电线比单相输电线可节约 25% 左右的材料。

（4）三相异步电动机是应用广泛的动力机械。使用三相交流电的三相异步电动机结构简单、价格低廉、使用维护方便，是工业生产的主要动力源。

由于具有以上优点，所以三相交流电比单相电应用得更广泛，多数单相交流电源也是从三相交流电源中获得的。

5.1.2　三相交流电的产生

三相交流电是由 3 个频率相同、电压幅值相等、相位互差 120° 的交流电组成的。目前，我国生产、配送的都是三相交流电。工业上用的三相交流电，有的直接来自三相发电机，但大多数还是来自三相变压器，对负载来说，它们都是三相交流电源，在低电压供电时，多采用三相四线制。

三相发电机工作原理如图 5-1 所示。三相发电机利用导线切割磁力线感应出电动势的电磁感应原理，将原动机的机械能变为电能输出。发电机由定子和转子两部分组成。定子是发出电力的电枢，转子是磁极。定子由电枢铁芯、均匀排放的三相绕组及机座和端盖等组成。转子通常为隐极式，由励磁绕组、铁芯和轴、护环、中心环等组成。通过轴承、机座及端盖将发电机的定子、转子连接组装起来，使转子能在定子中旋转；通过滑环通入励磁电流，使转子形成一个旋转磁场，定子线圈做切割磁力线的运动，从而产生感应电动势；通过接线端子引出，接在回路中，便产生了电流。

发电机的转子为一磁铁，当它以匀角速度旋转时，每一个定子线圈都会产生交变电动势。3 个线圈产生的交变电动势的幅值和频率都相同，相位互差 120°。电力系统的三相电源是由发电机的三相绕组两端提供 3 个幅值相等、频率相同、相位互差 120° 的正弦电压。三相电源包括 3

个单相电源，每个单相电压源称为三相电压源的一相，三相电源共有3个相，分别为A相、B相、C相，或者U相、V相、W相。

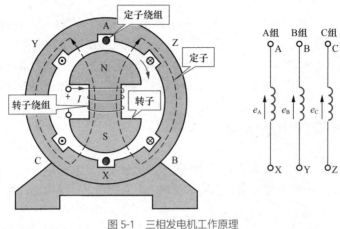

图 5-1　三相发电机工作原理

5.2　三相电源的连接方式

在学习三相交流电路的求解方法之前，我们先探讨电源和负载的连接方式。本节学习三相电源的星形和三角形连接方式。

5.2.1　三相电源

对称三相电源是由3个等幅值、同频率、相位依次相差120°的正弦电压源组成的。它们的电压分别为

$$
\begin{cases}
u_\mathrm{A} = U_\mathrm{m}\sin\omega t \\
u_\mathrm{B} = U_\mathrm{m}\sin(\omega t - 120°) \\
u_\mathrm{C} = U_\mathrm{m}\sin(\omega t + 120°)
\end{cases}
\tag{5-1}
$$

式（5-1）中，U_m为每相电源电压的最大值。若以A相电压u_A作为参考，则三相电压的相量形式为

$$
\begin{cases}
\dot{U}_\mathrm{A} = U_\mathrm{m}\angle 0° \\
\dot{U}_\mathrm{B} = U_\mathrm{m}\angle -120° \\
\dot{U}_\mathrm{C} = U_\mathrm{m}\angle 120°
\end{cases}
\tag{5-2}
$$

可以看出：三相电压相位依次相差120°，其中A相超前于B相，B相超前于C相，C相超前于A相。这种相序称为正序或顺序，本书中主要讨论正序的情况。若相位依次滞后120°，即B相超前于A相，C相超前于B相，这种相序称为负序或逆序。对称三相电源的波形及相量图如图5-2所示。

由图5-2可以看出：对称三相电压满足$\dot{U}_\mathrm{A} + \dot{U}_\mathrm{B} + \dot{U}_\mathrm{C} = 0$，即对称三相电压的相量之和为零。通常三相发电机产生的都是对称三相电源，本书若无特殊说明，提到三相电源时均指对称三相电源。三相电源的三相绕组的连接方式有两种：一种是星形（又称Y形）连接，另一种是三角形

（又称△形）连接，如图5-3所示。

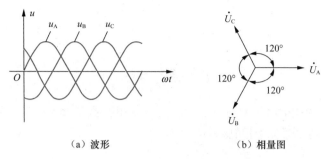

（a）波形　　　　　　　（b）相量图

图 5-2　对称三相电源的波形及相量图

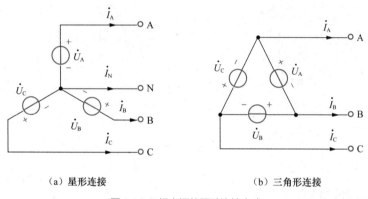

（a）星形连接　　　　　　　　　（b）三角形连接

图 5-3　三相电源的两种连接方式

5.2.2　三相电源的星形连接

将对称三相电源的3个绕组的相尾（末端）连在一起，相头（首端）引出作为输出线，这种连接称为三相电源的星形连接。其中涉及如下基本概念。

（1）中性线：连接在一起的点称为三相电源的中性点，用N表示，中性点接地时称为零点。从中性点引出的线称为中性线或中线，中性点接地时称为零线，但与地线不同。

（2）相线：从3个电源首端引出的线称为相线或端线，俗称火线。

（3）相电压：相线到中性线之间的电压称为相电压，用符号$\dot{U}_A$、$\dot{U}_B$、$\dot{U}_C$表示。

（4）线电压：相线到相线之间的电压称为线电压，用$\dot{U}_{AB}$、$\dot{U}_{BC}$、$\dot{U}_{CA}$表示。规定线电压的方向分别是由A相线指向B相线、B相线指向C相线、C相线指向A相线。

图5-3（a）所示的星形连接中，从中性点引出的导线称为中性线，从端点A、B、C引出的3根导线称为相线或火线，这种由3根相线和1根中性线向外供电的方式称为三相四线制供电方式。除三相四线制以外，其他连接方式均属三相三线制。线电压和与其一一对应的相电压之间的关系由式（5-3）计算可得。星形连接中各线电压$\dot{U}_l$与对应的相电压$\dot{U}_p$的相量关系为，各线电压$\dot{U}_l$相位均超前其对应的相电压$\dot{U}_p$相位30°，且满足$U_l = \sqrt{3}U_p$。线电压和相电压的相量关系如图5-4所示。

$$\begin{cases} \dot{U}_{AB} = \dot{U}_A - \dot{U}_B = \sqrt{3}\dot{U}_A \angle 30° \\ \dot{U}_{BC} = \dot{U}_B - \dot{U}_C = \sqrt{3}\dot{U}_B \angle 30° \\ \dot{U}_{CA} = \dot{U}_C - \dot{U}_A = \sqrt{3}\dot{U}_C \angle 30° \end{cases} \quad （5\text{-}3）$$

$$\dot{U}_1 = \sqrt{3}\dot{U}_p \angle 30° \quad （5\text{-}4）$$

相线中的电流称为线电流，分别为 $\dot{I}_A$、$\dot{I}_B$、$\dot{I}_C$，各相电源中的电流称为相电流，显然在星形连接的三相电源中，线电流等于相电流。

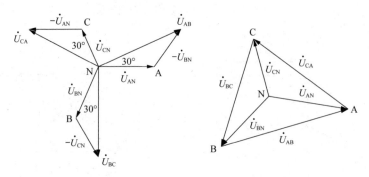

图 5-4　三相电源星形连接时电压相量图

5.2.3　三相电源的三角形连接

将对称三相电源中的3个绕组中A相绕组的相尾与B相绕组的相头、B相绕组的相尾与C相绕组的相头、C相绕组的相尾与A相绕组的相头依次连接，由3个连接点引出3条端线，这样的连接方式称为三角形连接。图5-3（b）所示的三角形连接中，三相电源依次按正负极连接成一个回路，再从端子A、B、C引出导线。三角形连接的三相电源的相电压和线电压、相电流和线电流的定义与星形电源相同。三相电源三角形连接时线电压与其相应的相电压之间的相量关系如图5-5所示。显然，三角形连接的相电压与线电压相等，即

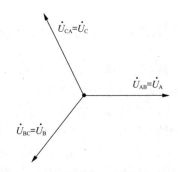

图 5-5　三相电源三角形连接时电压相量图

$$\dot{U}_{AB} = \dot{U}_A, \quad \dot{U}_{BC} = \dot{U}_B, \quad \dot{U}_{CA} = \dot{U}_C \quad （5\text{-}5）$$

$$\dot{U}_1 = \dot{U}_p \quad （5\text{-}6）$$

因为对称三相电动势之和为零，在三角形连接方式下，空载时，闭合回路内没有电流。必须注意，如果任何一相定子绕组接反，3个相电压之和将不为零，在三角形连接的闭合回路中将产生很大的环行电流。所以相线不能接错，常先接成开口三角形，测出电压为零时再接成封闭三角形。

5.3 三相负载的连接方式

由三相电源供电的负载称为三相负载（如三相电动机）。三相电路中的三相负载，可分为对称三相负载和不对称三相负载。各相负载的大小和性质完全相同的称为对称三相负载，即 $R_A = R_B = R_C$，$X_A = X_B = X_C$，如三相电动机、三相变压器、三相电炉等。各相负载不等的称为不对称三相负载，如家用电器和电灯，这类负载通常按照尽量平均分配的方式连接三相交流电源。

三相负载既可以是三相电器（如三相电动机），也可以是单相负载的组合（如电灯）。三相负载的连接方式也有两种：星形连接和三角形连接。当三相的阻抗完全相等时，负载就是对称三相负载。将对称三相电源与对称三相负载进行连接就形成了对称三相电路。三相电源与负载以不同连接方式可以组成Y-Y、Y-△、△-Y、△-△4种不同的三相电路。图5-6（a）、图5-6（b）分别为Y-Y连接方式和Y-△连接方式。

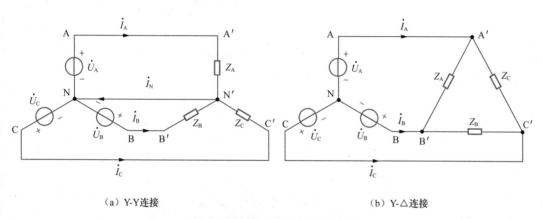

（a）Y-Y连接 （b）Y-△连接

图 5-6 电源与负载的不同连接方式

三相负载中相电压、相电流是指各相负载阻抗上的电压、电流。三相负载的3个端子A′、B′、C′向外引出的导线中的电流称为负载的线电流，任意两个端子之间的电压称为负载的线电压。

5.3.1 三相负载的星形连接

三相负载在星形连接时线电压与相电压之间的关系

把各相负载的末端连在一起接到三相电源的中性线上，把各相负载的首端分别接到三相交流电源的3根相线上，这种连接方式称为三相负载的星形连接。图5-7（a）所示为三相负载星形连接的原理图，图5-7（b）所示为三相负载星形连接的实际电路图。当负载为星形连接时，根据是否有中性线，又分为三相三线制星形连接和三相四线制星形连接，如图5-8所示。

负载为星形连接并具有中性线时，每相负载两端的电压称为负载的相电压，用 $\dot{U}_p$ 表示。线电压 $\dot{U}_l$ 与负载相电压 $\dot{U}_p$ 的关系与电源部分线电压和相电压的相量关系相同，为

$$\dot{U}_l = \sqrt{3}\dot{U}_p \angle 30°$$

电源部分与负载部分连接，构成完整的三相电路后，需要研究电路中的电流。在三相交流电路中，流过每一相负载的电流称为相电流，一般用 $\dot{I}_p$ 来表示。流过每根相线的电流称为线电流，

一般用$\dot{I}_l$表示。

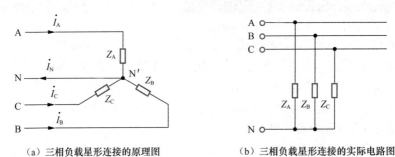

（a）三相负载星形连接的原理图　　　　　（b）三相负载星形连接的实际电路图

图 5-7　三相负载的星形连接方式

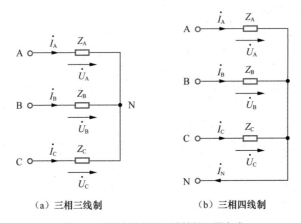

（a）三相三线制　　　　　　　　（b）三相四线制

图 5-8　三相负载的星形连接的不同方式

当负载为星形连接且具有中性线时，三相交流电路的每一相，就是一个单相交流电路，各相电压与电流间数值及相位关系可应用前面学习的单相交流电路的方法分析。

每相的负载都串接在相线上，相线上的电流和流过负载的是同一电流，所以各线电流等于其对应的各相电流，一般写成

$$\dot{I}_l = \dot{I}_p \tag{5-7}$$

除此之外，我们还要考虑流过中性线的电流，由 KCL 可以求出中性线电流。中性线电流为线电流（或相电流）的矢量和，即

$$\dot{I}_N = \dot{I}_A + \dot{I}_B + \dot{I}_C \tag{5-8}$$

负载为星形连接时，三相负载上的电压大小相等，相位互差120°。

$$\begin{cases} \dot{U}_A = U_m \angle 0° \\ \dot{U}_B = U_m \angle -120° \\ \dot{U}_C = U_m \angle 120° \end{cases}$$

若负载对称，即$Z_A = Z_B = Z_C = |Z| \angle \varphi$，负载上的相电流分别为

$$\dot{I}_A = \frac{\dot{U}_A}{Z_A}, \quad \dot{I}_B = \frac{\dot{U}_B}{Z_B}, \quad \dot{I}_C = \frac{\dot{U}_C}{Z_C}$$

各相电流也是大小相等、相位互差120°的。星形连接下三相对称负载的相量图如图5-9所示。

对于三相对称负载，在对称三相电源作用下，相线与中性线上的电流关系为

$$\dot{I}_N = \dot{I}_A + \dot{I}_B + \dot{I}_C = 0 \qquad (5-9)$$

因此，在对称负载下，中性线可以去掉，电路变成图5-8（a）所示的三相三线制。例如，在发电厂与变电站、变电站与三相电动机等之间，由于负载对称，便采用三相三线制传输。

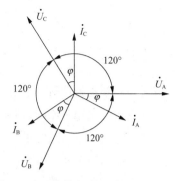

图 5-9 星形连接下三相对称负载的相量图

若负载不对称，则中性线电流为

$$\dot{I}_N = \dot{I}_A + \dot{I}_B + \dot{I}_C \neq 0 \qquad (5-10)$$

三相负载在很多情况下是不对称的，最常见的照明电路就是不对称负载星形连接的三相电路。下面，我们根据具体的数据来分析三相四线制中性线的重要作用。

如图5-10（a）所示，额定电压为220V，功率分别为100W、40W和60W的3盏白炽灯进行星形连接，然后接到三相四线制的电源上。

在中性线上装有开关S_N。当合上S_N时每个灯泡都能正常发光。当断开S_A、S_B和S_C中任意一个或两个开关时，处在通路状态下的灯泡两端的电压仍然是相电压，灯仍然正常发光。上述情况是相电压不变，而各相电流的数值不同，中性线电流不等于零。如果断开开关S_C，再断开中性线开关S_N，如图5-10（b）所示，中性线断开后，电路变成不对称星形负载无中性线电路，40W的灯反而比100W的灯亮得多。其原因是，没有中性线，两个灯（40W和100W灯泡）串联起来以后接到两根相线上，即加在两个串联灯两端的电压是线电压（380V）。又由于100W的灯的电阻比40W的灯的电阻小，由串联分压可知它两端的电压也就小。因此，100W的灯反而较暗，40W的灯两端的电压大于220V，其会发出更强的光，还可能被烧毁。

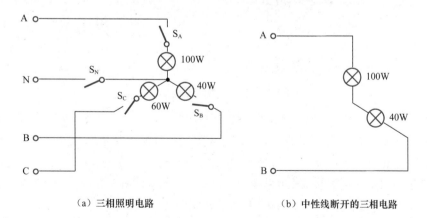

（a）三相照明电路　　　　　　　　　　　（b）中性线断开的三相电路

图 5-10 照明电路举例

可见，对于不对称星形负载的三相电路，必须采用带中性线的三相四线制供电。若无中性线，可能使某一相电压过低，该相的用电设备不能工作；某一相电压过高，烧毁该相的用电设备。因此，中性线对于电路的正常工作及安全是非常重要的，它可以保证负载电压的对称，防止发生事故。

通过这个实例可以发现，中性线的作用就是使不对称的负载获得对称的相电压，使各用电设备都能正常工作，而且互不影响。在三相四线制供电线路中，规定中性线上不允许安装熔断器、开关等装置。为了提高机械强度，有的中性线还加有钢芯；另外通常还要把中性线接地，使它与大地电位相同，以保障安全。

负载进行星形连接时，结论如下。

（1）线电压是相电压的$\sqrt{3}$倍，线电压超前相电压30°，即$\dot{U}_l = \sqrt{3}\dot{U}_p\angle 30°$。

（2）线电流等于负载的相电流，即$\dot{I}_l = \dot{I}_p$。

（3）对于对称负载，可去掉中性线，成为三相三线制连接。

（4）对于不对称负载，为了保证每相负载获得对称的电压，则必须加中性线，采用三相四线制连接方式。

注意：这里描述的线电压与相电压、线电流与相电流，特指有对应关系的两个电压或两个电流，否则上述表达式不成立。

5.3.2　三相负载的三角形连接

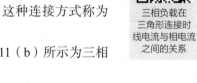

三相负载在三角形连接时线电流与相电流之间的关系

把三相负载分别接到三相交流电源的每两根相线之间，这种连接方式称为三角形连接。

图5-11（a）所示为三相负载三角形连接的原理图，图5-11（b）所示为三相负载三角形连接的实际电路图。

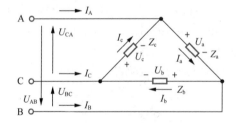

（a）三相负载三角形连接的原理图　　　　（b）三相负载三角形连接的实际电路图

图 5-11　三相负载的三角形连接方式

三角形连接中，各相负载分别接在了两根相线之间，因此负载两端的电压，即负载的相电压等于电源的线电压，$\dot{U}_l = \dot{U}_p$。由于三相电源是对称的，因此无论负载是否对称，负载的相电压是对称的，即各相电压的有效值相等，相位互差120°。

在负载进行三角形连接的三相电路中，可以将每一相负载所在电路看作单相交流电路。各相电流和电压之间的数值与相位关系与单相交流电路相同。

在对称三相电源的作用下，每一相上的负载完全相等。流过该对称负载的各相电流也是对称的，应用单相交流电路的计算方法，可知各相电流的有效值相等，相位互差120°。根据KCL，由图5-11（a）可知

$$\begin{cases} \dot{I}_A = \dot{I}_a - \dot{I}_c \\ \dot{I}_B = \dot{I}_b - \dot{I}_a \\ \dot{I}_C = \dot{I}_c - \dot{I}_b \end{cases}$$

其中，$\dot{I}_A$、$\dot{I}_B$、$\dot{I}_C$ 为线电流，$\dot{I}_a$、$\dot{I}_b$、$\dot{I}_c$ 为相电流。采用相量表示可求出线电流与相电流之间有以下关系

$$\dot{I}_l = \sqrt{3}\dot{I}_p \angle -30° \qquad (5-11)$$

三角形连接下三相对称负载的线电流与相电流的相量关系如图 5-12 所示，线电流有效值是其对应的相电流有效值的 $\sqrt{3}$ 倍，相位滞后于相应的相电流 30°。若负载不对称，则该关系是不存在的。

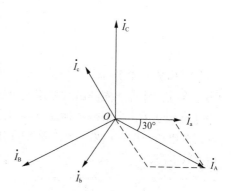

图 5-12　三角形连接下三相对称负载的线电流与相电流的相量关系

当三相负载进行三角形连接时，结论如下。

（1）线电压等于相电压，即 $\dot{U}_l = \dot{U}_p$。无论三相负载对称与否，这一关系恒成立。

（2）当对称三相负载进行三角形连接时，线电流有效值为相电流有效值的 $\sqrt{3}$ 倍，相位滞后 30°，一般写成 $\dot{I}_l = \sqrt{3}\dot{I}_p \angle -30°$。要特别注意，当负载不对称时该关系不成立。

5.4　三相电路计算

5.4.1　对称三相电路的计算

三相电源和三相负载均对称，且各端线的线路阻抗也相同的三相电路称为对称三相电路，如图 5-13 所示，这是一个 Y-Y 连接的对称三相电路。

电路中，中性点电压和中性线电流都等于零，中性线不起作用，Z_N 的大小对电路工作状态无关，采用节点法，以 N 为参考节点，有

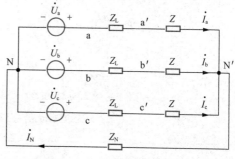

图 5-13　Y-Y 连接的对称三相电路

$$\dot{U}_{N'} = \frac{(\dot{U}_a + \dot{U}_b + \dot{U}_c) \cdot [1/(Z_L + Z)]}{3/(Z_L + Z) + 1/Z_N} \qquad (5-12)$$

由于 $\dot{U}_a + \dot{U}_b + \dot{U}_c = 0$ 有 $\dot{U}_{N'} = 0$，$\dot{U}_{N'N} = 0$，故中性线上无电流，即

$$\dot{I}_N = \frac{\dot{U}_{N'N}}{Z_N} = 0 \qquad (5-13)$$

各相电流是对称的，由各相电压及各相负载阻抗决定，相电流有效值相等，相位互差 120°。各线电流与对应的相电流相等，计算方法如下。

$$\dot{I}_a = \frac{\dot{U}_a - \dot{U}_{N'}}{Z_L + Z} = \frac{\dot{U}_a}{Z_L + Z}, \quad \dot{I}_b = \frac{\dot{U}_b}{Z_L + Z} = \dot{I}_a \angle -120°, \quad \dot{I}_c = \frac{\dot{U}_c}{Z_L + Z} = \dot{I}_a \angle 120°$$

由线电流的对称性也可以推出 $\dot{I}_N = \dot{I}_a + \dot{I}_b + \dot{I}_c = 0$。

负载端相电压对称，线电压也对称，$U_l = \sqrt{3}U_p$，线电压超前对应的相电压 30°。各相电压和线电压关系如下。

$$\dot{U}_{a'N'} = \dot{I}_a Z, \quad \dot{U}_{b'N'} = \dot{I}_b Z = \dot{U}_{a'N'}\angle -120°, \quad \dot{U}_{c'N'} = \dot{I}_c Z = \dot{U}_{a'N'}\angle 120°$$

$$\dot{U}_{a'b'} = \sqrt{3}\dot{U}_{a'N'}\angle 30°, \quad \dot{U}_{b'c'} = \sqrt{3}\dot{U}_{b'N'}\angle 30°, \quad \dot{U}_{c'a'} = \sqrt{3}\dot{U}_{c'N'}\angle 30°$$

对称Y-Y电路也可以先归结为单相的交流电路，再进行计算。先画出一相等效电路并计算该相的电流和电压，再根据对称性直接写出其余两相的电流和电压。图5-14所示即对称Y-Y电路对应的一相等效电路。

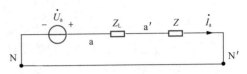

图5-14 图5-13所示电路对应的一相等效电路

例题 5-1

问题 星形连接的三相负载，每相电阻 $R=6\Omega$，感抗 $X_L=8\Omega$。电源电压对称，如图5-15所示，设 $u_{UV} = 380\sqrt{2}\sin(\omega t + 30°)\,\text{V}$，试求电流。

解答

因为负载对称，计算一相即可，现以U相为例。

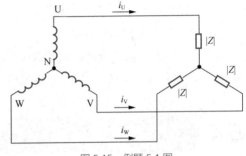

图5-15 例题5-1图

$$U_U = \frac{U_{UV}}{\sqrt{3}} = \frac{380}{\sqrt{3}} \approx 220\,\text{V}, \quad u_U \approx 220\sqrt{2}\sin\omega t\,\text{V}$$

$$I_U = \frac{U_U}{|Z_U|} = \frac{220}{\sqrt{6^2+8^2}} = 22\,\text{A}, \quad \varphi = \arctan\frac{X_L}{R} = \arctan\frac{8}{6} \approx 53°$$

$$i_U \approx 22\sqrt{2}\sin(\omega t - 53°)\,\text{A}$$

$$i_V \approx 22\sqrt{2}\sin(\omega t - 53° - 120°) = 22\sqrt{2}\sin(\omega t - 173°)\,\text{A}$$

$$i_W \approx 22\sqrt{2}\sin(\omega t - 53° + 120°) = 22\sqrt{2}\sin(\omega t + 67°)\,\text{A}$$

三相电动势和负载对称，各相电压和电流也都对称。只要求得某一相电压、相电流，其他两相就可以根据对称关系直接写出，各相电流仅由各相电压和各相阻抗决定。各相计算具有独立性。三相对称电路计算可归结为一相来计算。

如果三相负载对称，中性线中无电流，则可将中性线除去，系统成为三相三线制系统。本例题就是完全对称的三相电路，采用的是三相三线制。但是如果三相负载不对称，中性线上就会有电流通过，此时中性线是不能被除去的，否则会造成负载上三相电压严重不对称，使用电设备不能正常工作。

对于对称的三相电路，一般线电压为已知，可根据电压和负载求相电流及线电流。

$$u_l \rightarrow u_p \rightarrow \dot{I}_l = \dot{I}_p = \frac{\dot{U}_p}{Z}$$

由于负载对称时，三相电流也对称，因此只求出其中一相，其他两相电流就可以根据对称关系直接写出。对于复杂对称三相电路，可以将其转化为对称Y-Y三相电路，再化为单相电路进行计算。可把各三角形连接的电源和负载都等效为星形连接方式，如图5-16所示。其中负载的三角形连接转化为星形连接可采用第2章介绍的变换方法。

画一条无阻抗的假想中性线把电源和负载的中性点连接起来，原有中性线上的阻抗均被假想线短路，如图5-17所示，取出一相进行计算。根据对称关系推算其他相（线）电压、电流。

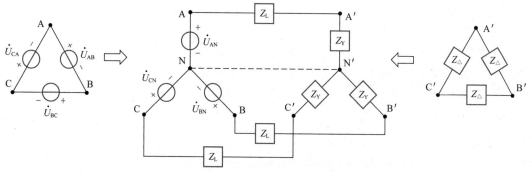

图 5-16　三角形连接的电源、负载转化为星形连接方式

图 5-18 所示为 △-△ 连接的三相对称电路。在该电路中，线电压与相电压相等，即 $\dot{U}_l = \dot{U}_p$，各相负载电流大小相等，相位相差 120°，$I_l = \sqrt{3}I_p$，线电流相位滞后对应相电流的相位 30°。

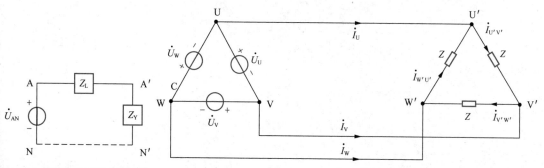

图 5-17　三角形电路转化为星形
电路后的对应一相等效电路

图 5-18　△-△ 连接的三相对称电路

例题 5-2

问题　对称三相电路如图 5-19（a）所示，已知负载的每相阻抗为 $Z = (19.2 + \mathrm{j}14.4)\Omega$，端线阻抗为 $Z_L = (3 + \mathrm{j}4)\Omega$，对称线电压 $U_l = 380\mathrm{V}$。求负载端的线电压和线电流。

例题5-2讲解

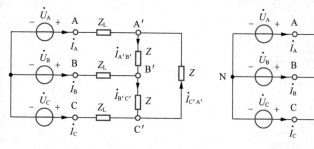

（a）对称三相电路　　　　（b）三角形连接变换成星形连接

图 5-19　例题 5-2 图

解答　将三角形连接的负载等效变换成星形连接，如图 5-19（b）所示。

$$Z' = \frac{Z}{3} = \frac{19.2 + \mathrm{j}14.4}{3} = (6.4 + \mathrm{j}4.8)\Omega$$

因为 $U_1 = 380\text{V}$，所以

$$U_\text{p} = \frac{U_1}{\sqrt{3}} = \frac{380}{\sqrt{3}} \approx 220\text{V}$$

单独画出 A 相的电路进行分析。

设 $\dot{U}_\text{A} = 220\angle 0°\text{V}$，则

$$\dot{I}_\text{A} = \frac{\dot{U}_\text{A}}{Z' + Z_\text{L}} = 17.1\angle -43.2°\text{A}$$

$$\dot{I}_\text{B} = 17.1\angle -163.2°\text{A}, \quad \dot{I}_\text{C} = 17.1\angle 76.8°\text{A}$$

此电流即负载端的线电流。负载端的相电压为

$$\dot{U}_\text{A'N'} = \dot{I}_\text{A}Z' = 136.8\angle -6.3°\text{V}$$

则线电压为

$$\dot{U}_\text{A'B'} = \sqrt{3}\dot{U}_\text{A'N'}\angle 30° \approx 236.9\angle 23.7°\text{V}$$

$$\dot{U}_\text{B'C'} \approx 236.9\angle -96.3°\text{V}$$

$$\dot{U}_\text{C'A'} \approx 236.9\angle 143.7°\text{V}$$

所以负载端的相电流为

$$\dot{I}_\text{A'B'} = \frac{\dot{U}_\text{A'B'}}{Z} \approx 9.9\angle -13.2°\text{A}$$

$$\dot{I}_\text{B'C'} \approx 9.9\angle -133.2°\text{A}$$

$$\dot{I}_\text{C'A'} \approx 9.9\angle 106.8°\text{A}$$

对有多组负载的对称三相电路，可用单相法按如下步骤求解。

（1）用等效星形连接的对称三相电源的线电压代替原电路的线电压；将电路中三角形连接的负载，用等效星形连接的负载代替。

（2）假设中性线将电源中性点与负载中性点连接起来，电路形成等效的三相四线制电路。

（3）取出一相电路，单独求解。

（4）由对称性求出其余两相的电流和电压。

（5）求出原来三角形连接负载的各相电流。

例题 5-3

问题　三相对称电路如图 5-20 所示，电源线电压为 380V，星形连接负载阻抗 $Z_\text{Y} = 22\angle -30°\Omega$，三角形连接的负载阻抗 $Z_\triangle = 38\angle 60°\Omega$。求：（1）星形连接的各相电压 $\dot{U}_\text{A}$、$\dot{U}_\text{B}$、$\dot{U}_\text{C}$；（2）三角形连接的负载相电流 $\dot{I}_\text{AB}$、$\dot{I}_\text{BC}$、$\dot{I}_\text{CA}$；（3）传输线电流 $\dot{I}_\text{A}$、$\dot{I}_\text{B}$、$\dot{I}_\text{C}$。

解答　根据题意，设 $\dot{U}_\text{AB} = 380\angle 0°\text{V}$。

（1）由线电压和相电压的关系，可得出星形连接的负载各相电压为

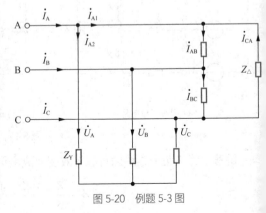

图 5-20　例题 5-3 图

$$\dot{U}_A = \frac{380\angle(0^\circ - 30^\circ)}{\sqrt{3}} \approx 220\angle -30^\circ V$$

$$\dot{U}_B = 220\angle -150^\circ V$$

$$\dot{U}_C = 220\angle 90^\circ V$$

例题5-3讲解

（2）三角形连接的负载相电流为

$$\dot{I}_{AB} = \frac{\dot{U}_{AB}}{Z_\triangle} = \frac{380\angle 0^\circ}{38\angle 60^\circ} = 10\angle -60^\circ A$$

因为对称，所以

$$\dot{I}_{BC} = 10\angle -180^\circ A, \quad \dot{I}_{CA} = 10\angle 60^\circ A$$

（3）传输线 A 相线上的电流为星形负载的线电流 $\dot{I}_{A1}$ 与三角形负载线电流 $\dot{I}_{A2}$ 之和。其中

$$\dot{I}_{A1} = \frac{\dot{U}_A}{Z_Y} = \frac{220\angle -30^\circ}{22\angle -30^\circ} = 10\angle 0^\circ A$$

$\dot{I}_{A2}$ 是相电流 $\dot{I}_{AB}$ 的 $\sqrt{3}$ 倍，相位滞后 $\dot{I}_{AB}$ 相位30°，即

$$\dot{I}_{A2} = \sqrt{3}\dot{I}_{AB}\angle -30^\circ = \sqrt{3}\times 10\angle(-60^\circ - 30^\circ)A = 10\sqrt{3}\angle -90^\circ A$$

$$\dot{I}_A = \dot{I}_{A1} + \dot{I}_{A2} = 10\angle 0^\circ A + 10\sqrt{3}\angle -90^\circ A = (10 - j10\sqrt{3})\ A = 20\angle -60^\circ A$$

因为对称，所以

$$\dot{I}_B = 20\angle -180^\circ A$$

$$\dot{I}_C = 20\angle 60^\circ A$$

可见，对于对称电路，只需求其中一相，其余两相用对称性可得。

5.4.2　不对称三相电路的计算

这里的不对称三相电路指的是电源对称、负载不对称的情况。3 个负载不完全相等，三相电源出现某相电源短路或开路，都会形成不对称三相电路。在图 5-21 所示电路中，三相负载不相等。

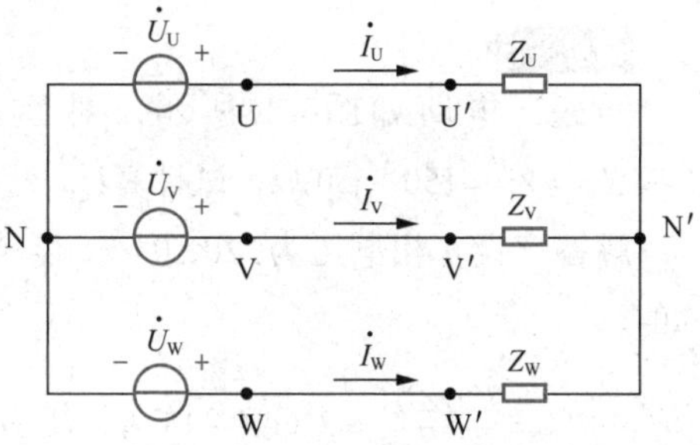

在该电路中，中性点电压不为零，即

$$\dot{U}_{N'N} = \frac{\dfrac{\dot{U}_U}{Z_U} + \dfrac{\dot{U}_V}{Z_V} + \dfrac{\dot{U}_W}{Z_W}}{\dfrac{1}{Z_U} + \dfrac{1}{Z_V} + \dfrac{1}{Z_W}} \neq 0$$

图 5-21　星形连接不对称负载

各相电压不对称，各相电流（线电流）不对称，即

$$\dot{U}_{U'} = \dot{U}_{UN'} = \dot{U}_U - \dot{U}_{N'N}, \quad \dot{U}_{V'} = \dot{U}_{VN'} = \dot{U}_V - \dot{U}_{N'N}, \quad \dot{U}_{W'} = \dot{U}_{WN'} = \dot{U}_W - \dot{U}_{N'N}$$

$$\dot{I}_U = \frac{\dot{U}_{U'}}{Z_U}, \quad \dot{I}_V = \frac{\dot{U}_{V'}}{Z_V}, \quad \dot{I}_W = \frac{\dot{U}_{W'}}{Z_W}$$

三相电路的
中性点电压和
负载电压

3个负载相电压不对称，即

$$\dot{U}_{\text{U'N'}} = Z_{\text{U}}\dot{I}_{\text{U}}, \quad \dot{U}_{\text{V'N'}} = Z_{\text{V}}\dot{I}_{\text{V}}, \quad \dot{U}_{\text{W'N'}} = Z_{\text{W}}\dot{I}_{\text{W}}$$

因此中性线电流不等于零，即

$$\dot{I}_{\text{N}} = Y_{\text{N}}\dot{U}_{\text{N'N}} = \dot{I}_{\text{U}} + \dot{I}_{\text{V}} + \dot{I}_{\text{W}}$$

除三相负载不相等外，若有一相负载短路和断路，原对称三相电路就成为不对称三相电路。设U相短路，V相和W相负载将因电压过高、电流过大而损坏。当接了中性线，且$Z_{\text{N}} = 0$时，$\dot{U}_{\text{N'N}} = 0$，U相短路将使U相电流很大，如果采用使U相熔丝断开的办法来保护电路，则对其他两相没有影响。U相断路，V相和W相的相电压是线电压的一半，若线电压为380V，则V相和W相的相电压只有190V，不能正常工作。

对于不对称负载电路，我们需要注意以下3点。

（1）由单相负载组成的Y-Y三相四线电路，多数情况是不对称的，中性点电压不等于零，负载中性点电位发生位移，各负载上电压、电流都不对称，必须逐相计算。负载不对称而又没有中性线时，负载上可能得到大小不等的电压，有的超过用电设备的额定电压，有的达不到额定电压，用电设备都不能正常工作。为使负载正常工作，中性线不能断开。由三相电动机组成的负载都是对称的，但在一相断路或一相短路等故障下，形成不对称电路，也必须逐相计算。

（2）不对称星形三相负载，必须连接中性线。三相四线制供电时，中性线的作用是很大的，中性线使三相负载成为3个互不影响的独立回路，甚至在某一相发生故障时，其余两相仍能正常工作。中性线的作用在于，使星形连接的不对称负载得到相等的相电压。为了保证负载正常工作，规定中性线上不能安装开关和熔断器，而且中性线本身的机械强度要好，接头处必须连接牢固，以防断开。

（3）由单相负载组成不对称星形三相电路，安装时总是力求各相负载接近对称。

对于不对称三角形负载的计算，可以先将三角形负载等效为星形负载再计算，当然也可以直接每相单独计算。

例题 5-4

问题 电路如图5-22所示，对称三相电源的线电压为$U_l = 380\text{V}$，$Z_L = (100 + j100)\Omega$，$Z_A = Z_B = Z_C = (50 + j50)\Omega$，试计算$\dot{I}_A$、$\dot{I}_B$、$\dot{I}_C$、$\dot{I}_L$。

解答 设A相电压为$220\angle 0°$，显然$\dot{I}'_A$、$\dot{I}'_B$和$\dot{I}_C$仍然是对称的。

$$\dot{I}'_A = \frac{220\angle 0°}{50 + j50} = 3.11\angle -45°\text{A}, \quad \dot{I}'_B = 3.11\angle -165°\text{A}$$

$$\dot{I}_L = \frac{\dot{U}_{AB}}{Z_L} = \frac{380\angle 30°}{100 + j100} = 2.687\angle -15°\text{A}, \quad \dot{I}_C = 3.11\angle 75°\text{A}$$

$$\dot{I}_A = \dot{I}_L + \dot{I}'_A = 2.687\angle -15° + 3.11\angle -45° = 5.60\angle -31.12°\text{A}$$

$$\dot{I}_B = -\dot{I}_L + \dot{I}'_B = -2.687\angle -15° + 3.11\angle -165° = 5.60\angle -178.87°\text{A}$$

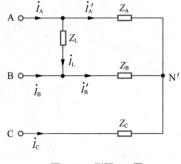

图 5-22 例题 5-4 图

5.5 三相交流电路中的功率

三相电路中的每一相电路的功率计算与单相交流电路中的功率计算方法相同。三相总功率可以通过先每一相单独求解再求和的方法计算。本节讲解对称的三相电路的总功率求解方法，包括有功功率、无功功率和视在功率的求解方法。

5.5.1　三相功率的计算

1. 有功功率

在三相电路中经常需要计算有功功率，即平均功率。无论三相电路是否对称，计算三相电路的平均功率都可以采用将三相电路中每一单相的有功功率单独计算再进行叠加的方法，即

$$
\begin{aligned}
P &= P_\mathrm{U} + P_\mathrm{V} + P_\mathrm{W} \\
&= U_\mathrm{U} I_\mathrm{U} \cos\varphi_\mathrm{U} + U_\mathrm{V} I_\mathrm{V} \cos\varphi_\mathrm{V} + U_\mathrm{W} I_\mathrm{W} \cos\varphi_\mathrm{W} \\
&= I_\mathrm{U}^2 R_\mathrm{U} + I_\mathrm{V}^2 R_\mathrm{V} + I_\mathrm{W}^2 R_\mathrm{W}
\end{aligned}
\tag{5-14}
$$

若三相负载是对称的，则 $U_\mathrm{U} I_\mathrm{U} \cos\varphi_\mathrm{U} = U_\mathrm{V} I_\mathrm{V} \cos\varphi_\mathrm{V} = U_\mathrm{W} I_\mathrm{W} \cos\varphi_\mathrm{W} = U_\mathrm{p} I_\mathrm{p} \cos\varphi_\mathrm{p}$，三相总有功功率为

$$
P = P_\mathrm{U} + P_\mathrm{V} + P_\mathrm{W} = 3 U_\mathrm{p} I_\mathrm{p} \cos\varphi_\mathrm{p}
\tag{5-15}
$$

其中，U_p、I_p 代表负载上的相电压和相电流。

当负载连接方式为星形连接时

$$
U_\mathrm{p} = \frac{U_\mathrm{l}}{\sqrt{3}}, \quad I_\mathrm{p} = I_\mathrm{l}, \quad P = \sqrt{3} U_\mathrm{l} I_\mathrm{l} \cos\varphi_\mathrm{p} = 3 I_\mathrm{p}^2 R
$$

当负载连接方式为三角形连接时

$$
U_\mathrm{p} = U_\mathrm{l}, \quad I_\mathrm{p} = \frac{I_\mathrm{l}}{\sqrt{3}}, \quad P = \sqrt{3} U_\mathrm{l} I_\mathrm{l} \cos\varphi_\mathrm{p}
$$

因此，对称三相电路的有功功率的计算公式为

$$
P = \sqrt{3} U_\mathrm{l} I_\mathrm{l} \cos\varphi_\mathrm{p}
\tag{5-16}
$$

该公式与负载的连接方式无关，φ_p 是每一单相中相电压与相电流之间的相位差，由负载的阻抗角决定。

2. 无功功率

$$
\begin{aligned}
Q &= Q_\mathrm{U} + Q_\mathrm{V} + Q_\mathrm{W} \\
&= U_\mathrm{U} I_\mathrm{U} \sin\varphi_\mathrm{U} + U_\mathrm{V} I_\mathrm{V} \sin\varphi_\mathrm{V} + U_\mathrm{W} I_\mathrm{W} \sin\varphi_\mathrm{W} \\
&= I_\mathrm{U}^2 X_\mathrm{U} + I_\mathrm{V}^2 X_\mathrm{V} + I_\mathrm{W}^2 X_\mathrm{W}
\end{aligned}
\tag{5-17}
$$

$$
Q = \sqrt{3} U_\mathrm{l} I_\mathrm{l} \sin\varphi_\mathrm{p}
\tag{5-18}
$$

若三相负载是对称的，无论负载接成星形还是三角形，都有

$$
Q = Q_\mathrm{U} + Q_\mathrm{V} + Q_\mathrm{W} = 3 U_\mathrm{p} I_\mathrm{p} \sin\varphi_\mathrm{p} = \sqrt{3} U_\mathrm{l} I_\mathrm{l} \sin\varphi_\mathrm{p} = 3 I_\mathrm{p}^2 X_\mathrm{p}
\tag{5-19}
$$

3. 视在功率

$$S = \sqrt{P^2 + Q^2} \tag{5-20}$$

若三相负载对称，则

$$S = \sqrt{(\sqrt{3}U_1 I_1 \cos\varphi_p)^2 + (\sqrt{3}U_1 I_1 \sin\varphi_p)^2} = \sqrt{3}U_1 I_1 = 3U_p I_p \tag{5-21}$$

但要注意在不对称三相电路中，视在功率不等于各相电压与相电流之和，即

$$S \neq S_U + S_V + S_W$$

三相负载的功率因数为

$$\cos\varphi = \lambda = \frac{P}{S} \tag{5-22}$$

若负载对称，则 $\lambda = \dfrac{\sqrt{3}U_1 I_1 \cos\varphi_p}{\sqrt{3}U_1 I_1} = \cos\varphi_p$。

在对称情况下，$\cos\varphi = \cos\varphi_p$，是一相负载的功率因数，$\varphi = \varphi_p$，即负载的阻抗角。在不对称负载中，各相功率因数不同，三相负载的功率因数值无实际意义。

例题 5-5

问题 有一对称三相负载，每相阻抗 $Z = 80 + j60\Omega$，电源线电压 $U_1 = 380\text{V}$。求当三相负载分别连接成星形和三角形时电路的有功功率和无功功率。

解答 （1）负载为星形连接时

$$U_p = \frac{U_1}{\sqrt{3}} = \frac{380}{\sqrt{3}} \approx 220\text{V}, \quad I_p = I_1 = \frac{U_p}{|Z|} = \frac{220}{\sqrt{80^2 + 60^2}} = 2.2\text{A}$$

$$\cos\varphi = \frac{80}{\sqrt{80^2 + 60^2}} = 0.8, \quad \sin\varphi = 0.6$$

$$P = \sqrt{3}U_1 I_1 \cos\varphi = \sqrt{3} \times 380 \times 2.2 \times 0.8 \approx 1.16\text{kW}$$

$$Q = \sqrt{3}U_1 I_1 \sin\varphi = \sqrt{3} \times 380 \times 2.2 \times 0.6 \approx 0.87\text{kVar}$$

（2）负载为三角形连接时

$$U_p = U_1 = 380\text{V}, \quad I_1 = \sqrt{3}I_p = \sqrt{3}\frac{380}{\sqrt{80^2 + 60^2}} \approx 6.6\text{A}$$

$$P = \sqrt{3}U_1 I_1 \cos\varphi = \sqrt{3} \times 380 \times 6.6 \times 0.8 \approx 3.48\text{kW}$$

$$Q = \sqrt{3}U_1 I_1 \sin\varphi = \sqrt{3} \times 380 \times 6.6 \times 0.6 \approx 2.61\text{kVar}$$

5.5.2 单相功率表测三相功率

图5-23所示两种接线方式，都包含功率表本身的一部分损耗。在图5-23（a）中的电流线圈中流过的电流显然是负载电流，但电压线圈

AR 交互动画

三相电路实验操作与演示

两端电压却等于负载电压加上电流线圈的电压降，即在功率表的读数中多出了电流线圈的损耗。因此，这种接法比较适用于负载电阻远大于电流线圈电阻（即电流小、电压高、功率小的负载）的测量。例如，在日光灯实验中测量镇流器功率，其电流线圈的损耗就要比负载的功率小得多，功率表的读数就基本上等于负载功率。图5-23（b）中的电压线圈上的电压虽然等于负载电压，但电流线圈中的电流却等于负载电流加上电压线圈的电流，即功率表的读数中多出了电压线圈的损耗。因此，这种接法比较适用于负载电阻远小于电压线圈电阻及大电流、大功率负载的测量。

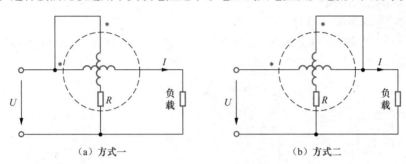

（a）方式一　　　　　　　　　　　（b）方式二

图 5-23　功率表的两种接线方式

1. 一表法测三相功率

（1）有功功率的测量

对于三相四线制供电的三相星形连接的负载，可用一只功率表测量各相的有功功率P_A、P_B、P_C，三相功率之和（$\sum P = P_A + P_B + P_C$）即三相负载的总有功功率值。一表法就是用一只单相功率表去分别测量各相的有功功率。若三相负载是对称的，则只需测量一相的功率，将该相功率乘以3即得三相总的有功功率。

一表法仅适用于电源、负载均对称的三相电路，其测有功功率的接线方式如图5-24所示，

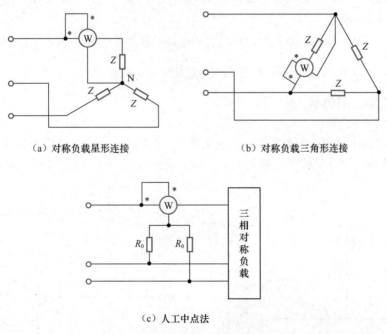

（a）对称负载星形连接　　　　　　　（b）对称负载三角形连接

（c）人工中点法

图 5-24　一表法测有功功率

其中人工中点法用于负载星形连接而中性点不能引出或负载三角形连接而各相均不能断开的场合，R_0 等于电压支路等效电阻。用一表法测量时，三相有功功率 $P = 3P_1$（P_1 为功率表读数）。

（2）无功功率的测量

一表跨相法仅适用于电源、负载均对称的三相电路，其测无功功率的接线方式如图 5-25 所示。三相无功功率 $Q = \sqrt{3}Q_1$（Q_1 为功率表读数）。

2. 二表法测三相功率

（1）有功功率的测量

二表法测有功功率的接线方式如图 5-26 所示。三相负载所消耗的总功率 P 为两只功率表读数的代数和，即

$$P = P_1 + P_2 = U_{AC}I_A\cos\varphi_1 + U_{BC}I_B\cos\varphi_2 = P_A + P_B + P_C$$

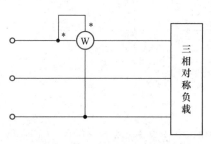

图 5-25　一表跨相法测无功功率

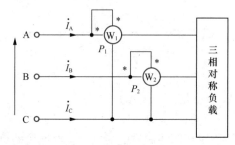

图 5-26　二表法测有功功率

当负载对称时，两只功率表的读数分别为

$$P_1 = U_{AC}I_A\cos\varphi_1 = U_{AC}I_A\cos(30° - \varphi)$$
$$P_2 = U_{BC}I_B\cos\varphi_2 = U_{BC}I_B\cos(30° + \varphi)$$

用二表跨相法测量时，三相有功功率 $P = P_1 + P_2$。

（2）无功功率的测量

二表跨相法适用于电源、负载均对称的三相电路，其测无功功率的接线方式如图 5-27 所示。三相无功功率 $Q = \dfrac{\sqrt{3}}{2}(Q_1 + Q_2)$（$Q_1$、$Q_2$ 分别为两只功率表的读数）。

3. 三表法测三相功率

（1）有功功率的测量

在三相四线制电路中，一般是用三表法来测量三相功率，三表法适用于各种三相四线制电路。如图 5-28 所示，若 3 只功率表的读数分别为 P_1、P_2 和 P_3，则三相负载的功率为 $P = P_1 + P_2 + P_3$。

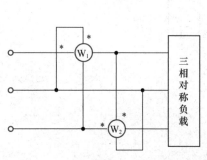

图 5-27　二表跨相法测无功功率

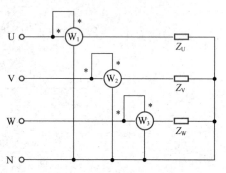

图 5-28　三表法测有功功率

（2）无功功率的测量

三表跨相法适用于电源对称的三相电路，其测无功功率的接线方式如图5-29所示。三相无功功率$Q = \frac{\sqrt{3}}{3}(Q_1 + Q_2 + Q_3)$（$Q_1$、$Q_2$、$Q_3$分别为3只功率表的读数）。

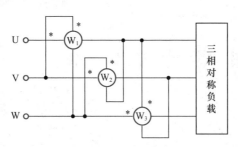

图 5-29　三表跨相法测无功功率

5.6　拓展阅读与实践应用：电力"高速公路"——特高压输电

高效清洁能源如太阳能、风能、水能等主要分布在西部偏远地区，要想把西部这些清洁能源输送到中东部地区，需要跨越2000km以上的距离，而要解决这么远距离的能源输送问题，就不得不提到一项中国已经全面掌握并且开始大规模工程应用的技术——特高压输电技术。

特高压是目前先进的输电技术，它可以实现远距离、大容量、低损耗输电，有效解决我国能源和人口分布不均衡问题。

5.6.1　特高压输电

电能的远距离输送分交流输电与直流输电两种形式。国际上，高压（high voltage，HV）通常指 35 ~ 220kV 的电压；超高压（extra high voltage，EHV）通常指 330kV 及以上、1000kV 以下的电压；特高压（ultra high voltage，UHV）指 1000kV 及以上的电压。

直流输电电压在国际上分为高压和特高压。高压直流通常指的是 ±600kV 以下直流系统，±600kV 及以上的直流系统称为特高压直流。在我国，高压直流指的是 ±800kV 以下直流系统，特高压直流指的是 ±800kV 及以上直流系统。

我国特高压电网建成后，将形成以1000kV交流输电网和 ±1100kV、±800kV直流系统为骨干网架的、与各级输配电网协调发展的、结构清晰的现代化大电网。图5-30所示为我国特高压输电电网。

建设特高压电网是提高我国能源开发和利用效率的基本途径。大电网不仅在资源优化配置中具有重要作用，而且在安全性、可靠性、灵活性和经济性等方面具有诸多优越性。我国地域辽阔，时差、季节差十分明显，加上地区经济发展不平衡，使不同地区的电力负荷具有很强的互补性。特高压电网在合理利用能源，节约建设投资，降低运行成本，减少事故和检修费用，获得错峰、调峰和水火、跨流域补偿效益等方面潜力巨大。建设特高压电网，不仅可以节约装机、降低网损、减少弃水、提高火电设备利用率、节约土地资源，还可以提高电网的安全运行水平，避免

500kV电网重复建设等问题，具有显著的经济效益和社会效益。

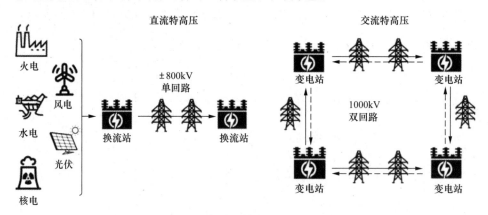

图 5-30　我国特高压输电电网示意图

5.6.2　特高压交流输电与直流输电的相互关系

直流输电系统由没有电抗的直流线路连接两个交流系统，输送容量和距离不受同步运行稳定性的限制，能够实现电网的非同期互联。但直流波形无过零点，灭弧困难，目前是通过闭锁换流器的控制脉冲信号实现开关功能的，当多条直流输电线路汇集在一个地区时，一次故障可能造成多个逆变站闭锁，对系统造成重大冲击。直流输电只能"两点一线"直通传输电能，不能中间落点，不能形成网络，不利于沿途地区的用电和电网的加强。因此，直流输电只有依附于坚强的交流输电网才能发挥作用，且在受端电网直流落点不宜过多。

特高压交流具有交流电网的基本特征，可以形成坚强的网架结构，理论上其规模和覆盖面是不受限制的，电力传输和交换十分灵活，可结合中途落点向沿途地区供电。采用特高压交流连接大区电网时，可以发挥水火互补调剂及区域负荷错峰的作用，互为备用，联网效益好。而直流背靠背只通过一点联网，限制了联网容量，影响联网效益的发挥。另外，特高压交流输电输送容量大，可节省线路走廊和投资，具有明显的经济性。

特高压交流和直流输电各有优点，输电线路的建设主要考虑的是经济性，而互联线路则要将系统的稳定性放在第一位。因此，特高压交流输电定位于更高一级电压等级的网架建设和跨大区送电；而直流输电定位于部分大水电基地和大煤电基地的远距离大容量外送。特高压交流与直流输电在我国电网中的应用是相辅相成和互为补充的，要根据具体情况区别选择。在整个电网中，必然涉及直流电网与交流电网的连接。直流电必须经过环流（整流和逆变）实现直流电变交流电，然后与交流系统连接，过程如图5-31所示。

根据我国电网的现状及满足资源优化配置的需求，全国电网网架可分两个层次：上层网架着眼于全国调度，采用覆盖全国的1000kV电压，具有全局性；下层网架根据大区、省网之间互利原则采用500kV及以下交、直流电压互联。这种模式实现了在全国总调度的宏观调控下充分发挥大区网和省网的积极性，经济有效地分配和输送全国能源。

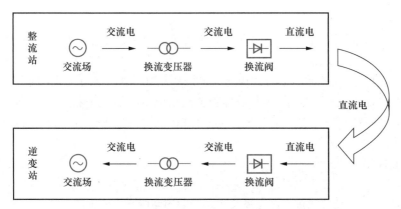

图 5-31 直流输电系统原理

5.6.3 特高压输电的重点技术和关键设备

要使用特高压直流输电技术，离不开一些关键的设备，具体包括换流阀、换流变压器、平波电抗器、直流滤波器等，如图 5-32 所示。其中在换流阀和换流变压器上，中国的制造技术国际领先。

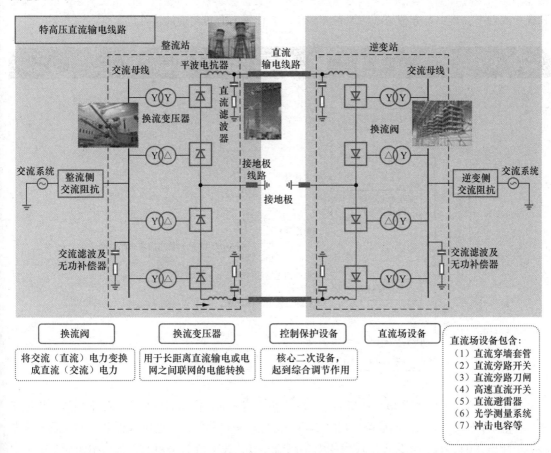

图 5-32 特高压直流输电线路及设备

1. 换流阀

作为特高压直流输电的核心装备，多组换流阀按照程序触发可实现换流器电压、电流及功率的控制与调节。中国已成功研制出特高压柔性直流换流阀，实现了开关器件、电容部件集成的功率模块单元，并以"搭积木"的方式构建成800kV大型阀塔，该阀塔质量约70t，相当于一架C919大型客机的质量。这一特高压柔性直流换流阀的成功研制，意味着中国将柔性直流技术推广到了±800kV特高压等级，送电容量提升至5 000 000kW，打破了ABB和西门子对这一技术的垄断。

2. 换流变压器

换流变压器是整个直流输电系统的"心脏"。其作用是将送端交流系统的电功率送到整流器，或将从逆变器接收的电功率送到受端交流系统。它利用两侧绕组的磁耦合传送电功率，同时实现了交流系统和直流部分的电绝缘和隔离，从而避免了交流电力网的中性点接地和直流部分的接地所造成的某些元件的短路。目前，中国已经能够自主研发±800kV特高压直流换流变压器，创造了单体容量最大、技术难度最高、产出时间最短的世界纪录，攻克了变压器的绝缘、散热、噪声等技术难题。

建设以特高压电网为核心的坚强的国家电网，关系国家能源战略和能源安全，关系国民经济可持续发展，涉及电力规划、科研、设计、建设、设备制造、国际合作等方面，极具挑战性和开拓性，是一项具有重大政治意义、经济意义和技术创新意义的宏伟事业，必须在国家的统一领导和统一规划下，集中各方智慧，协调各方力量，有计划、有步骤地加快推进。

📝 本章小结

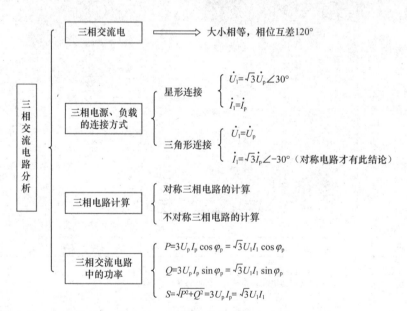

三相交流电是由三相发电机产生的，对称三相交流电的特征是幅值相等、频率相同、相位互差120°。对称三相负载星形连接，相电压和线电压都是对称的，线电压和相电压的关系为线电压等于相电压的$\sqrt{3}$倍，相位比对应的相电压超前30°，线电流等于相电流。三相四线制中，中性线电流为$\dot{I}_N = \dot{I}_A + \dot{I}_B + \dot{I}_C$，若三相电流对称则$\dot{I}_N = 0$。当不对称三相负载星形连接时，一定要

有中性线，中性线的作用是在负载不对称时保证负载的电压对称，从而保证负载能够正常工作。对称三相负载三角形连接时，线电压等于相电压，线电流等于$\sqrt{3}$倍的相电流，相位比对应的相电流滞后30°。

对称与不对称三相电路计算：负载不对称时，各相电压、电流单独计算；负载对称时，电压、电流对称，只需计算一相，其他两相根据对称性直接推出。

三相电路的功率为三相功率之和。对称三相电路不论是星形连接还是三角形连接都可按下式计算。

$$P = 3U_p I_p \cos\varphi_p = \sqrt{3} U_1 I_1 \cos\varphi_p, \quad Q = 3U_p I_p \sin\varphi_p = \sqrt{3} U_1 I_1 \sin\varphi_p$$

$$S = \sqrt{P^2 + Q^2}, \quad \lambda = \frac{P}{S} = \cos\varphi_p$$

📝 习题 5

▶ 三相交流电的连接方式

5-1. 在三相四线制电路中，负载在什么情况下可将中性线断开变成三相三线制电路？相电压和线电压、相电流与线电流有什么关系？

5-2. 在对称三相四线制电路中，若已知线电压$\dot{U}_{AB} = 380\angle 0°\text{V}$，求$\dot{U}_{BC}$、$\dot{U}_{CA}$及相电压$\dot{U}_A$、$\dot{U}_B$、$\dot{U}_C$。

5-3. 对称三角形三相负载，若相电流$\dot{I}_{AB} = 5\angle 30°\text{A}$，求$\dot{I}_{BC}$、$\dot{I}_{CA}$及线电流$\dot{I}_A$、$\dot{I}_B$、$\dot{I}_C$。

5-4. 三相四线制电路如题5-4图所示，各负载阻抗均为$Z = (6+j8)\Omega$，中性线阻抗$Z_N = (2+j1)\Omega$，设发电机每相电压均为220V。（1）求各相负载的端电压和电流；（2）如果$Z_N = 0$或$Z_N = +\infty$，各相负载的端电压和电流该如何变化？

5-5. 对称三相电路如题5-5图所示，已知$Z_L = (6+j8)\Omega$，$Z = (4+j2)\Omega$，线电压$U_1 = 380\text{V}$，求负载中各相电流和线电压。

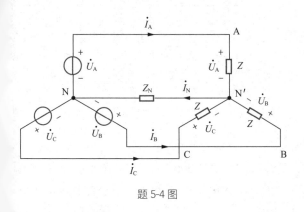

题 5-4 图

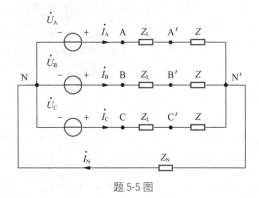

题 5-5 图

▶ 三相交流电路的计算

5-6. 一对称三相三线制系统中，电源线电压$U_1 = 450\text{V}$，频率为60Hz，三角形负载每相由一个10µF电容、一个100Ω电阻及一个0.5H电感串联组成，求负载相电流及线电流。

5-7. 题5-7图所示电路中，三相交流电的电压频率f=50Hz，$\dot{U}_{AB}=380\angle0°V$，$R_1$=3.9kΩ，$C_1$=0.47µF，$R_2$=5.5kΩ，$C_2$=1µF，求$\dot{U}_o$。

5-8. 在电压为380V/220V的三相四线制电源上接有对称星形连接的白炽灯，消耗的总功率为180W，此外在C相上接有额定电压为220V、功率为40W、功率因数λ=0.5的日光灯一只（其电路模型为电阻与电感串联结构），电路如题5-8图所示，试求各电流表的读数。

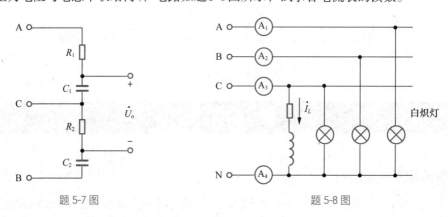

题 5-7 图　　　　　　　　　题 5-8 图

5-9. 某超高压输电线路中，线电压为220kV，输送功率为240 000kW，输电线路的每相电阻为10Ω，试计算负载功率因数为0.9时线路上的电压降及输电线上一年的电能损耗。

5-10. 对称Y–Y三相电路如题5-10图所示，电源相电压为220V，负载阻抗$Z=(6+j8)\Omega$，求：

（1）图中电流表的读数；（2）三相负载吸收的功率；（3）如果A相的负载阻抗等于零（其他不变），再求（1）和（2）；（4）如果A相负载开路，再求（1）和（2）。

5-11. 已知电路如题5-11图所示。电源电压U_1=380V，每相负载的阻抗为$R=X_L=X_C=10\Omega$。

（1）该三相负载能否称为对称负载，为什么？

（2）计算中性线电流和各相电流，画出相量图。

（3）求三相总功率。

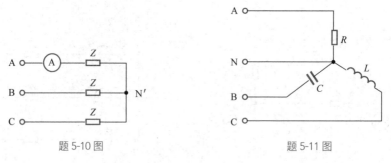

题 5-10 图　　　　　　　　　题 5-11 图

5-12. 某大楼为日光灯和白炽灯混合照明，需装40W日光灯210盏（$\cos\varphi=0.5$），60W白炽灯90盏（$\cos\varphi=1$），它们的额定电压都是220V，由380V/220V的电网供电。试分配其负载并指出应如何接入电网。这种情况下，线路电流为多少？

5-13. 线电压为220 V的对称三相电源上接有两组对称三相负载，一组是接成三角形的电感性负载，每相功率为4.84kW，功率因数λ=0.8；另一组是接成星形的电阻负载，每相阻值为10Ω，如题5-13图所示。求各组负载的相电流及总的线电流。

5-14. 题5-14图所示对称三相电路中，电源线电压为380V，各感抗均为12Ω，各容抗的无功功率均为7.74kVar。试计算电感负载的相电流及总的线电流。

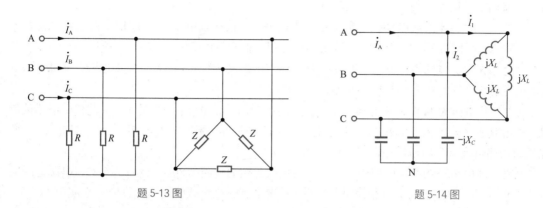

题 5-13 图　　　　　　　　题 5-14 图

▶ 三相交流电路中的功率

5-15. 对称三相负载星形连接，已知每相阻抗为$Z = (31+ j22)\Omega$，电源线电压为380V，求三相交流电路的有功功率、无功功率、视在功率和功率因数。

5-16. 三相对称电路如题5-16图所示，已知电源线电压$u_{AB} = 380\sqrt{2}\sin\omega t$V，每相负载$R = 3\Omega$、$X_C = 4\Omega$。求：（1）各线电流瞬时值；（2）电路的有功功率、无功功率和视在功率。

5-17. 三相对称负载，每相阻抗为$Z_L = (6+ j8)\Omega$，接于线电压为380V的三相电源上，试分别计算出三相负载星形连接和三角形连接时电路的总功率。

5-18. 题5-18图所示的三相四线制电路中，三相负载连接成星形，已知电源线电压为380V，负载电阻$R_a =11\Omega$，$R_b = R_c = 22\Omega$，试求：

（1）负载的各相电压、相电流、线电流和三相总功率；

（2）中性线断开，A相短路时的各相电流和线电流；

（3）中性线断开，A相断开时的各线电流和相电流。

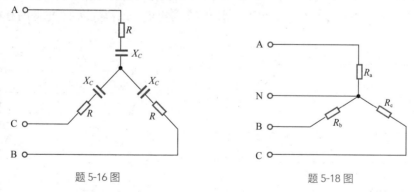

题 5-16 图　　　　　　　　题 5-18 图

5-19. 三相对称负载三角形连接，其线电流为$I_1 = 5.5$A，有功功率为$P=7760$W，功率因数$\cos\varphi = 0.8$，求电源的线电压U_1、电路的无功功率Q和每相阻抗Z。

5-20. 对称三相电源，线电压$U_1 = 380$V，对称三相电感性负载采用三角形连接，若测得线电流$I_1= 17.3$A，三相功率$P=9.12$kW，求每相负载的电阻和感抗。

5-21. 星形连接的对称三相电路中，已知 $\dot{I}_A = 5\angle 10°$A，$\dot{U}_{AB} = 380\angle 85°$V，求三相总功率。

5-22. 某三相对称负载，$R = 24\Omega$、$X_L = 18\Omega$，接于电源电压为 380V 的电源上。试求负载接成三角形时的线电流、相电流和有功功率。

5-23. 一台三相交流电动机，定子绕组接成星形，接在线电压为 380V 的电源上。测得线电流 $I_1 = 6.6$A，三相功率 $P = 3.3$kW，计算电动机每相绕组的阻抗 Z 和 R、X_L 各为多少。

5-24. 在题 5-24 图中，已知电源电压为 220V，电流表读数为 17.3A，三相功率 $P = 4.5$kW。试求 A 相线断开时各线电流、相电流和三相总功率。

5-25. 线电压为 380V 的三相电源上，接有两组对称三相电源：一组是三角形连接的电感性负载，每相阻抗 $Z = 36.3\angle 37°\Omega$；另一组是星形连接的电阻性负载，每相电阻 $R=10$。试求：（1）各组负载的相电流；（2）电路线电流；（3）三相有功功率。

5-26. 在题 5-26 图所示电路中，对称三相负载各相的电阻为 80Ω，感抗为 60Ω，电源的线电压为 380V。在开关 S 投向上方和投向下方两种情况下，三相负载消耗的有功功率各为多少？

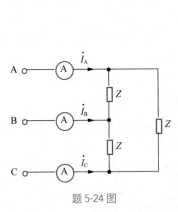

题 5-24 图

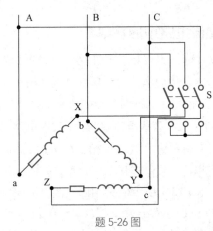

题 5-26 图

5-27. 如题 5-27 图所示，在 380V/220V 三相三线制的电网上，接有两组三相对称电阻性负载，已知 $R_1=38\Omega$，$R_2=22\Omega$，求总的线电流和总的有功功率。

5-28. 在题 5-28 图所示三相交流电路中，两个对称的星形连接三相负载并联，已知电源相电压为 220V，$Z_1 = 22\angle -60°\Omega$，$Z_2 = 11\angle 0°\Omega$。求：（1）各电流表的读数；（2）电源的有功功率。

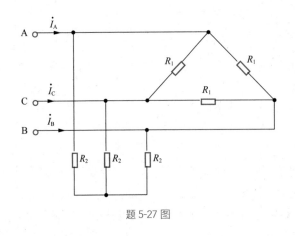

题 5-27 图

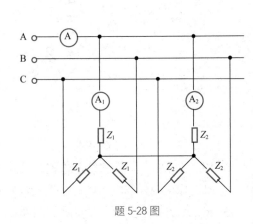

题 5-28 图

第6章

磁路与变压器

磁路与电路的研究是相互联系的。许多电气设备的工作原理是基于电磁相互作用的，需要同时掌握电路和磁路的基本理论，才能对各种电气设备的工作原理进行全面的分析。

变压器是一种电磁装置，一次绕组（原绕组）和二次绕组（副绕组）没有电的直接联系，通过交变磁场，利用电磁感应关系实现能量变换。变压器中既有磁路，又有电路，变压器是磁路的具体应用，学习磁路是了解变压器的基础。因此本章在介绍变压器理论之前讲述磁路的基本概念及构成磁路的铁磁材料的性能；介绍电磁定律、交流磁路的特点，讲述变压器的结构、工作原理、外特性、效率和变压器绕组的同极性端；并重点讲述变压器电压、电流、阻抗的变换功能。这些也是学习电动机、继电器必备的基础知识。

⚡ 学习目标

- 掌握磁场的基本物理量，了解磁和电的感应关系。
- 掌握磁路及其基本规律，重点掌握计算磁路的基本方法。
- 理解铁芯线圈电路中的电磁关系、电压电流关系及功率与能量问题。
- 掌握变压器的基本结构、工作原理、额定参数、外特性、损耗和效率。
- 重点掌握变压器的电压、电流、阻抗变换。

6.1 磁路的基本物理量

在实际工程中，很多电气设备与电路和磁路都有关系，如变压器、电动机、电磁铁以及继电器等。实际电路中有大量电感元件，电感线圈中有铁芯，线圈通电后铁芯就构成磁路，磁路受电路影响，同时磁路又影响电路。因此在电工技术中不仅要讨论电路问题，还要讨论磁路问题。

通电导体周围存在磁场。在变压器、电动机、电磁铁以及继电器等电气设备中，为了用较小的电流产生较大的磁场，一般采用磁性能良好的铁磁材料做成一定形状的铁芯。当有电流通过线圈时，电流产生的磁通绝大部分通过铁芯形成一个闭合的通路，通过铁芯的磁通称为主磁通（main flux）Φ；还有少部分通过空气等非磁性材料而闭合，这部分磁通称为漏磁通（leak flux）Φ_σ，由于漏磁通很小，常忽略。

主磁通通过的闭合路径称为磁路，用以产生磁场的电流称为励磁电流。常见的几种电气设备的磁路如图 6-1 所示。

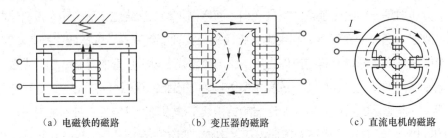

| (a) 电磁铁的磁路 | (b) 变压器的磁路 | (c) 直流电机的磁路 |

图 6-1　常见的几种电气设备的磁路

磁路部分是学习变压器以及后面学习电动机内容的基础，学习磁路时可以与电路内容进行联系对比来加深理解和记忆。

6.1.1 磁感应强度

磁感应强度是用来描述磁场内某点磁场强弱和方向的物理量，是一个矢量。它与电流（电流产生磁场）之间的方向关系满足右手螺旋定则，其大小可用通电导体在磁场中某点受到的电磁力与导体中的电流和磁场中导体长度的乘积的比值来表示。以下 B 表示磁感应强度大小，简称磁感应强度。

$$B = \frac{F}{IL} \tag{6-1}$$

在国际单位制中，B 的单位是特斯拉（T），简称特，也常用电磁制单位高斯（Gs）。两者的关系是 $1\text{T}=1\times10^4\text{Gs}$。

如果磁场内各点磁感应强度 B 的大小相等、方向相同，则称为均匀磁场。在均匀磁场中，B 的大小可用通过垂直于磁场方向的单位截面上的磁力线来表示。

由式（6-1）可知，载流导体在磁场中受电磁力作用。电磁力的大小 F 与磁感应强度 B、电流 I、垂直于磁场的导体有效长度 L 成正比，其数学式为

$$F = BIL\sin\alpha \tag{6-2}$$

式（6-2）中，α 为磁场与导体的夹角；B、F、I 三者的方向由左手定则确定。若 $\alpha=90°$，

则

$$F = BIL \qquad (6\text{-}3)$$

6.1.2　磁通

磁感应强度 B（如果不是均匀磁场，则取 B 的平均值）与垂直于磁场方向的面积 S 的乘积称为该面积的磁通 Φ，即

$$\Phi = BS \qquad (6\text{-}4)$$

可见，磁感应强度在数值上可以看成与磁场方向相垂直的单位面积所通过的磁通，故又称为磁通密度。

在国际单位制中，Φ 的单位是韦伯（Wb），简称韦；在工程上有时用电磁制单位麦克斯韦（Mx）。两者的关系是 $1\text{Wb} = 1 \times 10^8 \text{Mx}$。

6.1.3　磁场强度

磁场强度是计算磁场时所引入的一个物理量，也是矢量。磁场内某点的磁场强度的大小等于该点磁感应强度除以该点的磁导率。以下 H 表示磁场强度的大小，简称磁场强度。

$$H = \frac{B}{\mu} \qquad (6\text{-}5)$$

其中，H 的单位是安 / 米（A/m）。磁场强度 H 可用来确定磁场与电流之间的关系，即

$$\oint H dl = \sum I \qquad (6\text{-}6)$$

式（6-6）是安培环路定律（或称为全电流定律）的数学表达式。它是计算磁路的基本公式。$\oint H dl$ 是磁场强度 H 沿任意闭合回线 l（常取磁通作为闭合回线）的积分；ΣI 是穿过该闭合回线所围面积的电流的代数和。电流的正负是这样规定的：任意选定一个闭合回线的绕行方向，凡是电流方向与闭合回线绕行方向符合右手螺旋定则的电流为正，反之为负。$\oint H dl = H_x l_x = H_x \times 2\pi x$，$\sum I = NI$，所以有

$$H_x = \frac{NI}{l_x} = \frac{NI}{2\pi x} \qquad (6\text{-}7)$$

其中，N 是线圈的匝数，l_x 是半径为 x 的圆周长，H_x 是与导体距离为 x 的点处的磁场强度。

注意：磁场强度 H 与磁感应强度 B 的名称很相似，切忌混淆。H 是为计算方便引入的物理量。

6.1.4　磁导率

磁导率 μ 是表示磁场介质磁性的物理量，也就是用来衡量物质导磁能力的物理量。它与磁场强度的乘积就等于磁感应强度，即

$$B = \mu H \qquad (6\text{-}8)$$

直导体通电后，在周围产生磁场，在与导体距离为 x 的点处的磁感应强度 B_x 与导体中的电流 I、x 值及磁介质的磁导率 μ 有关。其数学式为

$$B_x = \mu H_x = \mu \frac{I}{2\pi x} \qquad (6\text{-}9)$$

由式（6-7）可见，磁场内某一点的磁场强度 H 与电流大小以及该点的几何位置有关，而与磁场介质的磁性无关，就是说在一定电流值下，同一点的磁场强度不因磁场介质的不同而有异。但磁感应强度是与磁场介质的磁性有关的。当线圈内的介质不同时，磁导率 μ 不同，在同样电流下，同一点的磁感应强度的大小就不同，线圈内的磁通也就不同了。

自然界的物质，就导磁性能而言，可分为铁磁物质（$\mu_r > 1$）和非铁磁物质（$\mu_r \leqslant 1$）两大类。非铁磁物质和空气的磁导率与真空磁导率 μ_0 很接近，$\mu_0 = 4\pi \times 10^{-7}\,\text{H/m}$。

任意一种物质的磁导率 μ 和真空磁导率 μ_0 的比值，称为该物质的相对磁导率 μ_r，即

$$\mu_r = \frac{\mu}{\mu_0} = \frac{\mu H}{\mu_0 H} = \frac{B}{B_0} \qquad (6\text{-}10)$$

在国际单位制中，磁导率的单位是亨 / 米（H/m）。式（6-10）表示相对磁导率就是当磁场介质是某种物质时某点的磁感应强度 B 与在同样电流值下真空中该点的磁感应强度 B_0 之比。表 6-1 所示为几种常用磁性材料的相对磁导率。

表 6-1　几种常用磁性材料的相对磁导率

相对磁导率	铸铁	硅钢片	镍锌铁氧体	锰锌铁氧体	坡莫合金
$\mu_r = \mu / \mu_0$	200 ~ 400	7000 ~ 10 000	10 ~ 1000	300 ~ 5000	2×10^4 ~ 2×10^5

6.2　磁性材料

自然界中有电的良导体，如各类金属材料；也有导磁性能好的材料，如铁、镍等。按导磁性能的好坏，大体上可将物质分为两类：磁性材料（也称为铁磁材料）和非磁性材料（也称为非铁磁材料），非磁性材料主要有水银、铜、硫、氯、氢、银、金、锌、铅、氧、氮、铝、铂等。磁性材料主要是指铁、镍、钴及其合金等。

6.2.1　磁性材料的磁性能

磁性材料具有一些特殊的磁性能。

1. 高导磁性

为什么磁性材料具有被磁化的特性呢？因为磁性材料不同于其他材料，有其内部特殊性。我们知道电流产生磁场，在物质的分子中由于电子环绕原子核运动和电子本身自转运动而形成分子电流，分子电流也产生磁场，每个分子相当于一个基本小磁场。同时，磁性材料内部还分成许多小区域，磁性材料的分子间有一种特殊的作用力，使每一小区域的分子磁铁都排列整齐，显示磁性，这些小区域称为磁畴。在没有外磁场的作用时，各个磁畴排列混乱，磁场相互抵消，就不显示磁性。在外磁场作用下（例如，在铁芯线圈中的励磁电流所产生的磁场的作用下），其中的磁畴就顺外磁场方向转向，显示出磁性。随着外磁场的增强（或励磁电流的增大），磁畴逐渐转到与外磁场相同的方向上。这样，便产生了一个很强的与外磁场同方向的磁化磁场，而使磁性材料

内的磁感应强度大大增加，也就是说磁性材料被强烈地磁化了。非磁性材料没有磁畴结构，所以不具有被磁化的特性。

　　如图6-2所示，磁畴用一些小磁铁来示意。在没有外磁场的作用时，各个磁畴排列混乱，磁效应互相抵消，对外不显示磁性，如图6-2（a）所示。在外磁场的作用下磁畴顺外磁场方向而转向，排列整齐并显示出磁性来，这就是说磁性材料被磁化了，如图6-2（b）所示。由此形成的磁化磁场，叠加在外磁场上，使合成磁场大为加强。由于磁畴产生的磁化磁场比非磁性材料在同一磁场强度下所激励的磁场强得多，所以磁性材料的磁导率μ_{Fe}要比非磁性材料大得多。非磁性材料的磁导率接近于真空的磁导率μ_0。

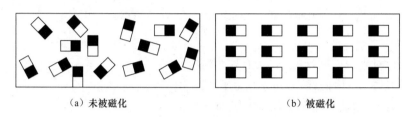

（a）未被磁化　　　　　　　　　（b）被磁化

图 6-2　磁性材料的磁化

　　磁性材料的磁导率很高，比非磁性材料的要高很多，如硅钢的相对磁导率可达7000。这就使它们具有被强烈磁化（呈现磁性）的特性。当$\mu_r \gg 1$时，材料表现为高导磁性，在磁场中可被强烈磁化；若磁导率接近1则材料不能被强烈磁化。

　　磁性材料的磁化曲线可用磁感应强度B随外磁场强度H的变化关系来表征，如图6-3所示，$B = f(H)$。曲线中Oa段为高导磁性材料段。正是由于磁性材料的高导磁性，许多电气设备的线圈都绕制在磁性材料上，以便用小的励磁电流产生较大的磁场、磁通，进而减小设备的体积与质量，例如，变压器、电动机与发电机的铁芯都是由高导磁性材料制成的。图6-4所示为几种磁性材料的磁化曲线。

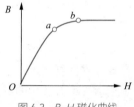

图 6-3　B-H 磁化曲线

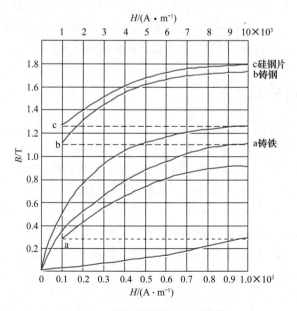

图 6-4　几种磁性材料的磁化曲线

2. 磁饱和性

在图6-3所示磁化曲线中的 ab 段，对磁性材料来说，磁化所产生的磁化磁场不会随着外磁场的增强而无限增强，当外磁场（或励磁电流）增大到一定值时，全部磁畴的磁场方向都转向与外磁场的方向一致，这时磁化磁场的磁感应强度达到饱和值。

当有磁性材料存在时，B 与 H 不成正比，所以磁性材料的磁导率 $\mu=B/H$ 不是一个常数，而是随 H 的变化而改变的。

对非磁性材料来说，$B(\varPhi)$ 正比于 $H(I)$，无磁饱和现象，$\mu = \dfrac{B}{H} = \tan\alpha$ 为一常数，μ 不随 $H(I)$ 的变化而改变，如图6-5所示。

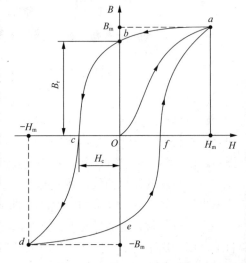

图6-5　非磁性材料的 B–H 曲线

3. 磁滞性

若对磁性材料进行周期性磁化，B 和 H 之间的变化关系就会变成图6-6中曲线 $abcdefa$ 所示形状。由图6-6可见，当 H 开始从零增加到 H_m 时，B 相应地从零增加到 B_m；以后逐渐减小磁场强度 H，B 值将沿曲线 ab 下降。当 $H = 0$ 时，B 值并不等于零，而等于 B_r。这种去掉外磁场之后，磁性材料内仍然保留的磁通密度 B_r 称为剩余磁通密度，简称剩磁。要使 B 值从 B_r 减小到零，必须加上相应的反向外磁场。此反向磁场强度称为矫顽力，用 H_c 表示。B_r 和 H_c 是磁性材料的两个重要参数。磁性材料所具有的这种磁通密度 B 的变化滞后于磁场强度 H 变化的现象，称为磁滞。呈现磁滞现象的 B–H 闭合回线，称为磁滞回线，磁滞性是磁性材料的另一个重要特性。

图6-6　磁性材料的磁滞回线

磁性材料在反复磁化过程中产生的损耗称为磁滞损耗，它是磁性材料发热的原因之一，对电动机、变压器等电气设备的运行不利。因此，铁芯常采用磁滞损耗小的磁性材料。不同的磁性材料，其磁化曲线和磁滞回线不同。

磁滞性分析

6.2.2　磁性材料的分类

铁芯反复磁化，磁滞现象产生热量的热量会被耗散掉，称为磁滞损耗，其大小与磁滞回线包围的面积成正比。根据磁滞回线包围面积的大小，磁性材料又可分为3种：软磁材料（磁滞回线窄长，常用作磁头、磁芯等）、永磁材料（磁滞回线宽，常用作永久磁铁）、矩磁材料（磁滞回线接近矩形，可用作记忆元件）。3种磁性材料的磁滞回线如图6-7所示。

1. 软磁材料

软磁材料具有较小的矫顽力，磁滞回线较窄，一般用来制造电动机、电器及变压器等的铁芯。常用的有铸铁、硅钢及铁氧体等。铁氧体在电子技术中应用也很广泛，可用作计算机的磁芯、磁鼓以及录音机的磁带、磁头。

2. 永磁材料

永磁材料又称硬磁材料，剩磁和矫顽力均较大，磁滞性明显，磁滞回线较宽，常用来制造永久磁铁。常用的有碳钢、钴钢及铁镍铝钴合金等。

3. 矩磁材料

矩磁材料受较小的外磁场作用就能被磁化到饱和，当去掉外磁场时，磁性仍保持，磁滞回线接近矩形。其剩磁大、矫顽力小、稳定性良好，常在电子技术和计算机技术中用作记忆元件、开关元件和逻辑元件。常用的有镁锰铁氧体及1J51型铁镍合金。

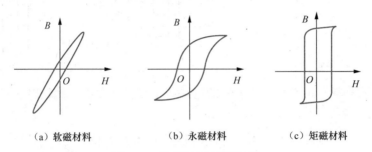

（a）软磁材料　　　　（b）永磁材料　　　　（c）矩磁材料

图 6-7　3 种磁性材料的磁滞回线

6.2.3　铁芯损耗

交流铁芯线圈中的损耗有两部分：一部分是线圈电阻上消耗的功率，称为铜损P_{Cu}；另一部分是铁芯上消耗的功率，称为铁损P_{Fe}，铁损包括磁滞损耗P_h和涡流损耗P_e。

1. 磁滞损耗

磁性材料置于交变磁场中，材料被反复交变磁化，磁畴相互不停地摩擦而消耗能量，并以热量的形式表现出来，造成的损耗称为磁滞损耗。磁滞损耗P_h与磁场交变的频率f、铁芯的体积V和磁滞回线的面积成正比。实验证明，磁滞回线的面积与磁通密度的最大值B_m的n次方成正比，故磁滞损耗亦可写成

$$P_h = C_h f B_m^n V \tag{6-11}$$

其中，C_h为磁滞损耗系数，其大小取决于材料的性质；对于一般电工用硅钢片，$n=1.6 \sim 2.3$。由于硅钢片磁滞回线的面积较小，故电动机和变压器的铁芯常用硅钢片叠压而成。

2. 涡流损耗

因为铁芯是导电的，当通过铁芯的磁通随时间变化时，由电磁感应定律可知，铁芯中将产生感应电动势，并引起环流。这些环流在铁芯内部做旋涡状流动，亦称涡流，如图6-8所示。涡流使铁芯发热并引起的损耗称为涡流损耗。为了减小涡流损耗，铁芯常采用涂有绝缘材料的硅钢片叠成，如图6-9所示。

磁场交变的频率越高，磁通密度越大，感应电动势就越大，涡流损耗也越大。铁芯的电阻率越大，涡流所经过的路径越长，涡流损耗就越小。对于由硅钢片叠成的铁芯，经推导可知，涡流损耗P_e为

$$P_e = C_e \Delta^2 f^2 B_m^2 V \tag{6-12}$$

式（6-12）中，C_e为涡流损耗系数，其大小取决于材料的电阻率；Δ为硅钢片厚度，为减小涡流损耗，电动机和变压器的铁芯都采用含硅量较高的薄硅钢片（厚度为0.35～0.5mm）叠成。

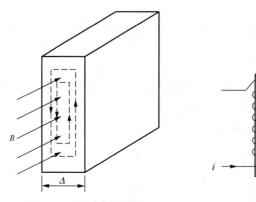

图 6-8　硅钢片中的涡流

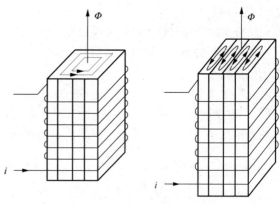

图 6-9　减小涡流损耗的方法

铁芯中的磁滞损耗和涡流损耗都将消耗有功功率，使铁芯发热，磁滞损耗与涡流损耗之和称为铁芯损耗，用P_{Fe}表示，即

$$P_{Fe} = P_h + P_e = (C_h f B_m^n + C_e \Delta^2 f^2 B_m^2)V \qquad （6-13）$$

对于一般电工硅钢片，正常工作点的磁通密度为1T $< B_m <$ 1.8T，式（6-13）可近似写成

$$P_{Fe} \approx C_{Fe} f^{1.3} B_m^2 G \qquad （6-14）$$

式（6-14）中，C_{Fe}为铁芯的损耗系数，G为铁芯质量。铁芯的损耗与频率的1.3次方、磁通密度的平方和铁芯质量成正比。

6.3　磁路的基本定律和分析计算

前面在电路部分的学习中，我们掌握了欧姆定律、基尔霍夫定律等电路中常用的基本定律。本章中对磁路的分析计算也涉及几个基本的磁路定律，本节将研究磁路的分析和计算方法。

6.3.1　磁路

与把电流流过的路径称为电路类似，我们将磁通通过的路径称为磁路。不同的是磁通的路径可以是磁性物质，也可以是非磁性材料。图6-10所示为常见的变压器磁路。

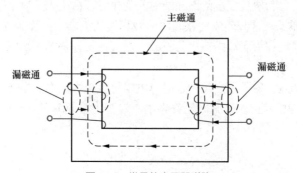

图 6-10　常见的变压器磁路

在电动机和变压器里，线圈常套装在铁芯上，当线圈内通有电流时，在线圈周围的空间（包括铁芯内、外）就会形成磁场。由于铁芯的导磁性能比空气要好得多，所以绝大部分磁通将在铁芯内通过，这部分磁通称为主磁通，用来进行能量转换或传递。围绕载流线圈，在部分铁芯和铁芯周围的空间，还存在少量分散的磁通，这部分磁通称为漏磁通，漏磁通不参与能量转换或传递。主磁通和漏磁通所通过的路径分别构成主磁路和漏磁路。图6-10中表示出了这两种磁路。

用以激励磁路中磁通的载流线圈称为励磁线圈，励磁线圈中的电流称为励磁电流。若励磁电流为直流，磁路中的磁通是恒定的、不随时间变化而变化，这种磁路称为直流磁路，直流电动机的磁路就属于这一类。若励磁电流为交流，磁路中的磁通是随时间变化而变化的，这种磁路称为交流磁路，交流铁芯线圈、变压器、感应电动机的磁路都属于交流磁路。

一个没有铁芯的载流线圈所产生的磁通是弥散在整个空间的，而在图6-10中，线圈绕在闭合的铁芯上，铁芯的磁导率μ很大（数量级范围通常为$1\times10^2 \sim 1\times10^6$），远远高于周围空气的磁导率，这就使绝大多数的磁通集中到铁芯内部，并形成一个闭合通路。为了使较小的励磁电流产生足够大的磁通（或磁感应强度），在电动机、变压器及各种磁性元件中常用磁性材料做成一定形状的铁芯。这种人为造成的磁通的路径，也称为磁路。实质上，磁路就是局限在一定范围内的磁场，但与磁场问题相比，磁路问题相对简单一些。前面介绍的物理量和定律均适合于磁路，但磁路也有其基本定律。

6.3.2　磁路基本定律

在学习磁路的基本定律时，我们采取类比的方法，通过对比磁路和电路中的基本定律，加深对磁路分析计算方法的理解和记忆。

1. 安培环路定律

安培环路定律（Ampere's circuital law），又称为全电流定律，是对磁路进行分析与计算的基本定律。安培环路定律指出：在磁场中，沿任意一个闭合路径，磁场强度的线积分等于该闭合路径所包围面的电流的代数和，即

$$\oint H\,\mathrm{d}l = \sum I \tag{6-15}$$

计算电流代数和时，与绕行方向符合右手螺旋定则的电流取正号，反之取负号。若闭合回路上各点的磁场强度相等且其方向与闭合回路的切线方向一致，安培环路定律可简化为

$$Hl = \sum I = NI \tag{6-16}$$

其中，l为磁路的平均长度。由于电流和闭合回路绕行方向符合右手螺旋定则，线圈有N匝，电流就穿过回路N次，因此

$$F = NI \tag{6-17}$$

其中，F称为磁动势，单位是安培（A）。

2. 磁路欧姆定律

磁路欧姆定律（Ohm's law of magnetic circuit）是分析与计算磁场的基本定律。设一段磁路长为l、磁路面积为S的环形线圈，磁力线均匀分布于横截面上，这时B、H与μ的关系为

$$\Phi = BS = \mu HS$$

对于均匀磁路，有

$$NI = Hl$$

或

$$l = \frac{NI}{H}$$

代入 $\Phi = BS = \mu HS$ 可得

$$\Phi = \mu HS = \mu \frac{NI}{l} S = \frac{NI}{\dfrac{l}{\mu S}} = \frac{F}{R_m} \tag{6-18}$$

该式在形式上与电路的欧姆定律相似，称为磁路欧姆定律。其中 $R_m = \dfrac{l}{\mu S}$ 称为磁阻（magnetic resistance），表示对磁通的阻碍作用，单位是亨$^{-1}$（H^{-1}）。

因为磁性材料的磁导率 μ 不是常数，它随励磁电流而变，所以磁性材料的磁阻是非线性的，数值很小；气隙的磁导率 μ_0 很小，而且是常数，所以气隙中的磁阻是线性的，数值很大。由于磁性材料的磁阻是非线性的，因此，不能直接用式（6-18）进行定量分析，而只能进行定性分析。

3. 磁路基尔霍夫定律

（1）磁路基尔霍夫第一定律

磁路基尔霍夫两大定律相当于电路中的基尔霍夫两大定律，是计算带有分支的磁路的重要工具。如果铁芯不是一个简单回路，而是带有并联分支的磁路，如图 6-11 所示，当在中间铁芯柱上加磁动势 F 时，磁通的路径将如图中虚线所示。若令进入闭合面 A 的磁通为正，穿出闭合面的磁通为负，从图 6-11 可见，对闭合面 A 显然有 $\Phi_1 - \Phi_2 - \Phi_3 = 0$，或

$$\sum \Phi = 0 \tag{6-19}$$

式（6-19）表明，穿出或进入任何一闭合面的总磁通的代数和恒等于零，这就是磁通连续性定律。类比于电路中的 KCL 即 $\sum i = 0$，该定律称为磁路基尔霍夫第一定律。

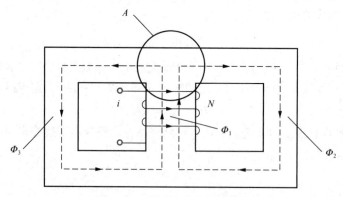

图 6-11　磁路基尔霍夫第一定律

（2）磁路基尔霍夫第二定律

电动机和变压器的磁路总是由数段不同截面、不同磁性材料的铁芯组成，还可能含有气隙。进行磁路计算时，总是把整个磁路分成若干段，每段由同一材料构成，截面积相同且段内磁通密度处处相等，从而磁场强度亦处处相等。例如，图 6-12 所示磁路由 3 段组成，其中两段为截面不同的磁性材料，第 3 段为气隙。若铁芯上的励磁磁动势为 Ni，根据安培环路定律（磁路欧姆定

律）可得

$$Ni = \sum_{k=1}^{3} H_k l_k = H_1 l_1 + H_2 l_2 + H_\delta l_\delta = \Phi_1 R_{m1} + \Phi_2 R_{m2} + \Phi_\delta R_{m\delta}$$

（6-20）

式（6-20）中，l_1、l_2 分别为 1、2 两段铁芯的平均长度，其截面积各为 A_1、A_2，l_δ 为气隙长度；H_1、H_2 分别为 1、2 两段磁路内的磁场强度，H_δ 为气隙内的磁场强度；Φ_1、Φ_2 分别为 1、2 两段铁芯内的磁通，Φ_δ 为气隙内磁通；R_{m1}、R_{m2} 分别为 1、2 两段铁芯磁路的磁阻，$R_{m\delta}$ 为气隙磁阻。

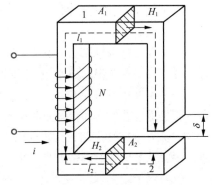

图 6-12　磁路基尔霍夫第二定律

由于 H_k 亦是磁路单位长度上的磁位差，$H_k l_k$ 则是一段磁路上的磁位差，它也等于 $\Phi_k R_{mk}$，Ni 是作用在磁路上的总磁动势，故式（6-20）表明：沿任何闭合磁路的总磁动势恒等于各段磁路磁位差的代数和。类比于电路中的 KVL 即 $\sum u = 0$，该定律就称为磁路基尔霍夫第二定律，这实际上是安培环路定律的另一种表达形式。

6.3.3　磁路与电路的比较

磁路与电路有很多相似之处，如表 6-2 所示。但是，磁路与电路仅是形式上类似，而不是物理本质相似。必须指出，磁路和电路虽然具有类比关系，但是二者性质是不同的，分析、计算时也有以下几点差别。

表 6-2　磁路与电路的比较

比较项目	磁路	电路
基本结构		
基本物理量	磁动势 F 磁通 Φ 磁感应强度 B 磁阻 $R_m = \dfrac{l}{\mu S}$ 磁导 $\Lambda = \dfrac{1}{R_m}$ 磁导率 μ	电动势 E 电流 I 电流密度 $J = \dfrac{I}{S}$ 电阻 $R = \rho \cdot \dfrac{l}{s}$ 电导 G 电阻率 ρ
欧姆定律	$\Phi = \dfrac{NI}{\dfrac{l}{\mu S}} = \dfrac{F}{R_m}$	$I = \dfrac{E}{R}$
基尔霍夫定律	基尔霍夫第一定律 $\sum \Phi = 0$ 基尔霍夫第二定律 $Ni = \sum_{k=1}^{n} H_k l_k$	基尔霍夫电流定律 $\sum i = 0$ 基尔霍夫电压定律 $\sum e = \sum iR$

（1）电路中有电流 I 时，就有功率损耗 I^2R；而在直流磁路中，维持一定的磁通 Φ 时铁芯中没有功率损耗。

（2）在电路中可以认为电流全部在导线中流通，导线外没有电流。在磁路中，则没有绝对的磁绝缘体，除铁芯中的磁通外，实际上总有一部分漏磁通散布在周围的空气中。

（3）电路中导体的电阻率 ρ 在一定的温度下是不变的，而磁路中铁芯的磁导率 μ_{Fe} 却不是常数，它是随铁芯的饱和程度而变化的。

（4）对于线性电路，计算时可以应用叠加定理，但对于铁芯磁路，计算时不能应用叠加定理，因为铁芯饱和时磁路为非线性。

6.3.4 磁路的分析计算

磁路计算所依据的基本原理是安培环路定律，其计算有两种类型；一类是给定磁通，计算所需要的励磁磁动势，称为磁路计算的正问题；另一类是给定励磁磁动势，求磁路内的磁通，称为磁路计算的逆问题。

对于磁路计算的正问题，计算步骤如下。

（1）将磁路按材料性质和不同的截面尺寸分段。

（2）计算各段磁路的有效截面积 A_k 和平均长度 l_k。

（3）计算各段磁路的平均磁通密度 B_k，$B_k = \Phi_k / A_k$。

（4）根据 B_k 求出对应的磁场强度 H_k，对于磁性材料，H_k 可从基本磁化曲线上查出；对于气隙，可直接用 $H_\delta = B_\delta / \mu_0$ 算出。

（5）计算各段磁路的磁位差 $H_k l_k$，最后求得产生给定磁通时所需的励磁磁动势 F，$F = \sum H_k l_k$。

1. 简单串联磁路

简单串联磁路就是不计漏磁通影响、仅有一个磁回路的无分支磁路。此时通过整个磁路的磁通相同，但由于各段磁路的截面积不同或材料不同，各段的磁通密度也不一定相同。这种磁路虽然简单，却是磁路计算的基础。

例题 6-1

问题 磁路铁芯材料由铸钢和气隙构成，铁芯截面积 $A_{\text{Fe}} = 3 \times 3 \times 10^{-4} \text{m}^2$，磁路平均长度 $l_{\text{Fe}} = 0.3\text{m}$，气隙长度 $\delta = 5 \times 10^{-4}\text{m}$，如图 6-13 所示。求该磁路获得磁通为 $\Phi = 0.0009\text{Wb}$ 时所需的励磁磁动势。

例题6-1讲解

解答 铁芯内磁通密度为

$$B_{\text{Fe}} = \frac{\Phi}{A_{\text{Fe}}} = \frac{0.0009}{9 \times 10^{-4}} \text{T} = 1\text{T}$$

从铸钢磁化曲线查得，与 B_{Fe} 对应的 $H_{\text{Fe}} = 9 \times 10^2 \text{A} / \text{m}$，则有

铁芯段的磁位差

$$H_{\text{Fe}} l_{\text{Fe}} = 9 \times 10^2 \times 0.3 = 270\text{A}$$

气隙内磁通密度

$$B_\delta = \frac{\Phi}{A_\delta} = \frac{0.0009}{3.05^2 \times 10^{-4}} \text{T} \approx 0.967\text{T}$$

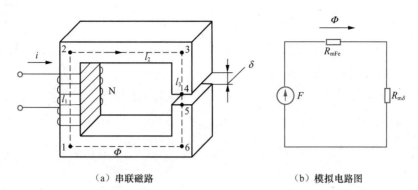

（a）串联磁路　　　　　　　　　　（b）模拟电路图

图 6-13　简单串联磁路

气隙磁场强度　　　　　　　$H_\delta = \dfrac{B_\delta}{\mu_0} = \dfrac{0.967}{4\pi\times10^{-7}} \approx 77\times10^4\,\text{A}\,/\,\text{m}$

气隙磁位差　　　　　　　　$H_\delta l_\delta = 77\times10^4 \times 5\times10^{-4} = 385\text{A}$

励磁磁动势　　　　　　　　$F = H_{\text{Fe}}l_{\text{Fe}} + H_\delta l_\delta = 655\text{A}$

2. 简单并联磁路

简单并联磁路是指考虑漏磁通影响，或磁路有两个以上分支。电动机和变压器的磁路大多属于这一类。

例题 6-2

问题　图 6-14 所示并联磁路中，铁芯所用材料为 DR530 硅钢片，铁芯柱和铁轭的截面积均为 $A = 2\times2\times10^{-4}\,\text{m}^2$，磁路段的平均长度 $l = 5\times10^{-2}\,\text{m}$，气隙长度 $\delta_1 = \delta_2 = 2.5\times10^{-3}\,\text{m}$，励磁线圈匝数 $N_1 = N_2 = 1000$。不计漏磁通，试求在气隙内产生 $B_\delta = 1.211\text{T}$ 的磁通密度时，所需的励磁电流 i。

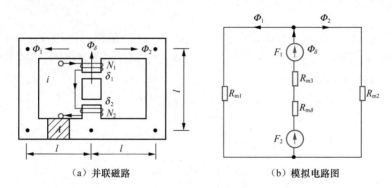

（a）并联磁路　　　　　　　　　　（b）模拟电路图

图 6-14　简单并联磁路

解答　由于磁路是并联且对称的，故只需要计算其中一个磁回路。
根据磁路基尔霍夫第一定律，得

$$\Phi_\delta = \Phi_1 + \Phi_2 = 2\Phi_1 = 2\Phi_2$$

根据磁路基尔霍夫第二定律，得

$$\sum H_k l_k = H_1 l_1 + H_3 l_3 + 2H_\delta \delta = N_1 i_1 + N_2 i_2$$

由图6-14（a）知，中间铁芯段的磁路长度为

$$l_3 = l - 2\delta = (5 - 0.5) \times 10^{-2} \text{m} = 4.5 \times 10^{-2} \text{m}$$

左、右两边铁芯段的磁路长度均为

$$l_1 = l_2 = 3l = 3 \times 5 \times 10^{-2} \text{m} = 15 \times 10^{-2} \text{m}$$

（1）气隙磁位差为

$$2H_\delta \delta = 2\frac{B_\delta}{\mu_0 \delta} = 2 \times \frac{1.211}{4\pi \times 10^{-7}} \times 2.5 \times 10^{-3} \text{A} \approx 4818\text{A}$$

（2）中间铁芯段的磁通密度为

$$B_3 = \frac{\Phi_\delta}{A} = \frac{1.211 \times (2 + 0.25)^2 \times 10^{-4}}{4 \times 10^{-4}} \text{T} \approx 1.533\text{T}$$

从DR530的磁化曲线查得，与B_3对应的$H_3 = 19.5 \times 10^2 \text{A/m}$，则中间铁芯段的磁位差为

$$H_3 l_3 = 19.5 \times 10^2 \times 4.5 \times 10^{-2} = 87.75\text{A}$$

（3）左、右两边铁芯的磁通密度为

$$B_1 = B_2 = \frac{\Phi_\delta / 2}{A} = \frac{0.613 \times 10^{-3} / 2}{4 \times 10^{-4}} \text{T} \approx 0.766\text{T}$$

由DR530的磁化曲线查得，$H_1 = H_2 = 215\text{A/m}$，由此得左、右两边铁芯段的磁位差为

$$H_1 l_1 = H_2 l_2 = 215 \times 15 \times 10^{-2} = 32.25\text{A}$$

（4）总磁动势和励磁电流分别为

$$\sum Ni = H_1 l_1 + H_3 l_3 + 2H_\delta \delta = 4818 + 87.75 + 32.25 = 4938\text{A}$$

$$i = \frac{\sum Ni}{N} = \frac{4938}{2000} \text{A} = 2.469\text{A}$$

例题6-3

问题　有一闭合铁芯磁路，铁芯的截面积$A = 9 \times 10^{-4} \text{m}^2$，磁路的平均长度$l = 0.3\text{m}$，铁芯的磁导率$\mu_{\text{Fe}} = 5000\mu_0$，套装在铁芯上的励磁绕组为500匝。试求在铁芯中产生1T的磁通密度时，需要的励磁磁动势和励磁电流。

解答　用安培环路定律求解。

磁场强度　　　　　　$$H = \frac{B}{\mu_{\text{Fe}}} \approx \frac{1}{5000 \times 4\pi \times 10^{-7}} \approx 159\text{A/m}$$

磁动势　　　　　　　$$F = Hl \approx 159 \times 0.3 = 47.7\text{A}$$

励磁电流　　　　　　$$i = \frac{F}{N} \approx \frac{47.7}{500} \text{A} = 9.54 \times 10^{-2} \text{A}$$

6.4　变压器

变压器是根据电磁感应原理工作的一种常见的电气设备，在电力系统和电子线路中应用广

泛。它的基本作用是将一种等级的交流电变换成另外一种等级的交流电。变压器基本组成部分为闭合铁芯和线圈，所以本节首先介绍交流铁芯线圈电路。

6.4.1　交流铁芯线圈电路

交流铁芯线圈
电路分析

线圈又叫绕组，由普通的导线缠绕而成，缠绕一圈称为一匝，所以线圈都有匝数的概念，一般线圈的匝数都大于1。这里的普通导线也不是裸线，而是包有绝缘层的铜线或铝线，因此，线圈的匝与匝是彼此绝缘的。

线圈通电后有电流，所以线圈构成了电路的主体，其作用是完成电能的传输或信号的传递。不同的电气设备，铁芯的形状也各异，有闭合的，也有不闭合的。

我们在前面已经学过，铁芯具有汇聚磁通、使铁芯内部的磁场增强的作用。实际上，各种电气设备的工作都是借助电能→磁场→电能的转换完成的，为满足工作的需求，必须使内部磁场加强。从分析方法角度，可通过引入铁芯，将磁场问题转化为磁路问题，从而降低分析的难度。

交流铁芯线圈电路如图 6-15 所示，当它接入交流电压 u 时，线圈中将产生电流 i，若线圈的匝数为 N，则磁动势 $F = Ni$ 将在线圈中产生磁通 Φ、Φ_σ，这两个磁通将在线圈中产生感应电动势 e 和 e_σ，其中 e 为主磁电动势（main emf），e_σ 为漏磁电动势（leak emf）。

设电压 u、电流 i、磁通 Φ 和 Φ_σ、感应电动势 e 和 e_σ 的参考方向如图 6-15 所示，则由 KVL 得 $u + e + e_\sigma = iR$，其中 R 为铁芯线圈的电阻。

先来分析漏磁通产生的感应电动势。由于漏磁通经过的主要是非磁性材料，其磁导率和磁阻一般为常数，则漏磁通产生的感应电动势为

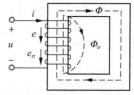

图 6-15　交流铁芯线圈电路

$$e_\sigma = -L_\sigma \frac{\mathrm{d}i}{\mathrm{d}t}$$

其中，漏磁通对应的电感为

$$L_\sigma = \frac{N\Phi_\sigma}{i}$$

L_σ 在交流电路中的漏磁感抗为

$$X = \omega L_\sigma = 2\pi f L_\sigma$$

因此，电压方程为

$$u = iR + L_\sigma \frac{\mathrm{d}i}{\mathrm{d}t} - e$$

由 KVL 的相量形式得

$$\dot{U} = \dot{I}R + \mathrm{j}X\dot{I} - \dot{E} = \dot{I}Z - \dot{E}$$

其中，$Z = R + \mathrm{j}X$，称为漏磁阻抗。

然后分析主磁通产生的感应电动势。感抗不是常数，应按以下方法计算。

设 $\Phi = \Phi_\mathrm{m} \sin \omega t$，则

$$
\begin{aligned}
e &= -N \frac{\mathrm{d}\Phi}{\mathrm{d}t} = -N\Phi_\mathrm{m}\omega\cos\omega t \\
&= 2\pi f N \Phi_\mathrm{m} \sin(\omega t - 90°)
\end{aligned}
$$

（6-21）

式（6-21）中，$E_\mathrm{m}=2\pi fN\Phi_\mathrm{m}$是主磁电动势的最大值，则有效值为

$$E=\frac{E_\mathrm{m}}{\sqrt{2}}=\frac{2\pi Nf\Phi_\mathrm{m}}{\sqrt{2}}=4.44fN\Phi_\mathrm{m}$$

通常线圈的电阻R很小，漏磁通也远远小于主磁通，因此可忽略它们的影响。则

$$\dot{U}=\dot{I}Z-\dot{E}\approx-\dot{E}$$

其有效值为

$$U\approx E=\frac{E_\mathrm{m}}{\sqrt{2}}=4.44fN\Phi_\mathrm{m}\qquad（6-22）$$

该式是分析研究电磁铁变压器和交流电动机等电气设备常用的重要公式。在U和f一定时，交流铁芯线圈电路中Φ_m基本不变。

6.4.2　变压器的结构和工作原理

在学习交流铁芯线圈电路的基础上，我们来学习变压器的结构和工作原理，本质上变压器就是交流铁芯线圈电路。

1. 变压器的结构

变压器种类虽多，但结构和基本原理是一样的。如图6-16所示，变压器主要由铁芯和绕组两个基本部分组成。

（1）铁芯

铁芯构成变压器的磁路，为了减少铁损，提高磁路的导磁性能，一般铁芯由0.35～0.55mm的表面绝缘的硅钢片交错叠压而成。根据铁芯的结构不同，变压器可分为心式（小功率）和壳式（容量较大）两种，如图6-17所示。

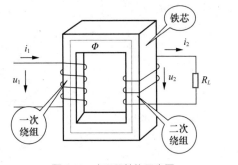 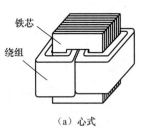 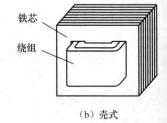

图6-16　变压器结构示意图　　　　（a）心式　　　（b）壳式

图6-17　变压器外形示意图

（2）绕组

绕组即线圈，是变压器的电路部分，用绝缘导线绕制而成，有一次绕组、二次绕组之分。与电源相连的称为一次绕组（或称初级绕组、原绕组），与负载相连的称为二次绕组（或称次级绕组、副绕组）。绕组通常用绝缘的圆形铜线或扁形铝线绕制而成，绕组与绕组及绕组与铁芯之间都是绝缘的。

（3）冷却系统

变压器一般都有一个外壳，起到保护绕组、散热和屏蔽的作用。变压器工作时，铁芯和绕组都要发热，为防止变压器过热，必须采用适当的冷却方式。小容量的变压器可以直接散热到空气

中，称为空气自冷式。较大容量的变压器，采用油冷式，还具有冷却系统。大容量变压器通常都是三相变压器。

2. 单相变压器的工作原理

在一次绕组上接入交流电压 u_1 时，一次绕组中便有电流 i_1 通过。一次绕组的磁动势 i_1N_1 产生的磁通绝大部分通过铁芯而闭合，从而在二次绕组中感应出电动势。如果二次绕组接有负载，那么二次绕组中就有电流 i_2 通过。二次绕组的磁动势 i_2N_2 也产生磁通，其绝大部分也通过铁芯而闭合。因此，铁芯中的磁通是一个由一次绕组、二次绕组的磁动势共同产生的合成磁通，称为主磁通，用 Φ 表示。主磁通穿过一次绕组和二次绕组而在其中感应出的电动势分别为 e_1、e_2。此外，一次绕组、二次绕组的磁动势还分别产生漏磁通 $\Phi_{\sigma1}$ 和 $\Phi_{\sigma2}$，从而在各自的绕组中分别产生漏磁电动势 $e_{\sigma1}$ 和 $e_{\sigma2}$，如图6-18（a）所示。

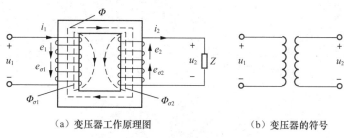

（a）变压器工作原理图　　　　（b）变压器的符号

图 6-18　变压器工作原理图及变压器的符号

（1）电压变换

写出变压器工作原理图中一次绕组电路的 KVL 方程为

$$u_1 + e_1 + e_{\sigma1} = i_1 R_1$$

写成相量表示式为

$$\dot{U}_1 = \dot{I}_1 R_1 - \dot{E}_{\sigma1} - \dot{E}_1 = \dot{I}_1 R_1 + jX_1 \dot{I}_1 - \dot{E}_1$$

由于一次绕组的电阻 R_1 和感抗 X_1（或漏磁通 $\Phi_{\sigma1}$）较小，因而它们两端的电压降也较小，与主磁电动势 E_1 比较起来，可以忽略不计，于是

$$U_1 = -E_1 = 4.44 f N_1 \Phi_{\mathrm{m}}$$

同理可得二次绕组电路的电压与电动势的有效值为

$$U_2 = -E_2 = 4.44 f N_2 \Phi_{\mathrm{m}}$$

变压器空载时有

$$I_2 = 0, \quad U_{20} = E_2$$

式中，U_{20} 是空载时二次绕组的端电压。

以上几式说明，由于一次绕组、二次绕组的匝数 N_1、N_2 不相等，故 E_1 和 E_2 的大小也不相等，因而输入电压 U_1（电源电压）和输出电压 U_2（负载电压）的大小也是不相等的。

一次绕组、二次绕组的电压之比为

$$\frac{U_1}{U_2} = \frac{E_1}{E_2} = \frac{4.44 f N_1 \Phi_{\mathrm{m}}}{4.44 f N_2 \Phi_{\mathrm{m}}} = \frac{N_1}{N_2} = K \tag{6-23}$$

式（6-23）中，K 称为变压器的变比，即一次绕组、二次绕组的匝数比。可见，当电源电压 U_1 一定时，只要改变匝数比，就可得不同的输出电压 U_2。$K > 1$，变压器为降压变压器；$K < 1$，变压

器为升压变压器。

变比在变压器的铭牌上注明，通常以"6000/400V"的形式表示一次绕组、二次绕组的额定电压之比，此例表明这台变压器的一次绕组的额定电压 $U_{1N}=6000V$，二次绕组的额定电压 $U_{2N}=400V$。

二次绕组的额定电压是指一次绕组加上额定电压时二次绕组的空载电压。由于变压器有内阻抗压降，所以二次绕组的空载电压一般应较满载时的电压高5%~10%。

（2）电流变换

由 $U_1=-E_1=4.44fN_1\Phi_m$ 可见，当电源电压 U_1 和频率 f 不变时，E_1 和 Φ_m 也都接近于常数。也就是说，铁芯中主磁通的最大值在变压器空载或有负载时几乎是恒定的。因此有负载时产生主磁通的一次绕组、二次绕组的合成磁动势（$i_1N_1+i_2N_2$）应该和空载时产生主磁通的一次绕组的磁动势 i_0N_1 基本相等，即

$$i_1N_1+i_2N_2 \approx i_0N_1$$

变压器的空载电流 i_0 是励磁用的，而由于铁芯的磁导率高，空载电流是很小的。它的有效值 I_0 在一次绕组额定电流 I_{1N} 的10%以内，因此与 I_1N_1 相比，I_0N_1 常可忽略。忽略后，$i_1N_1=-i_2N_2$，其有效值形式为 $I_1N_1=I_2N_2$，所以

$$\frac{I_1}{I_2}=\frac{N_2}{N_1}=\frac{1}{K} \tag{6-24}$$

可见，变压器中的电流虽然由负载的大小确定，但是一次绕组、二次绕组中电流的比值是基本上不变的；因为当负载增加时，I_2 和 I_2N_2 随之增大，而 I_1 和 I_1N_1 也相应增大，抵偿二次绕组的电流和磁动势对主磁通的影响，从而维持主磁通的最大值不变。

变压器的额定电流 I_{1N} 和 I_{2N} 是指变压器在长时间连续工作时一次绕组、二次绕组允许通过的最大电流，它们是根据绝缘材料允许的温度确定的。

二次绕组的额定电压与额定电流的乘积称为变压器的额定容量，即 $S_N=U_{2N}I_{2N}$（单相），它是视在功率（单位是Var），与输出功率（单位是W）不同。

（3）阻抗变换

变压器不但可以变换电压和电流，还有变换阻抗的作用，以实现"匹配"。负载阻抗 Z_L 接在变压器的二次侧，如图6-19所示，通过阻抗变换，可得直接接在电源上的阻抗 Z'_L 和接在变压器二次侧的负载阻抗 Z_L 是等效的。所谓等效，就是输入电路的电压、电流和功率不变。Z'_L 与 Z_L 的关系推导如下。

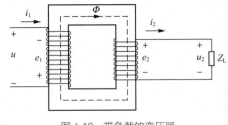

图 6-19　带负载的变压器

$$Z'_L=\frac{U_1}{I_1}=\frac{\dfrac{N_1}{N_2}U_2}{\dfrac{N_2}{N_1}I_2}=\left(\frac{N_1}{N_2}\right)^2\frac{U_2}{I_2}=K^2\frac{U_2}{I_2}=K^2Z_L \tag{6-25}$$

$$Z_1=Z'_L=R_1+jX_1=K^2(R_L+jX_L)=K^2R_L+jK^2X_L$$

$$R_1=K^2R_L, \quad X_1=K^2X_L$$

其中，R_L、X_L 是负载阻抗中的电阻和感抗。

匝数比不同，负载阻抗 Z_L 折算到（反映到）一次侧的等效阻抗 Z_L' 也不同。我们可以采用不同的匝数比，把负载阻抗变换为所需要的、比较合适的数值。这种做法通常称为阻抗匹配。

例题 6-4

问题 一只扬声器电阻为 10Ω，通过变压器接到电动势 $E=130\text{V}$、内阻 $R_0=640\Omega$ 的交流信号源上，为了使负载获得最大功率，阻抗需要匹配。

（1）变压器变比是多少？

（2）将负载直接和信号源连接，负载获得的功率是多少？

（3）经变压器进行阻抗匹配，负载获得的最大功率是多少？

解答

（1）变压器变比为

$$K=\frac{N_1}{N_2}=\sqrt{\frac{R_0}{R_L}}=\sqrt{\frac{640}{10}}=8$$

（2）将负载直接和信号源连接，负载获得的功率为

$$P=I^2R_L=\left(\frac{U}{R_0+R_L}\right)^2 R_L=\left(\frac{130}{640+10}\right)^2\times10=0.4\text{W}$$

（3）经变压器进行阻抗匹配后，负载获得的最大功率为

$$P_{\max}=I^2R_L=\left(\frac{U}{R_0+R_L'}\right)^2 R_L'=\left(\frac{130}{640+640}\right)^2\times640\approx6.6\text{W}$$

6.4.3 变压器的外特性、额定值、损耗和效率

变压器在电网中相当于用电设备，我们希望它的损耗小、效率高。但对负载来说，变压器又相当于电源，这就要求其提供稳定的电压。因此，衡量变压器运行特性的主要指标有两个：效率和输出电压的稳定性。

1. 变压器的外特性

当电源电压 U_1 不变时，随着二次绕组电流 I_2 的增加（负载增加），一次绕组、二次绕组阻抗上的电压降便增加，这将使二次绕组的端电压 U_2 发生变动。当电源电压 U_1 和二次侧所带负载的功率因数 $\cos\varphi_2$ 为常数时，二次侧端电压 U_2 随负载电流 I_2 变化的关系曲线 $U_2=f(I_2)$ 称为变压器的外特性曲线。图 6-20 所示为变压器的外特性曲线。由图可知，U_2 随 I_2 的上升而下降，这是由于变压器绕组本身存在内阻抗，I_2 上升，绕组内阻抗的电压降增大。

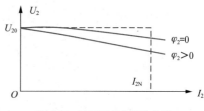

图 6-20 变压器的外特性曲线

绕组内阻抗由两部分构成：绕组的导线电阻和漏磁通产生的感抗。我们希望电压稳定，即 U_2 的变化越小越好。从空载到额定负载，二次绕组电压的变化程度用电压变化率 ΔU 表示。

$$\Delta U = \frac{U_{20} - U_2}{U_{20}} \times 100\% \tag{6-26}$$

式（6-26）中，U_{20} 为二次侧的空载电压，也就是二次侧电压 U_{2N}；U_2 为 $I_2 = I_{2N}$ 时的二次侧端电压。变压器外特性变化的程度用电压变化率 ΔU 表示。电压变化率反映电压 U_2 的变化程度。通常我们希望 U_2 的变动越小越好，一般变压器的电压变化率约为 5%，小型变压器的电压变化率约为 20%。电压变化率是一个重要技术指标，直接影响供电质量。电压变化率越小，变压器性能越好。

2. 变压器的额定值

变压器的外壳上都有一个铭牌，上面标注了变压器的型号和额定值，是合理、安全地使用变压器的主要依据。

我国电力变压器型号主要有 SJ6、SJ7、SLZ7、S6、S9。变压器的型号表示变压器的结构和规格，例如，SJL–500/10，其中 S 表示三相（D 表示单相），J 表示油浸自冷式，L 表示铝线，500 表示容量为 500kV·A，10 表示高压侧线电压为 10kV。变压器在额定状态运行时各电量值为变压器的额定值。

（1）额定电压 U_{1N}/U_{2N}

U_{1N}：加在一次绕组上的正常工作电压。U_{2N}：一次侧施加额定电压时的二次侧空载电压。单位伏（V）或千伏（kV）。

（2）额定电流 I_{1N}/I_{2N}

变压器满载运行时，一次绕组、二次绕组允许通过的电流值。单相变压器和三相变压器的电流计算如式（6-27）、式（6-28）所示。

$$I_{1N} = \frac{S_N}{U_{1N}}, \quad I_{2N} = \frac{S_N}{U_{2N}} \tag{6-27}$$

$$I_{1N} = \frac{S_N}{\sqrt{3}U_{1N}}, \quad I_{2N} = \frac{S_N}{\sqrt{3}U_{2N}} \tag{6-28}$$

（3）额定容量 S_N

变压器传送电功率的最大能力即变压器的视在功率，而三相变压器的视在功率指三相容量之和，单位为伏安（V·A）或千伏安（kV·A）。单相变压器和三相变压器的额定容量计算如式（6-29）、式（6-30）所示。

$$S_N = U_{2N}I_{2N} \approx U_{1N}I_{1N} \tag{6-29}$$

$$S_N = \sqrt{3}U_{2N}I_{2N} \approx \sqrt{3}U_{1N}I_{1N} \tag{6-30}$$

铭牌上的电压、电流是线电压、线电流，与变压器容量（视在功率）之间的关系是

$$S = \sqrt{3}U_1I_1 \tag{6-31}$$

额定输出有功功率 P_N 不仅取决于变压器容量 S_N，还与负载功率因数 $\cos\varphi_L$ 有关。即

$$P_N = S_N \cos\phi_L \tag{6-32}$$

（4）额定频率 f_N

额定频率为变压器应接入的电源的频率。我国电力系统的标准频率为 50Hz，有些国家采用 60Hz。此外，额定工作状态下变压器的效率、温升等数据均属于额定值。以上额定值是以单相变压器为例的。额定值是正确使用变压器的依据，在额定状态下运行，可保证变压器长期安全有

效工作。

3. 变压器的损耗及效率

变压器存在一定的功率损耗，包括铁芯中的铁损 ΔP_{Fe} 和绕组上的铜损 ΔP_{Cu} 两部分，即 $\Delta P = \Delta P_{Fe} + \Delta P_{Cu}$。其中铁损的大小与铁芯内磁感应强度的最大值 B_m 有关，与负载大小无关，铁损 ΔP_{Fe} 包括磁滞损耗（磁滞现象引起铁芯发热造成的损耗）和涡流损耗（交变磁通在铁芯中产生的感应电流造成的损耗）。而铜损的大小则与负载大小（正比于电流平方）有关。铜损 $\Delta P_{Cu} = I_1^2 R_1 + I_2^2 R_2$（绕组导线电阻引起）。

变压器的输出功率 P_2 与输入功率 P_1 之比的百分数称为变压器的效率，用 η 表示。

$$\eta = \frac{P_2}{P_1} = \frac{P_2}{P_2 + \Delta P_{Fe} + \Delta P_{Cu}} \times 100\% \tag{6-33}$$

一般变压器的效率在 95%，大型变压器的效率可达 99%。

6.4.4　变压器的同极性端及其测定

变压器一般有两个或两个以上的绕组，在使用时会遇到绕组的连接问题，为了正确使用变压器，必须清楚地了解变压器绕组的同极性端（也称同名端），并掌握其测定方法。

1. 同极性端的概念

当变压器绕组两端加交变电压时，一次绕组、二次绕组中产生的感应电动势和电流也是交变的。当电流流入（或流出）两个绕组时，若产生的磁通方向相同，则两个流入端（或两个流出端）称为同极性端（同名端）。或者说，当铁芯中磁通增大或减小时，在两绕组中产生的感应电动势极性相同的两端为同极性端。通常在同极性端旁标注符号"·"或"*"。若产生的磁通方向相反，则两端为异极性端（异名端）。

图 6-21（a）所示电路中，变压器的两个绕组绕在同一个铁芯柱上，并且绕制方向相同。当交变电流从 1、3 端流入时，用右手螺旋法则可知它们产生的磁通方向一致，因此 1、3 端为同极性端，2、4 端也为同极性端。

图 6-21（b）所示电路中，变压器的两个绕组绕在同一个铁芯柱上，并且绕制方向相反。由上述分析可知，1、4 端为同极性端，2、3 端也为同极性端。可见，同极性端与绕组在铁芯柱上的绕向有关。

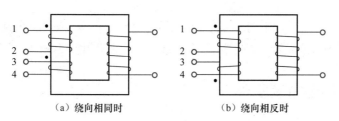

|（a）绕向相同时|（b）绕向相反时|

图 6-21　变压器绕组的同极性端

2. 绕组的连接

变压器在使用时有时需要串联、并联以增大电压和电流，应根据同极性端正确连接。串联时应将异极性端相连；并联时应将同极性端分别相连，如图 6-22 所示。但只有额定电流相同的绕组才能串联，否则额定电流小的就会过载；只有额定电压相同的绕组才能并联，否则额定电压低的就会过载。

若连接错误，两绕组中的磁动势方向相反，相互抵消，铁芯磁通为零，两个绕组均不产生感应电动势，绕组中会产生很大的电流，从而烧坏绕组。

3. 同极性端的测定方法

对于一台已经制造好的变压器，由于经过浸漆或其他工艺处理，从外观上不能辨认绕组的具体绕向，如果引出线上没有标明，就无法确定同极性端，因此可以通过实验的方法来测定。

（1）直流法

在图 6-23 所示电路中，1、2 绕组通过开关 S 接一个直流电源，当开关 S 闭合瞬间，若毫安表的指针正向偏转，则 1、3 是同极性端，反向偏转则 1、4 是同极性端。

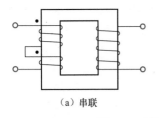
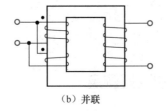

（a）串联　　　　　　（b）并联

图 6-22　变压器绕组的连接

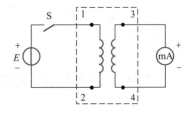

图 6-23　直流法测定绕组极性

S 闭合瞬间，1、2 绕组中的电流由 1 流向 2 并逐渐增长，则该绕组中感应电动势的方向应该是从 2 指向 1，与电流方向相反。若毫安表的指针正向偏转，表明 3、4 绕组中的电流由 4 流向 3，绕组中感应电动势的实际方向与电流的方向一致，也是由 4 指向 3。

（2）交流法

在图 6-24 所示电路中，将两个绕组的任意两端（如 2 和 4）连在一起，在其中一个绕组的两端加一个较低的交流电压，用交流电压表分别测量 U_{13}、U_{12}、U_{34}，若 $U_{13} = |U_{12} - U_{34}|$，则 1、3 是同极性端，2、4 也是同极性端；若 $U_{13} = U_{12} + U_{34}$，则 1、4 是同极性端，2、3 也是同极性端。

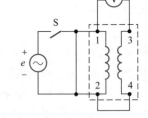

图 6-24　交流法测定绕组极性

6.5　常用变压器

根据交流信号频率范围的不同，可将变压器分为高频变压器、中频变压器和低频变压器三大类。习惯上高频变压器被称为电感线圈，下面主要介绍几种常用的低频和中频变压器。

6.5.1　三相电力变压器

交流电能的产生和输送几乎都采用三相制，变换三相交流电压，则需要用三相变压器（three-phase transformer），三相变压器输配电都采用三相制。

三相变压器有三相组式变压器和心式变压器两种。三相电力变压器的基本结构如图 6-25 所示，3 对相同高、低压绕组，分别套装在 3 个铁芯柱上。一次绕组的首末端分别用大写字母 U_1、V_1、W_1 和 U_2、V_2、W_2 表示；二次绕组的首末端分别用小写字母 u_1、v_1、w_1 和 u_2、v_2、w_2 表示。

工作时将3个高压绕组U_1U_2、V_1V_2、W_1W_2和3个低压绕组u_1u_2、v_1v_2、w_1w_2分别连接成星形或三角形，常用接法有Y/Y、Y/Y$_0$、Y/△、Y$_0$/△、Y$_0$/Y。其中，分子表示高压绕组的连接方式，分母表示低压绕组的连接方式，Y$_0$表示星形连接有中性线引出。目前常见的连接方式是Y/Y$_0$、Y$_0$/△和Y/△。

三相变压器铭牌上的额定电压和额定电流是高压侧和低压侧线电压和线电流的额定值，容量是视在功率的额定值。

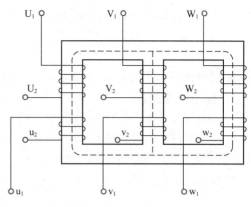

图 6-25　三相电力变压器的基本结构

6.5.2　自耦变压器

自耦变压器的构造如图6-26所示。闭合的铁芯上只有一个绕组，它既是一次绕组又是二次绕组。低压绕组是高压绕组的一部分。

自耦变压器的电压变换、电流变换的原理与普通变压器的工作原理相同，即

$$\frac{U_1}{U_2}=\frac{N_1}{N_2}=K, \quad \frac{I_1}{I_2}=\frac{N_2}{N_1}=\frac{1}{K}$$

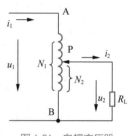

图 6-26　自耦变压器

自耦变压器的用途比较广泛，如调节电炉炉温、调节照明亮度、起动交流电动机以及用于实验和小仪器中。

自耦变压器使用时的注意事项。

（1）在接通电源前，应将滑动触头旋到零位，以免突然出现过高电压。

（2）接通电源后应慢慢转动调压手柄，将电压调到所需要的数值。

（3）输入、输出边不得接错，电源不准接在滑动触头侧，否则会引起短路事故。

使用时，改变滑动触头的位置，便可得到不同的输出电压。实验室中用的调压器就是根据此原理制作的。注意：一次侧、二次侧千万不能对调使用，以防变压器损坏，因为N变小时，磁通增大，电流会迅速增加。

6.5.3　仪用互感器

仪用互感器是专供电工测量和自动保护的装置，使用仪用互感器的目的在于扩大测量表的量程，为高压电路中的控制设备及保护设备提供所需的低电压或小电流，并使它们与高压电路隔离，以保证安全。仪用互感器包括电压互感器和电流互感器两种。

1. 电压互感器

用低量程的电压表测高电压，被测电压=电压表读数×N_1/N_2。

电压互感器的二次侧额定电压一般为标准值100V，以便统一电压表的表头规格。电压互感器如图6-27所示，其一次绕组、二次绕组的电压比也是其匝数比，即

$$\frac{U_1}{U_2}=\frac{N_1}{N_2}=K$$

若电压互感器和电压表固定配合使用，则从电压表上可直接读出高压线路的电压值。

电压互感器二次侧不允许短路，因为短路电流很大，会烧坏线圈，为此应在高压边加熔断器作为短路保护。电压互感器的铁芯、金属外壳及二次侧的一端都必须接地，否则若高、低压绕组间的绝缘损坏，低压绕组和测量仪表对地将出现高电压，这是非常危险的。

2. 电流互感器

用低量程的电流表测大电流，被测电流=电流表读数 $\times N_2/N_1$。

电流互感器是用来将大电流变为小电流的特殊变压器，它的二次侧额定电流一般设计为标准值5A，以便统一电流表的表头规格。电流互感器如图6-28所示，其一次绕组、二次绕组的电流比为匝数的反比，即

$$\frac{I_1}{I_2} = \frac{N_2}{N_1} = \frac{1}{K}$$

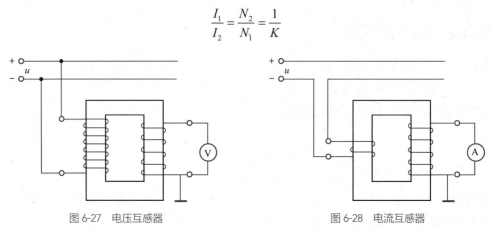

图 6-27　电压互感器　　　　　　　　图 6-28　电流互感器

若电流表与专用电流互感器配套使用，电流表的刻度可按大电流电路中的电流值标出。

电流互感器的二次侧不允许开路。二次侧电路中装拆仪表时，必须先使二次绕组短路，在二次侧电路中不允许安装熔断器等保护设备。电流互感器二次绕组的一端以及外壳、铁芯必须同时可靠接地。

例题6-5

问题　某单相变压器的额定容量 S_N=100kV·A，额定电压为10kV/0.23kV，当满载运行时，U_2=220V，求 K_u、I_{1N}、I_{2N}、$\Delta U\%$。

解答

$$K_u = \frac{U_{1N}}{U_{2N}} = \frac{10 \times 10^3}{230} \approx 43.5$$

$$I_{2N} = \frac{S_N}{U_{2N}} = \frac{100 \times 10^3}{230} \approx 435A$$

$$I_{1N} = \frac{I_{2N}}{K_u} \approx \frac{435}{43.5} = 10A$$

$$\Delta U\% = \frac{U_{2N} - U_2}{U_{2N}} = \frac{230 - 220}{230} \times 100\% \approx 4.35\%$$

例题 6-6

问题　某三相变压器接法为 Y/Y$_0$，额定电压为 6kV/0.4kV，向功率为 50kW 的白炽灯供电，此时负载线电压为 380V，求一次侧、二次侧电流 I_1、I_2。

解答　因为白炽灯为纯电阻元件，所以 $\cos\varphi_2=1$。

$$I_2 = \frac{P_2}{\sqrt{3}U_2\cos\varphi_2} = \frac{50\times10^3}{\sqrt{3}\times380\times1} \approx 76\text{A}$$

$$I_1 = \frac{U_{2N}}{U_{1N}}\times I_2 \approx \frac{400}{6000}\times76 \approx 5.06\text{A}$$

6.6　电磁铁

在通电螺线管内部插入铁芯后，铁芯被通电螺线管的磁场磁化。磁化后的铁芯也变成了一个磁体，这样两个磁场互相叠加，使螺线管的磁性大大增强。为了使电磁铁的磁性更强，通常将铁芯制成蹄形。

电磁铁是可以通电流来产生磁力的器件，属非永久磁铁，可以很容易地将其磁性起动或消除。例如，大型起重机利用电磁铁将废弃车辆抬起。

当电流通过导线时，会在导线的周围产生磁场。应用这一性质，将电流通过螺线管时，则会在螺线管之内制成均匀磁场。假设在螺线管的中心置入磁性物质，则此磁性物质会被磁化，而且会大大增强磁场。

一般而言，电磁铁所产生的磁场与电流大小、线圈圈数及中心的铁芯有关。在设计电磁铁时，设计者会注重线圈的分布和铁芯的选择，并利用电流大小来控制磁场。线圈的材料具有电阻性，这限制了电磁铁所能产生的磁场大小，但随着超导体的发现与应用，现有的限制有机会被打破。

电磁铁可以分为直流电磁铁和交流电磁铁两大类型，其具体形式如图 6-29 所示。电磁铁有许多优点：电磁铁的磁性有、无可以用通、断电流控制；磁性的大小可以用电流的强弱或线圈的匝数来控制，也可通过改变电阻控制电流大小来控制磁性大小；它的磁极可以由改变电流的方向来控制；等等。也就是说，磁性的强弱可以改变，磁性的有无可以控制，磁极的方向可以改变，磁性可因电流的消失而消失。

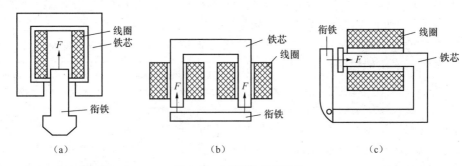

图 6-29　电磁铁的几种形式

电磁铁是电流磁效应的一个应用，与生活联系紧密，如电磁继电器、电磁起重机、磁悬浮列车、电磁流量计等。

6.7 拓展阅读与实践应用："零高度飞行器"——磁悬浮列车

　　磁悬浮列车是一种靠磁悬浮力来推动的列车，它通过电磁力实现列车与轨道之间的无接触的悬浮和导向，利用直线电动机产生的电磁力牵引列车运行。由于列车轨道的磁力使之悬浮在空中，行进时不同于其他列车需要接触轨道，减少了摩擦力，只受来自空气的阻力，高速磁悬浮列车的速度可达 400km/h，中低速磁悬浮列车的速度则多数在 100 ～ 200km/h。

　　1922 年，德国工程师赫尔曼·肯珀（Hermann Kemper）提出了磁悬浮原理，继而申请了专利。20 世纪 70 年代以后，随着工业化国家经济实力不断增强，为提高交通运输能力以适应其经济发展和民生的需求，德国、日本、美国等国家相继开展了磁悬浮运输系统的研发。

　　中国第一辆磁悬浮列车（买自德国）2003 年 1 月开始在"上海磁浮列车示范运营线"运行。2015 年 10 月中国首条国产磁悬浮线路——"长沙磁浮快线"成功试跑。2016 年 5 月 6 日，中国首条具有完全自主知识产权的中低速磁悬浮商业运营示范线——"长沙磁浮快线"开通试运营。该线路也是世界上最长的中低速磁悬浮运营线。2018 年 6 月，中国首列商用磁悬浮 2.0 版列车在中车株洲电力机车有限公司下线。2021 年 12 月 14 日，国内首辆磁浮空轨列车"兴国号"在武汉下线。

6.7.1　磁悬浮列车的工作原理

　　磁悬浮列车的原理并不深奥，它运用磁铁"同性相斥，异性相吸"的性质，使磁铁具有抗拒地心引力的能力，即"磁性悬浮"。

　　科学家将"磁性悬浮"这种原理运用在铁路运输系统上，使列车完全脱离轨道而悬浮行驶，成为"无轮"列车，时速可达几百千米。这就是所谓的"磁悬浮列车"，又称为"磁垫车"。

　　当今，世界上的磁悬浮列车主要有两种"悬浮"形式，一种是推斥式，另一种为吸力式。推斥式是利用两个磁铁同极性相对而产生的排斥力，使列车悬浮起来。这种磁悬浮列车车厢的两侧安装有磁场强大的超导电磁铁。车辆运行时，这种电磁铁的磁场切割轨道两侧安装的铝环，使其中产生感应电流，同时产生一个同极性反磁场，并使车辆脱离轨面在空中悬浮起来。但是，静止时，由于没有切割电势与电流，车辆不能产生悬浮，只能像飞机一样用轮子支撑车体。当车辆在直线电动机的驱动下前进，速度达到 80km/h 以上时，车辆就悬浮起来了。吸力式是利用两个磁铁异性相吸的原理，将电磁铁置于轨道下方并固定在车体转向架上，两者之间产生强大的磁场并相互吸引时，列车就能悬浮起来。这种吸力式磁悬浮列车无论是静止还是运动状态，都能保持稳定悬浮。我国自行开发的中低速磁悬浮列车就属于这个类型。

　　磁悬浮列车前进原理如图 6-30 所示，在位于轨道两侧的线圈里流动的交流电，能将线圈变为电磁体，它与列车上的超导磁体的相互作用使列车开动起来。列车前进是因为列车头部的电磁体（N 极）被安装在靠前一点的轨道上的电磁体（S 极）所吸引，同时又被安装在轨道上稍后一点的电磁体（N 极）所排斥。在线圈里流动的电流流向会不断反转，其结果就是 S 极线圈与 N 极线圈的互相转换。这样，列车由于电磁极性的转换而得以持续向前奔驰。

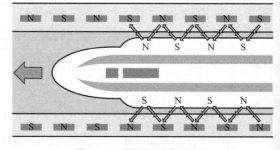

图 6-30　磁悬浮列车前进原理

6.7.2 磁悬浮列车的技术基础

磁悬浮列车主要由悬浮系统、推进系统和导向系统3个部分组成。尽管可以使用与磁力无关的推进系统，但在绝大部分设计中，这3个部分的功能均由磁力来完成。

目前悬浮系统的设计可以分为两个方向，分别是德国所采用的常导型和日本所采用的超导型。从悬浮技术上讲就是电磁悬浮（electromagnetic suspension，EMS）系统和电动式悬浮（electrodynamic suspension，EDS，即电力悬浮）系统。图6-31给出了两种系统的结构差别。

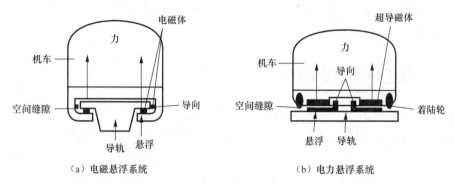

（a）电磁悬浮系统　　　　　　　　　　（b）电力悬浮系统

图6-31　电磁悬浮系统和电力悬浮系统

电磁悬浮系统是一种吸力式悬浮系统，结合在机车上的电磁铁和导轨上的铁磁轨道相互吸引产生悬浮。常导型磁悬浮列车工作时，首先调整车辆下部的悬浮和导向电磁铁的电磁吸力，与地面轨道绕组发生作用将列车浮起。在车辆下部的导向电磁铁与轨道磁铁的相斥作用下，车轮与轨道保持一定的侧向距离。这就实现了轮轨在水平方向和垂直方向的无接触支撑和无接触导向。车辆与行车轨道之间的悬浮间隙为10mm，这是通过一套高精度电子调整系统得以保证的。此外由于悬浮和导向实际上与列车运行速度无关，所以即使在停车状态下列车仍然可以进入悬浮状态。

电力悬浮系统将磁铁使用在运动的机车上以在导轨上产生电流。机车和导轨的缝隙减小时电磁斥力会增大，从而给机车提供了稳定的支撑和导向。然而机车必须安装类似车轮的装置对机车在"起飞"和"着陆"时进行有效支撑，这是因为电力悬浮系统在机车速度低于大约40km/h时无法保证悬浮。电力悬浮系统在低温超导技术下得到了更大的发展。

超导磁悬浮列车的最主要特征就是其超导元件在相当低的温度下所具有的完全导电性和完全抗磁性。超导磁体是由超导材料制成的超导线圈构成的，它不仅电流阻力为零，而且可以传导普通导线根本无法比拟的强大电流，这种特性使其能够制成体积小、功率强大的电磁铁。超导磁悬浮列车的车辆上装有车载超导磁体并构成感应动力集成设备，而列车的驱动绕组和悬浮导向绕组均安装在地面导轨两侧。车辆上的感应动力集成设备由动力集成绕组、感应动力集成超导磁体和悬浮导向超导磁体3个部分组成。当向轨道两侧的驱动绕组提供与车辆速度频率一致的三相交流电时，就会产生一个移动的电磁场，因而在列车导轨上产生磁波，这时列车上的车载超导磁体就会受到一个与移动磁场同步的推力，正是这种推力推动列车前进。其原理就像冲浪运动一样，冲浪者是站在波浪的顶峰并由波浪推动快速前进的。与冲浪者所面对的难题相同，超导磁悬浮列车要处理的也是如何才能准确地保持在移动电磁波的顶峰运动的问题。为此，设计者在地面导轨上安装探测车辆位置的高精度仪器，根据仪器传来的信息调整三相交流电的供流方式，精确地控制电磁波，以使列车能良好地运行。

磁悬浮列车的驱动运用了同步直线电动机的原理。车辆下部起支撑作用的电磁铁线圈就像是同步直线电动机的励磁线圈，地面轨道内侧的三相移动磁场驱动绕组起到电枢的作用，它就像同步直线电动机的长定子绕组。从电动机的工作原理可以知道，当作为定子的电枢线圈有电时，产生的电磁感应推动电动机的转子转动。同样，当沿线布置的变电所向轨道内侧的驱动绕组提供三相调频调幅电力时，由于电磁感应的作用，承载系统连同列车一起就像电动机的转子一样被推动做直线运动，从而在悬浮状态下，列车可以完全实现非接触的牵引和制动。可以通过电能转换器调整在线圈里流动的交流电的频率和电压来调整车速。

导向系统通过侧向力来保证悬浮的机车能够沿着导轨的方向运动。侧向力与悬浮力类似，也可以分为引力和斥力。可以用机车底板上的一块电磁铁同时为导向系统和悬浮系统提供动力，也可以采用独立的导向系统电磁铁。

6.7.3 磁悬浮列车的优势

与当今的高速列车相比，磁悬浮列车具有许多无可比拟的优点。

由于磁悬浮列车是在轨道之上行驶的，导轨与机车之间不存在任何实际的接触，处于"无轮"状态，故其几乎没有轮、轨之间的摩擦，时速可高达几百千米；磁悬浮列车可靠、维修简便、成本低，其能源消耗仅是汽车的一半、飞机的四分之一；磁悬浮列车噪声小，当磁悬浮列车时速达300km/h以上时，噪声只有656dB（分贝），仅相当于一个人大声地说话，比汽车驶过的声音还小；磁悬浮列车以电为动力，在轨道沿线不会排放废气，无污染，是一种名副其实的绿色交通工具。

其实，磁悬浮运载技术不仅能够用于陆上平面运载，也可以用于海上运载，还能用于垂直发射，美国就在试验用磁悬浮技术发射火箭。它在磁悬浮、直线驱动、低温超导、电力电子、计算机控制与信息技术、医疗等多个领域都有极重要的价值。概括地说，它是一种能带动众多高新技术发展的基础科学，又是一种具有极广泛前景的应用技术。

我们可以预见，随着超导材料和超低温技术的发展，修建磁浮铁路的成本有可能会大大降低。到那时，磁浮列车作为一种快速、舒适的"绿色交通工具"，将会飞驰在祖国大地。

📝 本章小结

与电路类似，磁路也有相应的基本定律，包括：安培环路定律 $\oint Hdl = \sum I$ 或 $Hl = \sum I = NI$，它是计算磁路的基本定律；磁路的欧姆定律 $\Phi = \dfrac{NI}{l/A\mu} = \dfrac{F}{R_{\mathrm{m}}}$，用来对磁路进行定性分析；磁路的基尔霍夫定律，第一定律 $\sum \Phi = 0$，第二定律 $Ni = \sum_{k=1}^{n} H_k l_k$。

磁性材料具有高导磁性、磁饱和性、磁滞性。磁滞会产生损耗并导致铁芯发热。

交流铁芯线圈的磁通取决于外加正弦交流电压，其基本关系式为 $U = 4.44 fN\Phi_{\mathrm{m}}$，当外加电压一定时，磁通的幅值不变。理想变压器的电压变换、电流变换、阻抗变换的关系式为

$$\frac{U_1}{U_2} = \frac{N_1}{N_2} = K, \quad \frac{I_1}{I_2} = \frac{N_2}{N_1} = \frac{1}{K}, \quad |Z_1| = |Z_2| K^2$$

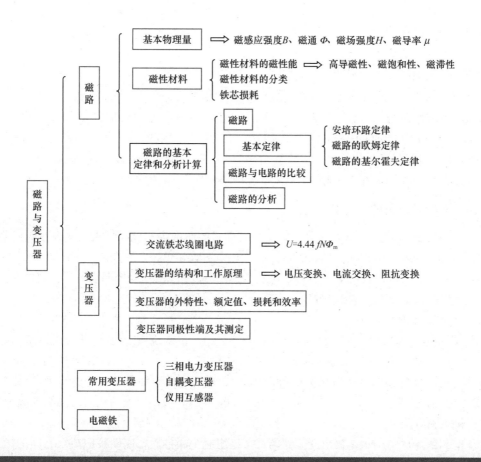

习题6

▶ 磁路的基本物理量

6-1. 有一线圈，其匝数 $N=1000$，绕在由铸钢制成的闭合铁芯上，铁芯的截面积 $S_{Fe}=20cm^2$，铁芯的平均长度 $l_{Fe}=50cm$。如将线圈中的直流电流调到 2.5A，试求铁芯中的磁通。

6-2. 题 6-2 图所示的磁路中，铁芯的厚度都是 50mm，其余尺寸如图所示，其单位是 mm。铁芯 1 用硅钢片而铁芯 2 用铸钢制成。若要在铁芯中产生 0.0012Wb 的磁通，铁芯线圈的磁动势需要多大？

6-3. 在一个铸钢制成的闭合铁芯上绕有一个匝数 $N=1000$ 的线圈，其线圈电阻 $R=20$，铁芯的平均长度 $l=15cm$。若要在铁芯中产生 $B=1.2T$ 的磁感应强度，试问：线圈中应加入多大的直流电压？若在铁芯磁路中加入一长度 l_δ 为 2mm 的气隙，要保持铁芯中的磁感应强度 B 不变，通入线圈的电压应为多少？

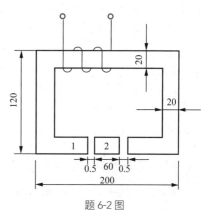

题 6-2 图

▶ 磁路的分析计算

6-4. 有一交流铁芯线圈，电源电压为 220V，电路中电流为 4A，功率表读数为 100W，频率为 50Hz，线圈漏阻抗压降忽略不计，试求：

（1）铁芯线圈的功率因数；

（2）铁芯线圈的等效电阻和等效电抗。

6-5. 有一交流铁芯线圈，接在 $f=50\text{Hz}$ 的正弦电源上，在铁芯中得到磁通的最大值 $\Phi_m=2.00\times10^{-3}$ Wb，现要在此铁芯上再绕一个线圈，其匝数为 220，当此线圈开路时，求其两端电压。

6-6. 将一台 1 000 匝的铁芯线圈接到 110V、50Hz 的交流电源上，由电流表的读数得知 $I_1=0.5\text{A}$，$P_1=10\text{W}$，把铁芯抽去后电流和功率为 100A 和 10kW。假设不计漏磁，试求：（1）两种情况下的参数；（2）磁化电流和铁耗电流；（3）两种情况下的磁通的最大值。

▶ 变压器的工作原理

6-7. 一台 220/36V 的行灯变压器，已知一次侧线圈匝数为 1100，试求二次侧线圈匝数。若在二次侧接一盏 36V、100W 的白炽灯，问：一次侧电流为多少？

6-8. 一台额定容量为 50kV·A、额定电压为 3 300V/220V 的单相照明变压器，现要在二次侧接 220V、60W 的白炽灯，若要求变压器在额定状态下运行，可接多少盏灯？一次绕组、二次绕组的额定电流是多少？

6-9. 额定容量 $S_N=2\text{kV·A}$ 的单相变压器，一次绕组、二次绕组的额定电压分别为 $U_{1N}=220\text{V}$，$U_{2N}=110\text{V}$，求一次绕组、二次绕组的额定电流各为多少？

6-10. 电压互感器的额定电压为 6 000V/100V，现由电压表测得二次侧电压为 85V，问：一次侧被测电压是多少？电流互感器的额定电流为 100A/5A，现由电流表测得二次侧电流为 3.8A，问：一次侧被测电流是多少？

6-11. 如题 6-11 图所示，输出变压器的二次绕组有中间抽头，以便接 8Ω 或 3.5Ω 的扬声器，两者都能达到阻抗匹配。试求二次绕组两部分的匝数之比。

6-12. 题 6-12 图所示是一电源变压器，一次绕组有 550 匝，接在 220V 电压上。二次绕组有两个：一个电压 36V，负载 36W；一个电压 12V，负载 24W。两个都是纯电阻负载。求一次侧电流 i_1 和两个二次绕组的匝数。

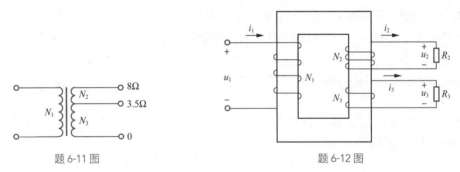

题 6-11 图　　　　　　　　　　　　　　题 6-12 图

6-13. 理想变压器一次侧、二次侧的匝数比为 55：9，一次绕组接在 $u=311\sin100\pi t$ V 的交流电源上。求：（1）变压器的输入电压，输出电压；（2）当二次绕组接 60Ω 的电灯一盏时，变压器的输入功率、输入电流为多少？

▶ 变压器的外特性、额定值、损耗和效率

6-14. 某 50kV·A、6000V/230V 的单相变压器。求：（1）变压器的变比；（2）高压绕组和低

压绕组的额定电流；（3）当变压器在额定负载情况下，向功率因数为0.85的负载供电时，测得二次侧电压为220V，它输出的有功功率、视在功率和无功功率各是多少？

6-15. 在220V的交流电路中，接入一个变压器，它的一次侧线圈是500匝，二次侧线圈是100匝，二次侧电路接一个阻值是11Ω的电阻负载。如果变压器的效率是80%，求：（1）变压器的损耗功率；（2）一次侧线圈中的电流。

6-16. 变压器如题6-16图所示，已知$R_1 = 4\Omega$，$R_L = 1\Omega$，一次侧、二次侧匝数比为4:1，$U_1 = 20$V。试：（1）标出同名端；（2）求I_1。

6-17. 如题6-17图所示，把电阻$R = 8\Omega$的扬声器接于输出变压器的二次侧，设输出变压器的一次绕组为500匝、二次绕组为100匝。试求：（1）扬声器的等效阻抗；（2）将变压器一次侧接上电压为10V、内阻为$R_0 = 250\Omega$的信号源时，输送到扬声器的功率是多少？（3）直接把扬声器接到信号源时输送到扬声器的功率是多少？

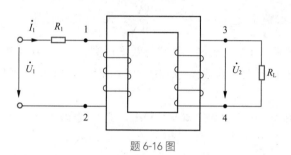

题 6-16 图

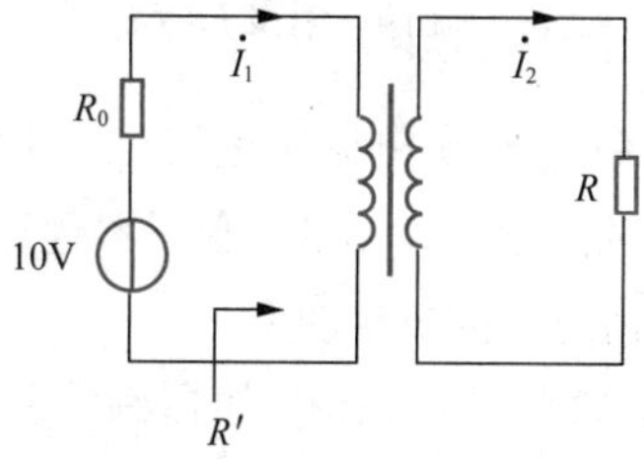

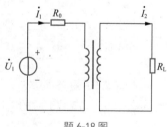

题 6-17 图

6-18. 如题6-18图所示，交流信号源的电压$\dot{U}_1 = 10$V，内阻$R_0 = 2\,000\Omega$，负载电阻$R_L = 8\Omega$，$N_1 = 500$，$N_2 = 100$。试求：（1）负载电阻折合到一次侧的等效电阻；（2）输送到负载电阻的功率；（3）不经过变压器，将负载直接与信号源连接时，输送到负载上的功率。

6-19. 单相变压器，一次侧线圈匝数$N_1 = 1\,000$，二次侧线圈匝数$N_2 = 500$，现给一次侧加电压$U_1 = 220$V，测得二次侧电流$I_2 = 4$A，忽略变压器内阻抗及损耗。求：（1）原边等效阻抗Z_1；（2）负载消耗功率P_L。

题 6-18 图

6-20. 有一单相照明变压器，容量为10kV·A，电压为3 300V/220V。今欲在二次绕组上接60W、220V的白炽灯，如果要变压器在额定情况下运行，这种白炽灯可接多少个？并求一次绕组、二次绕组的额定电流。

6-21. 题6-21图所示的变压器有两个相同的一次绕组，每个绕组的额定电压为110V，二次绕组的额定电压为6.6V。问：（1）当电源电压为220V及110V时，一次绕组的4个接线端应如何连接？在这两种情况下，二次绕组的端电压是否改变？（2）如果把接线端2和4相连，而把1和3接到220V电源上，将会发生什么情况？

6-22. 有一台单相变压器，额定容量$S_N = 100$kV·A，一次侧、二次侧额定电压$\dfrac{U_{1N}}{U_{2N}} = \dfrac{6\,000}{230}$V，$f_N = 50$Hz。一次侧、二次侧线圈的电阻及漏抗为$R_1 = 4.32\Omega$，$R_2 = 0.0063\Omega$，$X_{1\sigma} = 8.9\Omega$，$X_{2\sigma} = 0.013\Omega$。试求：

（1）折算到高压边的短路电阻R_k，短路电抗X_k及阻抗Z_k；

（2）折算到低压边的短路电阻R_k'，短路电抗X_k'及阻抗Z_k'；

（3）求满载及$\cos\varphi_2 = 1$、$\cos\varphi_2 = 0.8$（滞后）$\cos\varphi_2 = 0.8$（超前）几种情况下的电压变化率Δu，并讨论计算结果。

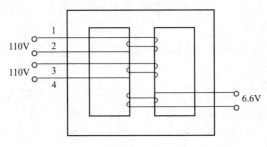

题 6-21 图

6-23. 一台三相变压器，一次侧、二次侧额定电压$\dfrac{U_{1N}}{U_{2N}} = \dfrac{10\text{kV}}{3.15\text{kV}}$，Y/△连接，匝电压为 14.189V，二次侧额定电流$I_{2N} = 183.3$A。试求：（1）一次侧、二次侧线圈匝数；（2）一次侧线圈电流及额定容量；（3）变压器运行在额定容量且功率因数$\cos\varphi_2$取1、0.9（超前）和0.85（滞后）几种情况下的负载功率。

6-24. 一台单相变压器额定值分别为50kV·A、7 200V/480V、60Hz。其空载和短路实验数据如下。

实验名称	电压/V	电流/A	功率/W	电源加在
空载	480	5.2	245	低压边
短路	157	7	615	高压边

试求：（1）短路参数R_S、X_S；（2）空载和满载时的铜耗和铁耗；（3）额定负载电流、功率因数$\cos\varphi_2 = 0.9$（滞后）时的电压变化率、二次侧电压及效率。（注：电压变化率按近似公式计算。）

第 **7** 章

电动机

　　实现电能与机械能相互转换的电气设备总称为电机。把机械能转换成电能的设备称为发电机，而把电能转换成机械能的设备称为电动机。电动机和电动机械均由耦合的电路和磁路组成，以电磁感应定律为基础，以磁场作为耦合场，利用载流导体与磁场的相互作用完成机电能量转换。

　　电动机作为动力设备，大至冶金企业使用的上万千瓦电动机，小至精密仪器仪表、机器人关节驱动用的微电动机，已经广泛应用于各行各业，如机械行业的工作母机，冶金行业的高炉、转炉、平炉和轧钢机，交通运输行业的电力机车、高铁，农业中的电力排灌、农副产品加工等。特别是三相异步电动机，因为结构简单、坚固耐用、运行可靠、价格低廉、维护方便等优点被广泛使用。在电力工业中，发电机是生产电能的主要设备；在国防、工业和民用的各种控制系统中，电动机是重要和不可缺少的部件。因此，电动机在国民经济中具有极其重要的地位和作用。

ⓒ 学习目标

- 熟悉电动机的基本分类和结构。
- 深刻理解三相异步电动机的工作原理。
- 熟悉三相异步电动机的特性和铭牌数据。
- 熟练掌握三相异步电动机的使用方法。
- 了解其他常用电动机。

7.1 电动机的分类

电动机（motor）是把电能转换成机械能的一种设备，它利用通电线圈（也就是定子绕组）产生旋转磁场并作用于转子形成磁电动力转矩。电动机种类繁多，其分类方法也有多种。在大部分情况下，我们可以按照电动机工作时所需的是直流电还是交流电将其分为直流电动机与交流电动机。

7.1.1 按结构及工作原理分类

电动机按结构及工作原理的不同，分类如图7-1所示。

直流电动机根据励磁绕组与电枢绕组连接方式的不同可以分为他励直流电动机、并励直流电动机、串励直流电动机和采用两套励磁绕组的复励直流电动机。电动机的励磁源可以是电励磁，也可以是永磁体励磁，近年来还出现了两者相结合的混合励磁。

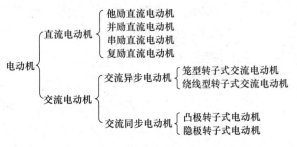

图 7-1 电动机按结构及工作原理分类

交流电动机大体上可以分为交流异步电动机与交流同步电动机。交流异步电动机在负载运行时，电动机转子速度与定子绕组产生的旋转磁场的速度不相等；其又称为感应电动机，有笼型转子式交流异步电动机与绕线型转子式交流异步电动机之分，两者的不同之处在于转子的结构。交流同步电动机通过改变转子回路的参数可以获得较好的起动性能与调速性能；其在稳定运行时，转子速度始终与气隙旋转磁场速度保持同步。交流同步电动机按转子结构的不同可分为凸极转子式电动机与隐极转子式电动机，按励磁方式的不同可分为电励磁式同步电动机、永磁式同步电动机和近年来出现的混合励磁式同步电动机。

近年来由于大功率电力电子器件、微电子器件、变频技术及计算机技术的飞速发展，还出现了多种调速性能优良、工作效率较高的交流电动机调速系统，以及由变频器供电的一体化电动机。

7.1.2 按用途分类

电动机按用途的不同，可分为驱动用电动机和控制用电动机。

驱动用电动机分为电动工具（包括钻孔、抛光、磨光、开槽、切割、扩孔等工具）用电动机、家电（包括洗衣机、电风扇、电冰箱、空调、吸尘器、电动剃须刀等）用电动机及其他通用小型机械设备（包括各种小型机床、医疗器械、电子仪器等）用电动机。

控制用电动机又分为步进电动机和伺服电动机等。就信号转换功能而言，控制用电动机又有测速电动机、伺服电动机、旋转变压器和自整角机等几种，这些电动机主要用于自动控制系统中的检测、执行、随动和解算，如机器人的控制、机床加工的自动控制、舰船方向舵的自动控制、飞机的飞行控制等。这类电动机通常为微型电动机，对精度和快速响应的要求较高。

7.1.3 按运转速度分类

电动机按运转速度不同，可分为高速电动机、低速电动机、恒速电动机、调速电动机。低速电动机又分为齿轮减速电动机、电磁减速电动机、力矩电动机和爪极同步电动机等。调速电动机除可分为有级变速电动机和无级变速电动机外，还可分为电磁调速电动机、直流调速电动机、变频调速电动机和开关磁阻调速电动机。

7.2 三相异步电动机基础

三相异步电动机（three-phase asynchronous motor）靠同时接入三相交流电流供电，是感应电动机的一种。由于它的转子与定子的旋转磁场以相同的方向、不同的转速旋转，存在速度差，因此称其为三相异步电动机。三相异步电动机转子的转速低于旋转磁场的转速，转子绕组因与磁场间存在相对运动而产生电动势和电流，并与磁场相互作用而产生电磁转矩，实现能量变换。

交流电动机有单相、三相之分。三相电动机在工业中应用极广，而单相电动机则多用于家用电器。本节将重点讨论三相异步电动机。

三相异步电动机按电动机转子的结构可分为笼型和绕线型两类；按电动机的容量可以分为小型电动机（容量0.55 ～ 100kW）、中型电动机（容量100 ～ 1250kW）和大型电动机（容量1250kW以上）。

7.2.1 三相异步电动机结构

三相异步电动机有开启式、防护式、封闭式等多种形式，以适应不同的工作需求。在某些特殊场合，还有特殊的防护形式，如防爆式、潜水泵式等。其一般外形图如图7-2所示。

现以封闭式电动机为例介绍三相异步电动机的结构。图7-3（a）所示是一台笼型封闭式三相异步电动机解体后的零部件图。图7-3（b）所示是一台绕线型三相异步电动机的零部件图。

三相异步电动机虽然种类繁多，但其基本结构均由定子和转子两部分组成。定子就是电动机中固定不动的部分，转子是

图 7-2 三相异步电动机的一般外形图

电动机的旋转部分，转子装在定子内腔里，借助轴承支撑在两个端盖上。为了保证转子能在定子内自由转动，定、转子之间必须有一定间隙，称为气隙。异步电动机的气隙较其他类型的电动机气隙要小，一般为0.2 ～ 2mm。

1. 定子部分

定子由机座、定子铁芯、定子绕组、轴承等部件组成。

（1）机座：定子的最外面是机座，机座用来支撑定子铁芯和固定端盖。中小型电动机机座一般用铸铁浇成，大型电动机机座多采用钢板焊接而成。

（2）定子铁芯：定子铁芯是电动机磁路的一部分。为了减小涡流和磁滞损耗，通常用0.5mm厚的硅钢片叠压成圆筒，硅钢片表面的氧化层（大型电动机要求涂绝缘漆）作为片间绝缘层，在

铁芯的内圆上均匀分布有许多形状相同的槽，用以嵌放定子绕组。

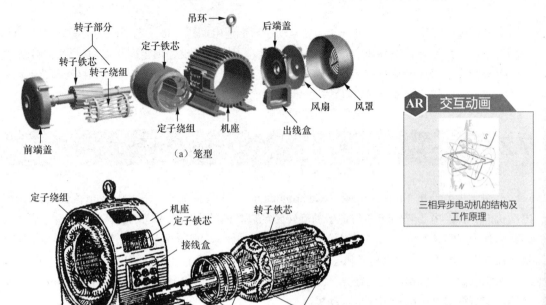

图 7-3　三相异步电动机零部件图

（3）定子绕组：定子绕组是定子的电路部分，也是最重要的部分，一般由绝缘铜（或铝）导线绕制而成，其主要作用就是利用通入的三相交流电产生旋转磁场。通常，绕组用高强度绝缘漆包线绕制成各种形式，按一定的排列方式嵌入定子槽。槽内绕组匝间、绕组与铁芯之间都要有良好的绝缘。如果是双层绕组（就是一个槽内分上下两层嵌放两条绕组边），还要加放层间绝缘。定子绕组的连接，中小型电动机大都采用三角形连接，高压大型电动机则用星形连接。

（4）轴承：轴承是电动机定、转子衔接的部位。目前多数电动机采用滚动轴承，这种轴承的外部有贮存润滑油的油箱，轴承上还装有油环，轴转动时带动油环转动，把油箱中的润滑油带到轴与轴承的接触面上。为使润滑油能分布在整个接触面上，轴承上紧贴轴的一面一般开有油槽。

2. 转子部分

转子是电动机中的旋转部分，一般由转轴、转子铁芯、转子绕组等组成。转轴用碳钢制成，两端轴颈与轴承相配合。出轴端铣有键槽，用以固定皮带轮或联轴器。转轴是输出转矩、带动负载的部件。转子铁芯也是电动机磁路的一部分，由硅钢片叠压成圆柱体，并紧固在转轴上。转子铁芯的外表面有均匀分布的线槽，用以嵌放转子绕组。转子绕组的作用是产生电流，并在旋转磁场的作用下产生电磁力矩而使转子转动。三相交流异步电动机按照转子绕组形式的不同，可分为笼型转子式电动机和绕线型转子式电动机。

笼型转子线槽一般都是斜槽（线槽与轴线不平行），目的是改善起动与调速性能。笼型绕组（也称为导条）是在转子铁芯的槽里嵌放裸铜条或铝条，然后用两个金属环（称为端环）分别在裸金属导条两端把它们全部接通（短接），即构成转子绕组。小型笼型电动机一般用铸铝转子，这种转子是用熔化的铝液浇在转子铁芯上，导条、端环一次浇铸成型，如果去掉铁芯，整个绕组形似鼠笼，所以得名笼型绕组。图 7-4（a）所示为笼型直条形式，图 7-4（b）所示为笼型斜条形式。

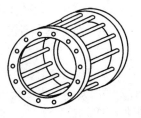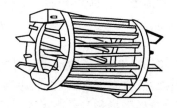

（a）直条形式　　　　　　　（b）斜条形式

图 7-4　笼型转子式电动机的转子绕组形式

　　绕线型转子绕组与定子绕组类似，由镶嵌在转子铁芯槽中的三相绕组组成。绕组一般采用星形连接，三相绕组的末端接在一起，分别接到转轴的3个铜滑环上，通过电刷把3根旋转的线变成固定线，与外部的变阻器连接，构成转子的闭合回路，以便于控制，如图7-5所示。有的电动机还装有提刷短路装置，当电动机起动后又不需要调速时，可提起电刷，同时使3个滑环短路，以减少电刷磨损。

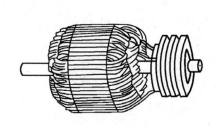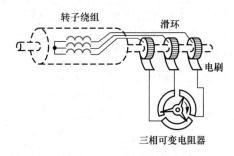

（a）绕组外观　　　　　　　　　　　（b）绕组接线图

图 7-5　绕线型转子式电动机的转子绕组

　　两种转子相比较，笼型转子结构简单、造价低廉，并且运行可靠，因而应用十分广泛。绕线型转子结构较复杂、造价也高，但是它的起动性能较好，并能利用变阻器阻值的变化，使电动机在一定范围内调速，其在起动频繁、需要较大起动转矩的生产机械（如起重机）中常常被采用。

　　3. 气隙

　　气隙就是定子与转子之间的空隙。中小型异步电动机的气隙一般为0.2～1.5mm。气隙的大小对电动机性能影响较大，气隙越大，磁阻越大，产生同样大小的磁通所需的励磁电流越大，电动机的功率因数也就越低。但气隙过小，将给装配造成困难，运行时定、转子容易发生摩擦，使电动机运行不可靠。

7.2.2　三相异步电动机工作原理

　　为了说明三相异步电动机的工作原理，我们做如下演示实验，如图7-6所示。

　　演示实验：在装有手柄的蹄形磁铁的两极间放置一个闭合导体，当转动手柄带动蹄形磁铁旋转时，导体也跟着旋转；若改变磁铁的转向，则导体的转向也跟着改变。

　　现象解释：当磁铁旋转时，磁铁与闭合的导体发生相对

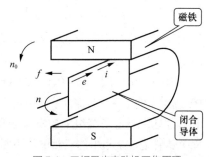

图 7-6　三相异步电动机工作原理

运动，导体切割磁力线而在其内部产生感应电动势和感应电流。感应电流使导体受到电磁力的作用，于是导体就按磁铁的旋转方向转动起来，这就是异步电动机的基本原理。转子转动的方向和磁极旋转的方向相同。

结论：欲使异步电动机旋转，必须有旋转的磁场和闭合的转子绕组。

异步电动机旋转的条件首先是要有旋转磁场。对磁场的要求是，磁场的极性不变、大小不变、转速稳定，这个旋转磁场是定子绕组按一定规律排列而产生的。理论与实践证明：定子三相对称绕组中通入三相对称电流后，空间能产生一个旋转磁场，且极性、大小、转速均不变。三相对称电流指 A、B、C 三相电流大小相等，时间上互差120°；三相对称绕组指 A、B、C 三相绕组匝数相等，空间上互差120°。

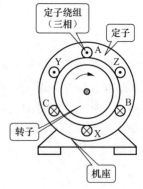

图7-7　三相异步电动机的结构示意图

为构成三相对称绕组，绕组在定子中安放遵循一定的规律，此处规定：三相定子绕组头尾标志为 A–X、B–Y、C–Z；三相定子绕组按 A–Z–B–X–C–Y 的顺序放入定子槽，使之空间互差120°。每相绕组可能不止一个线圈，每个线圈也不是一匝；最简单的是每相绕组一个线圈，三相绕组共3个线圈、6个线圈边，定子上开有6个槽。这种三相异步电动机的结构如图7-7所示。

通入定子的三相电流的表达式为

$$i_A = I_m \sin \omega t$$

$$i_B = I_m \sin(\omega t - 120°)$$

$$i_C = I_m \sin(\omega t - 240°)$$

三相电流变化的频率是 f（工频为50Hz）。A、B、C三相是随 t 变化的，A、B、C交替出现最大值称为正序。规定：电流为正值时，从每相线圈的首端（A、B、C）流入，由线圈末端（X、Y、Z）流出；电流为负值时，从每相线圈的末端流入，由线圈首端流出。符号⊙表示电流流出，⊗表示电流流入。

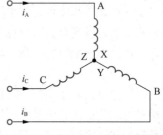

图7-8　三相异步电动机定子接线

图7-8所示为最简单的三相定子绕组 AX、BY、CZ，它们在空间按互差120°的规律对称排列，并接成星形与三相电源相连。随着电流在定子绕组中通过，在三相定子绕组中就会产生旋转磁场，如图7-9所示。

当 ωt=0时，$i_A = 0$，AX绕组中无电流；i_B 为负，BY绕组中的电流从Y流入从B流出；i_C 为正，CZ绕组中的电流从C流入从Z流出。由右手螺旋定则可得合成磁场的方向如图7-9（a）所示。

当 ωt=120°时，$i_B = 0$，BY绕组中无电流；i_A 为正，AX绕组中的电流从A流入从X流出；i_C 为负，CZ绕组中的电流从Z流入从C流出。由右手螺旋定则可得合成磁场的方向如图7-9（b）所示。

当 ωt=240°时，$i_C = 0$，CZ绕组中无电流；i_A 为负，AX绕组中的电流从X流入从A流出；i_B 为正，BY绕组中的电流从B流入从Y流出。由右手螺旋定则可得合成磁场的方向如图7-9（c）所示。

可见，当定子绕组中的电流变化一个周期时，合成磁场也按电流的相序方向在空间旋转一周。随着定子绕组中的三相电流不断地周期性变化，产生的合成磁场也不断地旋转，因此称为旋转磁场。

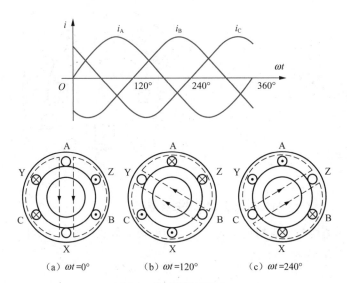

旋转磁场
的形成

图 7-9　旋转磁场的形成

旋转磁场的方向是由三相绕组中的电流相序决定的，若想改变旋转磁场的方向，只要改变通入定子绕组的电流相序，如将 3 根电源线中的任意 2 根对调即可。这时，转子的旋转方向也跟着改变。

综上所述：三相异步电动机通过流入定子绕组的三相电流产生气隙旋转磁场，再利用电磁感应原理，在闭合的转子绕组内感生电动势和电流，由气隙磁场与转子感应电流相互作用产生电磁转矩，以实现机电能量转换。

7.2.3　三相异步电动机的参数及运行状态

1. 极数

三相异步电动机的极数就是旋转磁场的极数。旋转磁场的极数和三相绕组的安排有关。当每相绕组只有一组线圈，绕组的首端之间相差 120° 空间角时，产生的旋转磁场具有一对磁极，磁极对数（简称极数）用 p 表示，即 $p=1$；当每相绕组为两组线圈串联，绕组的首端之间相差 60° 空间角时，产生的旋转磁场具有两对磁极，即 $p=2$；同理，如果要产生 3 对磁极，即 $p=3$ 的旋转磁场，则每相绕组必须有均匀安排在空间的串联的 3 组线圈，绕组的首端之间相差 40°（$=120°$ / p）空间角。极数 p 与绕组的首端之间的空间角 θ 的关系为 $\theta = 120° / p$。在交流电动机中，旋转磁场相对定子的旋转速度称为同步转速，用 n_0 表示。

从上述分析可知，电流变化一个周期（变化 360°），旋转磁场在空间也旋转了一周（转 360°），若电流的频率为 f，则旋转磁场每分钟将旋转 $60f$ 转，即如果把定子铁芯的槽数增加 1 倍（12 个槽），制成图 7-10 所示的三相绕组，每相绕组由两个部分串联组成，再将这三相绕组接到对称三相电源通过对称三相电流，便产生具有两对磁极的旋转磁场。

对应于不同时刻，旋转磁场在空间转到不同位置，此情况下电流变化半个周期，旋转磁场在空间只转过了 $\pi/2$，即 1/4 转，电流变化一个周期，旋转磁场在空间只转了 1/2 转。由此可知，当旋转磁场具有两对磁极（$p=2$）时，其旋转速度仅为一对磁极时的一半。依此类推，当有 p 对磁极时，其同步转速为 $n_0 = 60f / p$。

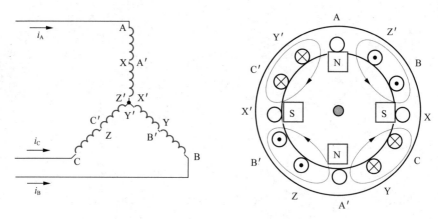

图 7-10　磁极对数为 2 的三相绕组

所以，旋转磁场的旋转速度与电流的频率成正比而与磁极对数成反比。图 7-11 所示为 24 槽四极三相异步电动机旋转磁场。

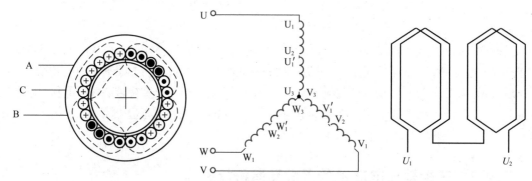

图 7-11　24 槽四极三相异步电动机旋转磁场

2. 同步转速

对一对磁极旋转磁场来说，电流变化一周，磁场旋转一周。若交流电的频率为 f，旋转磁场的转速为 n_0，则 $n_0 = 60f$。旋转磁场的转速 n_0 称为同步转速。对于有 p 对磁极的电动机，电流变化一周，磁场旋转只转过 $1/p$ 周，故 $n_0 = 60f/p$。所以，旋转磁场的转速 n_0 与电流的频率 f 成正比，与电动机的磁极的对数成反比，即

$$n_0 = 60f/p \tag{7-1}$$

式（7-1）中，n_0 为旋转磁场的转速，也叫同步转速，单位为转/分（r/min）；f 为三相交流电的频率，单位为赫兹（Hz）；p 为旋转磁场的磁极对数。

综上所述，周期性变化交流电产生周期性变化的磁场，三相异步电动机的对称三相绕组通入对称三相交流电，就会在对称三相绕组中建立一个旋转的合成磁场。对于有 p 对磁极的电动机，旋转磁场以 $n_0 = 60f/p$ 的转速旋转，其方向就是三相交流电的正序方向。任意对调两相电源线，旋转磁场即反向。

3. 转差率

电动机转子转动方向与磁场旋转的方向相同，但转子的转速 n 不可能与旋转磁场的转速 n_0 相等，否则转子与旋转磁场之间就没有相对运动，磁力线就不切割转子导体，转子电动势、转子电流以及转矩也就都不存在。旋转磁场与转子之间存在转速差的电动机称为异步电动机，因为这种

电动机的转动原理是建立在电磁感应基础上的，故又称为感应电动机。

转差率 s 是用来表示转子转速 n 与旋转磁场转速 n_0 相差程度的物理量，是异步电动机一个重要的物理量。

$$s = \frac{n_0 - n}{n_0} = \frac{\Delta n}{n_0} \qquad (7-2)$$

起动时，当旋转磁场以同步转速 n_0 开始旋转时，转子则因机械惯性尚未转动，转子的瞬间转速 $n=0$，这时转差率 $s=1$。转子转动起来之后，$n>0$，n 与 n_0 差值减小，电动机的转差率 $s<1$。如果转轴上的阻转矩加大，则转子转速 n 降低，即异步程度加大，才能产生足够大的感应电动势和电流，产生足够大的电磁转矩，这时转差率 s 增大。反之，s 减小。异步电动机运行时，转速与同步转速一般很接近，转差率很小。在额定工作状态下为 $0.015 \sim 0.06$，空载转差率在 0.5% 以下，满载转差率在 5% 以下，一般情况下，异步电动机的转差率变化不大。

根据式（7-2）可以得到电动机的转速常用公式为

$$n = (1-s)n_0 \qquad (7-3)$$

例题 7-1

问题 有一台电源频率 50Hz 的三相异步电动机，其额定转速 $n_N=730\text{r/min}$，求该电动机的极数和额定转差率。

解答 由于电动机的额定转速略低于同步转速，故知该机的同步转速为 750r/min，与此相应的极数 $p=8$。额定转差率 s_N 为

$$s_N = \frac{n_0 - n_N}{n_0} \times 100\% = \frac{750 - 730}{750} \times 100\% \approx 2.67\%$$

---

4. 运行状态

三相异步电动机中的电磁关系同变压器类似，定子绕组相当于变压器的一次绕组，转子绕组（一般是短接的）相当于二次绕组。给定子绕组接上三相电源电压，则定子中就有三相电流通过，此三相电流产生旋转磁场，其磁力线通过定子和转子铁芯而闭合，这个磁场在转子和定子的每相绕组中都感应出电动势。根据转差率的大小和正负，异步电动机有 3 种运行状态，如图 7-12 所示，下面通过转差率的值来简要说明电动机的运行状态。

（1）电动状态

$0 < n < n_0$，$0 < s < 1$，s 为正，n_0、n、T_{em} 同方向，如图 7-12（b）所示。T_{em} 为驱动转矩，电能转化为机械能。

（2）发电状态

$n > n_0$，$s < 0$，s 为负，外力拖转子加速，n_0、n 同方向，T_{em} 与 n 反方向，如图 7-12（c）所示。T_{em} 为制动转矩，机械能转化为电能。

（3）制动状态

外力拖转子反转，输入机械能+电能=内部损耗，消耗能量较大，如电梯由运动变为制动。$n < 0$，$s > 1$，s 为正，n_0、n 反方向，T_{em} 与 n 反方向，如图 7-12（a）所示。T_{em} 为制动转矩，磁场与转子相对运动更大。

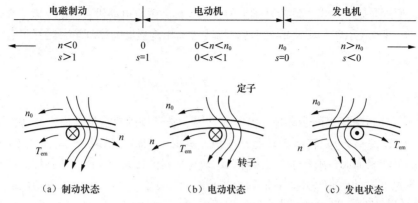

图 7-12 异步电动机的运行状态

7.2.4 三相异步电动机的转矩和机械特性

1. 电磁转矩

异步电动机的转矩 T 是由旋转磁场的每极磁通 Φ 与转子电流 I_2 相互作用而产生的。电磁转矩的大小与转子绕组中的电流及旋转磁场的强弱有关。经理论证明它们的关系是

$$T = K_T \Phi I_2 \cos\varphi_2 \tag{7-4}$$

其中，T 为电磁转矩，K_T 为与电动机结构有关的常数，Φ 为旋转磁场每个磁极的磁通，I_2 为转子绕组电流的有效值，φ_2 为转子电流滞后于转子电势的相位角。

若考虑电源电压及电动机的一些参数与电磁转矩的关系，式（7-4）转换为

$$T = K_T' \frac{sR_2 U_1^2}{R_2^2 + (sX_{20})^2} \tag{7-5}$$

其中，K_T' 为常数，U_1 为定子绕组的相电压，s 为转差率，R_2 为转子每相绕组的电阻，X_{20} 为转子静止时每相绕组的感抗。

由式（7-5）可知转矩 T 还与定子每相电压 U_1 的平方成比例，所以电源电压的变动对转矩的影响很大。此外，转矩 T 还受转子电阻 R_2 的影响。

2. 机械特性曲线

在一定的电源电压 U_1 和转子电阻 R_2 下，电动机的转矩 T 与转差率 s 之间的关系曲线 $T=f(s)$ 或转速与转矩的关系曲线 $n=f(T)$ 称为电动机的机械特性曲线，如图 7-13 所示。

在机械特性曲线上主要讨论以下 3 个转矩。

（1）额定转矩 T_N

额定转矩 T_N 是异步电动机带额定负载时转轴上的输出转矩。

$$T_N = 9550 \frac{P_2}{n} \tag{7-6}$$

式（7-6）中，P_2 是电动机轴上输出的机械功率，其单位是千瓦（kW），n 的单位是转/分（r/min），T_N 的单位是牛米（N·m）。当忽略电动机本身机械摩擦转矩 T_0 时，阻转矩近似为负载转矩 T_L，电动机等速旋转时，电磁转矩 T 必与阻转矩 T_L 相等，即 $T=T_L$。额定负载时，则有 $T_N=T_L$。

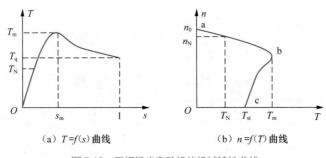

（a）$T = f(s)$ 曲线　　　　　　（b）$n = f(T)$ 曲线

图 7-13　三相异步电动机的机械特性曲线

例题 7-2

问题　某普通机床的主轴电动机的额定功率为 7.5kW，额定转速为 1440r/min，则其额定转矩为多少？

解答　$T_N = 9550 \dfrac{P_N}{n} = 9550 \times \dfrac{7.5}{1440} \approx 49.7\text{N}\cdot\text{m}$

（2）最大转矩 T_m

T_m 又称为临界转矩，是电动机可能产生的最大电磁转矩，它反映了电动机的过载能力。最大转矩的转差率为 s_m，此时的 s_m 称为临界转差率。最大转矩 T_m 与额定转矩 T_N 之比称为电动机的过载系数 λ，即

$$\lambda = T_m / T_N \tag{7-7}$$

一般三相异步电动机的过载系数范围为 1.8 ～ 2.2。在选用电动机时，必须考虑可能出现的最大负载转矩，而后根据所选电动机的过载系数算出电动机的最大转矩，它必须大于最大负载转矩，否则需要重选电动机。

（3）起动转矩 T_{st}

T_{st} 为电动机起动初始瞬间的转矩，即 $n=0$、$s=1$ 时的转矩。为确保电动机能够带额定负载起动，必须满足 $T_{st} > T_N$，一般的三相异步电动机有 $T_{st}/T_N = 1 ～ 2.2$。

电动机在工作时，它所产生的电磁转矩 T 的大小能够在一定的范围内自动调整以适应负载的变化，这种特性称为自适应负载能力。T_L 增大，n 减小，s 增大，从而使得线圈电流 I_2 增大，T 增大，直至新的平衡。此过程中，I_2 增大时，电源端的电流 I_1 也增大，电源提供的功率自动增加。这便是电动机的自适应性。

7.2.5　三相异步电动机的铭牌数据

每台电动机的机座上都贴有一块铭牌。铭牌上标注有该电动机的主要性能和技术数据，如图 7-14 所示。

三相异步电动机		
型　号　Y132M-4	功率　7.5kW	频率　50Hz
电　压　380V	电流　15.4A	接法　△
转　速　1440r/min	绝缘等级　E	工作方式　连续
温　升　80℃	防护等级　IP44	重量　55kg
年　　月　　编号		××电动机厂

图 7-14　电动机铭牌

1. 型号

为适应不同用途和不同工作环境的需求，电动机制造厂把电动机制成各种系列，每个系列的不同电动机用不同的型号表示。型号说明如表7-1所示。

表7-1　三相异步电动机的型号说明

Y	132	M	4
三相异步电动机	机座中心高 （单位：mm）	铁芯长度代号 S: 短铁芯 M: 中铁芯 L: 长铁芯	极数

2. 接法

接法指电动机三相定子绕组的连接方式。一般笼型电动机的接线盒中有6根引出线，标有U1、V1、W1、U2、V2、W2，其中：U1、V1、W1是每一相绕组的首端；U2、V2、W2是每一相绕组的末端。三相异步电动机的连接方法有两种：星形连接和三角形连接。通常三相异步电动机功率在4kW以下者接成星形；在4kW（不含）以上者，接成三角形。

3. 电压

铭牌上所标的电压值是指电动机在额定状态运行时定子绕组上应加的线电压值。一般规定电动机的电压不应高于或低于额定值的5%。

注意：在工作电压低于额定电压时，最大转矩T_m和起动转矩T_{st}会显著降低，这对电动机的运行是不利的。三相异步电动机的额定电压有380V、3000V及6000V等多种。

4. 电流

铭牌上所标的电流值是指电动机在额定电压下运行时定子绕组的最大线电流允许值。当电动机空载时，转子转速接近于旋转磁场的转速，两者相对转速很小，所以转子电流近似为零，这时定子电流几乎全为建立旋转磁场的励磁电流。当输出功率增大时，转子电流和定子电流都相应增大。

5. 功率与效率

铭牌上所标的功率是指电动机在规定的环境温度下，在额定状态运行时电动机轴上输出的机械功率值。输出功率与输入功率不等，其差值为电动机本身的损耗功率，包括铜损、铁损及机械损耗等。所谓效率η就是输出功率与输入功率的比值。一般笼型电动机在额定状态运行时的效率范围为72%～93%。

6. 功率因数

因为电动机是电感性负载，定子相电流比相电压滞后一个φ角，$\cos\varphi$就是电动机的功率因数。三相异步电动机的功率因数较低，在额定负载下约为0.7～0.9，而在轻载和空载时更低，空载时只有0.2～0.3。选择电动机时应注意其容量，防止"大马拉小车"现象，并力求缩短空载时间。

7. 转速

电动机在额定状态运行时的转子转速，单位为转/分（r/min）。不同的极数对应不同的转速等级。最常用的是四极（n_0=1500r/min）。

8. 绝缘等级

绝缘等级是按电动机绕组所用的绝缘材料在使用时容许的极限温度来划分的，如表7-2所示。所谓极限温度是指电动机绝缘结构中最热点的最高容许温度。

表 7-2 绝缘等级

绝缘等级	Y	A	E	B	F	H	C
工作极限温度/℃	90	105	120	130	155	180	>180
温升/℃	50	60	75	80	100	125	—

三相异步电动机常用的额定值如下。

（1）额定功率 P_N：指电动机在额定状态下运行时轴端输出的机械功率，单位为瓦（W）或千瓦（kW）。

（2）定子额定电压 U_{1N}：指电动机在额定状态下运行时定子绕组应加的线电压，单位为伏（V）。

（3）定子额定电流 I_{1N}：指电动机在额定电压下运行，输出功率达到额定功率时，流入定子绕组的线电流，单位为安（A）。

（4）定子功率因数 $\cos\varphi_N$：指电动机在额定状态下运行时定子边的功率因数。

（5）额定频率 f_N：指加于定子边的电源频率，我国工频为 50Hz。对于采用变频调速或其他具有专门用途的电动机，额定频率常在 12.5～70Hz。

（6）额定转速 n_N：指电动机在额定状态下运行时转子的转速，单位为转/分（r/min）。

除上述数据外，铭牌上有时还标明额定状态运行时电动机的效率、温升、定额等；对绕线型电动机，还常标出转子电压和转子额定电流等数据。

例题 7-3

问题 一台四极三相异步电动机，定子绕组呈三角形连接，其额定数据为 P_{2N}=45kW，n_N=1480r/min，U_N=380V，η_N=92.3%，$\cos\varphi_N$=0.88，I_{st}/I_N=7.0，T_{st}/T_N=1.9，T_m/T_N=2.2，求：

（1）额定电流 I_N；

（2）额定转差率 s_N；

（3）额定转矩 T_N、最大转矩 T_m、起动转矩 T_{st}。

解答

（1）$I_N = \dfrac{P_{2N}}{\sqrt{3}U_N\cos\varphi_N\eta_N} = \dfrac{45\times10^3}{\sqrt{3}\times380\times0.88\times0.923} \approx 84.2A$

（2）由 n_N=1480r/min，可知 p=2（四极电动机）

$$n_0=1500r/min$$

$$s_N = \frac{n_0-n_N}{n_0} = \frac{1500-1480}{1500} \approx 0.013$$

（3）$T_N = 9550\dfrac{P_{2N}}{n_N} = 9550\times\dfrac{45}{1480} \approx 290.4N\cdot m$

$$T_m = \left(\frac{T_m}{T_N}\right)T_N \approx 2.2\times290.4 \approx 638.9N\cdot m$$

$$T_{st} = \left(\frac{T_{st}}{T_N}\right)T_N \approx 1.9\times290.4 \approx 551.8N\cdot m$$

电动机的铭牌数据

7.3 三相异步电动机的使用

由于交流电力系统的巨大发展，交流电动机已成为最常用的电动机。与直流电动机相比，交流电动机由于没有换向器，因此结构简单、制造方便、价格低廉、运行可靠、维护方便，容易做成高转速、高电压、大电流、大容量的电动机，其功率覆盖范围从毫瓦级到万千瓦级，是目前使用最广泛的电动机。

电动机在规定工作制式（连续式、短时运行制、断续周期运行制）下所能承担而不至引起电动机过热的最大输出机械功率称为它的额定功率，使用时需注意铭牌上的规定。电动机运行时需注意使其负载的特性与电动机的特性相匹配，避免出现飞车或停转。电动机的使用和控制非常方便，具有自起动、加速、制动、反转等能力。一般电动机调速时其输出功率会随转速而变化。

7.3.1 三相异步电动机的起动

电动机从接通电源开始，转速从零增加到额定转速的过程称为起动过程。衡量电动机起动性能好坏，主要从下列几个方面考核。

（1）起动电流应尽量小；

（2）起动转矩应足够大，保证电动机正常起动；

（3）转速应尽可能平滑上升；

（4）起动方法应简便、可靠，起动设备应简单、经济；

（5）起动过程中消耗的电功率应尽可能小。

三相异步电动机直接起动是指电动机直接加额定电压，定子回路不串联任何电气元件时的起动。这时，三相异步电动机的起动却不像直流电动机那样，其起动性能存在着起动电流很大而起动转矩不大的问题，这恰恰不能满足生产机械对异步电动机起动性能的要求：起动转矩要大，以保证生产机械的正常起动，缩短起动过程；起动电流要小，以减小对电网的冲击。

1. 起动电流 I_{st}

在电动机刚起动时，由于旋转磁场对静止的转子有着很大的相对转速，磁力线切割转子导体的速度很快，因此转子绕组中感应出的电动势和产生的转子电流均很大，同时，定子电流必然也很大。一般中小型笼型电动机定子的起动电流可达额定电流的 5～7 倍。在实际操作时应尽可能不让电动机频繁起动。例如，在切削加工时，一般只是用摩擦离合器或电磁离合器将主轴与电动机轴脱开，而不将电动机停下来。

2. 起动转矩 T_{st}

电动机起动时，转子电流 I_2 虽然很大，但转子的功率因数 $\cos\varphi_2$ 很低，由 $T = K_T \Phi I_2 \cos\varphi_2$ 可知，电动机的起动转矩 T_{st} 较小，通常 $T_{st}/T_N = 1～2.2$。

起动转矩小可能造成以下问题：延长起动时间；不能在满载下起动。因此应设法增大起动转矩。但起动转矩过大会使传动机构受到冲击而损坏，所以一般机床的主电动机都是空载起动（起动后再切削），对起动转矩没有什么要求。

综上所述，异步电动机的主要缺点是起动电流大而起动转矩小。因此，必须采取适当的起动方法，以减小起动电流并保证有足够的起动转矩。三相异步电动机直接起动只适用于供电变压器容量较大、电动机容量小于 7.5kW 的小容量笼型异步电动机。对于大容量笼型异步电动机和绕线型异步电动机可采用如下方法：降低定子电压；加大定子端电阻或电抗。对于绕线型异步电动机还可以采用加大转子端电阻或电抗的方法。对于笼型异步电动机，可以在结构上采取措施，如增大转子导条的电阻，改进转子槽形。

7.3.2 笼型异步电动机的起动

笼型异步电动机的起动方法有直接起动和降压起动两种。

1. 直接起动

直接起动是指起动时把电动机定子绕组直接接到电源上，加在电动机上的电压和正常工作电压相同。所以直接起动又叫全电压起动。

当电源容量（供电变压器容量）足够大，而电动机容量较小时，采用直接起动，电源电压不至于因电动机的起动而波动很大。

一般情况下，判断一台电动机能否直接起动，可用使用下面的公式：

$$\frac{I_{st}}{I_N} \leqslant \frac{1}{4}\left(3 + \frac{S_N}{P_N}\right)$$

式中，I_{st} 为电动机的起动电流，I_N 为电动机的额定电流，S_N 为给电动机供电的变压器容量（kV·A），P_N 为电动机的额定功率（kW）。I_{st}/I_N 是电动机的起动电流倍数，可在电动机样本和技术资料中查到。如果计算结果不能满足该条件，则应采用降压起动。

2. 降压起动

电动机起动电流过大是很不利的，主要危害如下。

（1）使线路上压降增加，造成末端电压下降。末端电压下降会影响其他用电设备用电，同时影响电动机本身起动。

（2）使线路损耗增加，电动机绕组铜损增加，造成电动机过热，缩短电动机使用寿命。

（3）使电动机绕组端部受到的电动力增加，严重时绕组会发生变形；因为起动电流大，加上接线端子接触电阻本来相对也大，所以电动机接线板上接线端子发热增加，发热就会增加，严重时会烧坏接线端子，烧坏接线板。另外，接线板的接线端子之间电动力也会因起动电流大而增大，严重时会损坏接线端子或使接线端子变形。

为了防止电动机起动电流过大，人们常利用起动设备将电源电压适当降低后加到电动机定子绕组上，以限制电动机的起动电流，待电动机转速升高到接近额定转速时，再使电动机定子绕组上的电压恢复到额定值，这种起动过程称为降压起动。

降压起动既要保证有足够的起动转矩，又要减小起动电流，还要避免起动时间过长。一般将起动电流限制在电动机额定电流的 2 ～ 2.5 倍之内。起动时降低电压会使转矩也大大降低，因此降压起动往往在电动机轻载状态下进行。

常用的降压起动方法有自耦变压器降压起动、Y-△降压起动等。

（1）自耦变压器降压起动

自耦变压器降压起动是指起动电动机时，利用自耦变压器来降低加在电动机定子绕组上的起动电压，待电动机起动完毕后，再使电动机与自耦变压器脱离，在全电压下正常运行。

（2）Y-△降压起动

Y-△降压起动是指起动电动机时，把定子绕组接成星形，待电动机起动完毕后再将电动机定子绕组改接为三角形，使电动机在全电压下运行。

Y-△降压起动方法只适用于三角形接线的电动机，而且起动时接成星形，其起动电流数值是三角形接线直接全电压起动时起动电流的三分之一，所以电动机容量不能大，否则会起动困难。

例题7-4

问题 在例题7-3中：（1）如果负载转矩$T_L = 510.2$N·m，试问在$U = U_N$和$U' = 0.9U_N$两种情况下电动机能否起动？（2）采用Y-△降压起动时，求起动电流和起动转矩。（3）当负载转矩为额定转矩的80%和50%时，电动机能否直接起动？

解答 （1）在$U = U_N$时

$$T_{st} = 551.8\text{N·m} > 510.2\text{N·m}$$

电动机能起动。

在$U' = 0.9U_N$时

$$T_{st} = 0.9^2 \times 551.8 \approx 447\text{N·m} < 510.2\text{N·m}$$

电动机不能起动。

（2）
$$I_{st\triangle} = 7I_N = 7 \times 84.2 = 589.4\text{ A}$$

$$I_{stY} = \frac{1}{3}I_{st\triangle} = \frac{1}{3} \times 598.4 \approx 196.5\text{A}$$

$$T_{stY} = \frac{1}{3}T_{st\triangle} = \frac{1}{3} \times 551.8 \approx 183.9\text{N·m}$$

（3）当负载转矩为额定转矩的80%时

$$\frac{T_{stY}}{T_N \times 80\%} \approx \frac{183.9}{290.4 \times 80\%} \approx \frac{183.9}{232.3} < 1$$

电动机不能起动。

当负载转矩为额定转矩的50%时

$$\frac{T_{stY}}{T_N \times 50\%} \approx \frac{183.9}{290.4 \times 50\%} = \frac{183.9}{145.2} > 1$$

电动机可以起动。

7.3.3 绕线型异步电动机的起动

1. 转子回路串电阻

绕线型三相异步电动机转子回路串入电阻，可以减小定子电流。当所串入的电阻R_S合适，可以增大起动转矩值。

为什么在绕线型三相异步电动机转子回路串入电阻后，定、转子电流减小了，而起动转矩却能增大？我们从电动机电磁转矩$T = K_T\Phi_m I_2 \cos\varphi_2$知道，在气隙每极磁通$\Phi_m$一定时，电磁转矩$T$与转子有功电流$I_2'\cos\varphi_2$成正比。已知串入电阻$R_S$后，转子功率因数角为

$$\varphi_2 = \arctan \frac{X_2}{R_2 + R_S} \tag{7-8}$$

即φ_2比不串R_S时小很多，使得$\cos\varphi_2$值增大。尽管刚起动时，串入电阻R_S使得I_2减小，但$\cos\varphi_2$值的增大使得转子有功电流$I_2\cos\varphi_2$反而增大了，从而增大了起动转矩值。若过分增大所串电阻R_S，虽然$\cos\varphi_2$会增大，但其极限值只能为 1，而转子电流的减小会使起动转矩也跟着减小。因此串入合适大小的电阻R_S，可以起到既增大起动转矩又减小转子电流的作用。

图 7-15（a）所示为转子串电阻的绕线型异步电动机示意，为了简单，也可采用图 7-15（b）所示的不对称电阻。

绕线型三相异步电动机多用于拖动那些要求起动转矩大的生产机械，如起重机械、球磨机、空压机、皮带运输机以及矿井提升机等。为了减小绕线型三相异步电动机运行时电刷与集电环间的摩擦损耗，有些电动机安装了电刷提起装置。电动机起动完毕后，转子三相绕组彼此短路，将电刷从集电环上举起。

2. 转子串频敏变阻器起动

对于那些单纯为了限制起动电流而增大堵转转矩的绕线型异步电动机，可以采用转子串频敏变阻器起动，如图 7-16 所示。频敏变阻器是一个三相铁芯线圈，它的铁芯是由实心铁板或钢板叠加而成的，板的厚度为 30 ～ 50mm。图 7-16 中，接触器 K 断开时，电动机转子串入频敏变阻器起动。起动过程结束后，接触器 K 再闭合，切除频敏变阻器，电动机进入正常运行状态。

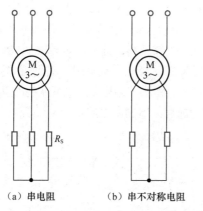

（a）串电阻　　　　（b）串不对称电阻

图 7-15　转子串电阻的绕线型异步电动机示意

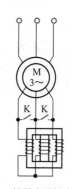

图 7-16　转子串频敏变阻器起动

频敏变阻器每一相的等效电路与变压器空载运行时的等效电路是一致的。忽略绕组漏阻抗时，其励磁阻抗由励磁电阻与励磁电抗串联组成，用$Z_p = R_p + jX_p$表示。但是，其励磁阻抗与一般变压器励磁阻抗不完全相同，主要表现在以下两点。

（1）频率为 50Hz 的电流通过时，阻抗$Z_p = R_p + jX_p$比一般的变压器励磁阻抗小得多。这样串在转子回路中，既限制了定子、转子电流，又不致使起动电流过小而减小起动转矩。

（2）频率为 50Hz 的电流通过时，$R_p > X_p$。其原因是频敏变阻器中磁通密度取得较高，铁芯处于饱和状态，励磁电流较大，因此，励磁电抗X_p较小。而铁芯是厚铁板或厚钢板，磁滞、涡流损耗都比较大，频敏变阻器的单位重量铁芯中的损耗，与一般变压器相比较要大几百倍，因此R_p较大。

绕线型三相异步电动机转子串频敏变阻器起动时（$s=1$），转子回路频率为 50Hz，因为

$R_p > X_p$，转子回路串入了电阻，提高了转子回路的功率因数，既限制了起动电流，又提高了起动转矩。起动过程中，随着转速升高，转子回路频率 sf_2 逐渐降低，频敏变阻器中铁损减小，电阻 R_p 小，电抗 X_p 也小。正因如此，电动机在整个起动过程中始终保持较大的电磁转矩。

为了用户的方便，频敏变阻器的等效阻抗是可以调节的。实际的频敏变阻器线圈上都有几级中间抽头，供使用时选择一个比较合适的等效阻抗值。铁损和磁感应强度的平方成正比，改变线圈的匝数将引起等效阻抗的较大变化。中间抽头受到结构条件的限制，只能是有限的几级，不可能适应紧密调节的需求。为了将起动电流和起动转矩比较准确地整定在要求的数值上，频敏变阻器都装有调节气隙长度的活动铁芯。

7.3.4 三相异步电动机的调速

在实际应用中，电动机应能根据需求控制和调节旋转速度，调速问题一直是业界研究热点。由于三相异步电动机的转速为

$$n = (1-s)n_0 = (1-s)\frac{60f_1}{p}$$

因此可以从 3 个方面来调节转速：改变电源频率 f_1；改变磁极对数 p；改变电动机的转差率 s。

1. 变频调速

改变电源频率时，感应电动机的同步转速将发生变化，转子转速也随之变化。用此方法可进行平滑且范围较大的调速、获得良好的机械特性，但须有专门的变频装置作为电动机的供电电源。

交流变频调速技术日臻成熟，不但性能优良、可靠性高，而且成本和维护费用不断降低，因而被广泛采用。三相异步电动机常用的变频器是交—直—交变频器，先把工频交流电源的电压通过整流器转变成直流电压，然后由逆变器把直流电压变换成频率可变的交流电压输出。如图 7-17 所示，整流器、中间直流环节和逆变器构成变频器的主电路。

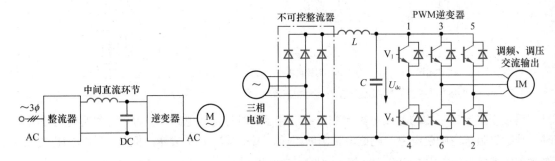

图 7-17　PWM 变频器的主电路

整流器由可控晶闸管或不可控二极管构成三相桥式整流电路；逆变器通常由 6 只半导体主开关器件和 6 只反向并联的续流二极管组成三相桥式逆变电路，有规律地控制主开关器件的导通和关断，就可以得到任意频率的三相交流电压输出。中间直流环节由大电容或大电感作为滤波元件，并用来缓冲负载的无功功率需求。以 PWM（pulse width modulation，脉宽调制）逆变器为例，控制电路用 PWM 法来控制逆变器各功率开关器件的导通和关断的顺序和时间，使逆变器输出具有某一周期的一系列幅值相等、宽度不等、正负交变的三相矩形脉冲电压，图 7-18 所示为其中的一相输出电压波形及其基波。

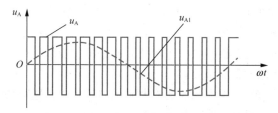

图 7-18　A 相输出电压波形及其基波

　　PWM逆变器已成为感应电动机的通用变频调速装置。为了改善感应电动机在动态情况下转矩和转速的可控性，先后出现了矢量变换控制和直接转矩控制，使电动机的动态性能得到较大提高。

2. 变极调速

　　在电源频率恒定的情况下，改变感应电动机定子绕组的磁极对数，就可以改变旋转磁场和转子的转速。若利用改变绕组接法，使一套定子绕组具备两种磁极对数而得到两个同步转速，可得单绕组双速电动机；也可以在定子内安放两套独立的绕组，从而做成三速或四速电动机。为使转子的磁极对数能随定子磁极对数的改变而自动改变，变极电动机的转子一般都用笼型。变极调速只能一级一级地调速，而不能实现平滑地无极调速，但它简单方便，常用在金属切割机床或其他生产机械上。

3. 转子电路串电阻调速

　　这种方法只适用于绕线型异步电动机，在转子电路中串入调速电阻后，如图 7-19 所示，电动机的 T–s 曲线将从曲线 1 变为曲线 2，若负载转矩和空载转矩保持不变，则转差率将从 s_1 增加到 s_2，即转速将下降。这种调速的优点是方法简单、调速范围广、能平滑地调节转速且设备简单投资少；缺点是调速电阻要消耗一定的功率，增加了损

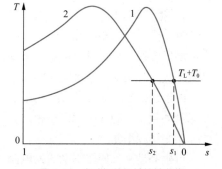

图 7-19　电动机的机械特性曲线

耗。因此这种方法常用于短时调速或调速范围不太大的中小容量感应电动机。

7.3.5　三相异步电动机的制动与反转

　　为了使电动机迅速、准确地停转，必须对电动机实行制动。根据制动转矩产生的方法不同，可将其分为机械制动和电气制动两类。制动是给电动机一个与转动方向相反的转矩，促使它在断开电源后很快地减速或停转。对电动机制动，也就是要求它的转矩与转子的转动方向相反，这时的转矩称为制动转矩。

　　机械制动通常靠摩擦产生制动转矩，最常用的装置是电磁抱闸，如图 7-20 所示。断电制动型电磁抱闸的原理是，电动机通电运行时，制动器的线圈通电产生电磁力，通过

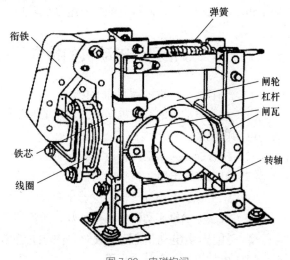

图 7-20　电磁抱闸

杠杆将闸瓦拉开使电动机的转轴可自由转动，当电动机断电停转时，电磁线圈与电动机同步断电，电磁吸力消失，在弹簧的作用下闸瓦将电动机的转轴紧紧"抱住"，使电动机迅速停止转动。起重机械，如桥式起重机、提升机、电梯等，经常使用电磁抱闸，当电动机断电停转时保证定位准确，并避免重物自行下坠而造成事故。

电气制动是使异步电动机产生与转动方向相反的电磁转矩，拖动系统迅速停转或限制转速。常用的电气制动方法有反接制动、能耗制动和再生制动3种。

1. 反接制动

当电动机快速转动而需停转时，可改变电源相序，使转子受一个与原转动方向相反的转矩而迅速停转。

反接制动的原理与电动机反转是一样的，改变正在转动的电动机定子绕组中任意两相的接线，使磁场反转，从而使转子导体中产生与转向相反的电磁转矩，使转速很快下降到零。当电动机转速接近零时，立即切断电源，避免电动机反转。在开始制动的瞬间，电动机的转子电流比起动时电流还大，为限制电流的冲击往往在定子绕组中串入限流电阻 R。这种制动的优点是停车迅速、设备简单；缺点是对电动机及负载冲击大，一般只用于小型电动机且不经常停车制动的场合。注意，当转子转速接近零时，应及时切断电源，以免电动机反转。

2. 能耗制动

电动机脱离三相电源的同时，给定子绕组接入一直流电源，使直流电流通入定子绕组，于是在电动机中便产生一方向恒定的磁场，使转子受到一个与转子转动方向相反的力的作用，产生制动转矩，实现制动。直流电流的大小一般为电动机额定电流的 0.5～1倍。

由于这种方法是用消耗转子的动能（转换为电能）来进行制动的，因此称为能耗制动。这种制动能量消耗小，制动准确而平稳，无冲击，但需要直流电流。有些机床采用这种制动方法。

3. 再生制动

再生制动又称回馈制动或发电制动，它是指由于外力（一般指势能负荷，如起重机正在下放的重物）的作用，电动机的转速 n 超过了同步转速 n_0，转子导体切割磁场的方向与电动机运行的方向相反，转子电流与产生的电磁转矩改变了方向，驱动力矩变为制动力矩，电动机在制动状态下运行，即电动机将机械能转化为电能，向电网反送电，故称为再生制动。再生制动可向电网回馈电能，所以经济性能好，但应用范围很窄，只有在 $n>n_0$ 时才能实现。它常用于起重机、电力机车和多速电动机中，而且只能限制电动机转速，不能制停。

7.3.6 三相异步电动机的检查和使用注意事项

1. 三相异步电动机起动前的检查

（1）对照电动机的铭牌数据中所规定的额定值与要求，检查电源、起动设备的容量和规格是否与电动机配套。

（2）检查配线大小是否合适，电动机的接线是否正确，端子有无松动。

（3）测试绝缘电阻，检查电动机的起动方法。

（4）用手转动电动机转轴，检查是否灵活，确定电动机的转向。

（5）观察电动机起动设备是否良好，所带负载是否正常。

2. 三相异步电动机起动和运行中的注意事项

（1）电动机的转向是否正确。

（2）在起动和加速过程中，电动机是否有异常的声响和振动。

（3）起动电流是否正常，电压降的大小是否影响周围电气设备的正常运行。

（4）电动机的三相电压、电流是否正常，起动时间是否符合要求。

（5）起动装置的动作是否正常，冷却系统、控制系统的动作是否正常。

7.4　其他电动机

电动机种类繁多，各有特点，例如，大容量、低转速的动力机械常用同步电动机，同步电动机不但功率因数高，而且其转速与负载大小无关，只决定于电网频率，工作较稳定。在要求较宽范围调速的场合多用直流电动机，但它有换向器，结构复杂、价格昂贵、维护困难，不适用于恶劣环境。本节先介绍永磁同步电动机。

7.4.1　永磁同步电动机

近年来，永磁同步电动机（permanent magnet synchronous motor，PMSM）得到快速发展。PMSM 出现于 20 世纪 50 年代，它的运行原理与普通电励磁同步电动机相同；与传统同步电动机相比，其转子采用永磁体作为主磁极，既简化了电动机结构，实现了无刷化，提高了可靠性，又节约了铜、免去了转子铜耗、提高了电动机效率。其特点是功率因数高、效率高，在许多场合开始逐步取代较为常见的交流异步电动机。众多 PMSM 中，异步起动永磁同步电动机性能优越，是一种很有前途的节能电动机。

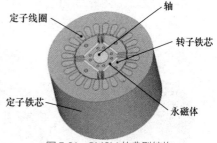

图 7-21　PMSM 的典型结构

PMSM 的典型结构如图 7-21 所示，其主要部件有定子铁芯、定子线圈、永磁体、转子铁芯和轴等。

1. 永磁同步电动机基本原理

永磁同步电动机的定子绕组与传统同步电动机相同，为对称的三相分布绕组，接入三相交流电源后产生三相正弦定子电流。转子采用特殊外形的永磁体以产生正弦分布的气隙磁场。定子电流交变形成旋转磁场。由于转子磁极固定，根据磁极同极相斥异极相吸的原理，在定子中产生的旋转磁场会带动转子进行旋转，最终达到转子的旋转速度与定子中产生的旋转磁场的转速相等。

所以可以把永磁同步电动机的起动过程看成由异步起动阶段和牵入同步阶段组成。在异步起动阶段，在异步转矩、永磁发电制动转矩、由转子磁路不对称而引起的磁阻转矩和单轴转矩等一系列因素的共同作用下，电动机的转速从零开始逐渐增大，在起动过程中只有异步转矩是驱动性质的转矩，其他转矩大部分以制动性质为主，在这个过程中转速是振荡着上升的。当电动机的速度由零增加到接近定子磁场旋转速度时，在永磁体脉振转矩的影响下，永磁同步电动机的转速有可能会超过同步转速，而出现转速超调现象，但经过一段时间的转速振荡后，其最终会在同步转矩的作用下被牵入同步。

2. 永磁同步电动机的组成

永磁同步电动机主要由定子、转子、端盖等各部件组成，其中定子结构与普通感应电动机的定子结构相似，主要区别在于转子的独特结构。

（1）定子

永磁同步电动机的定子结构及工作原理与交流异步电动机一样，较多为四极形式。图7-22所示为永磁同步电动机的定子结构，安装在机座内的定子铁芯有24个槽，电动机绕组按四极三相布置，采用单层链式绕组，通电产生四极旋转磁场。

图 7-22　永磁同步电动机的定子结构

（2）转子

永磁同步电动机的特色是其特殊的转子结构，其转子上安装高质量的永磁体磁极，安放永磁体的位置有很多选择，所以永磁同步电动机通常会被分为内嵌式、面贴式、插入式3类。永磁体转子铁芯仍需用硅钢片叠成，因为永磁同步电动机基本都采用逆变器电源驱动，变频器输出含有高频谐波，若用整体钢材会产生涡流损耗。永磁同步电动机的转子结构是影响其运行性能的最主要因素，各种结构各有优点，下面分别加以介绍。

第一种形式：图7-23（a）所示是一个转子铁芯圆周表面上安装有永磁体磁极的转子，称为表面凸出式永磁转子。磁极的极性与磁通走向如图中所示，这是一个四极转子。

第二种形式：图7-23（b）所示是永磁体磁极嵌装在转子铁芯表面的转子，称为表面嵌入式永磁转子。磁极的极性与磁通走向如图中所示，这也是一个四极转子。

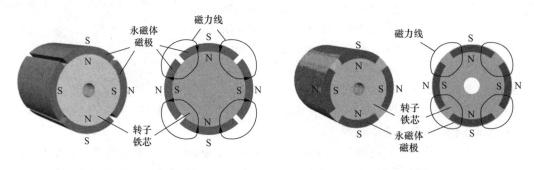

（a）表面凸出式永磁转子　　　　　　　　　　　（b）表面嵌入式永磁转子

图 7-23　永磁同步电动机的转子结构

第三种形式：在较大的电动机中用得较多的是在转子内部嵌入永磁体，称为内埋式永磁转子（或称为内置式永磁转子或内嵌式永磁转子），永磁体嵌装在转子铁芯内部，铁芯内开有安装永磁体的槽，其主要布置方式如图7-24所示。

每一种形式中又有采用多层永磁体进行组合的方式。图7-25所示是一种内埋式永磁转子铁芯，为防止永磁体磁通短路，转子铁芯还开有隔磁空槽，槽内也可填充隔磁材料，把永磁体插入转子铁芯的安装槽内。隔磁空槽起到减小漏磁通的作用。

在安装好永磁体的转子铁芯中插入转轴，并在转子铁芯两端安装好散热风扇，把转子插入定子，安装好端盖，组装好的永磁同步电动机的剖视图如图7-26所示。

电动汽车广泛采用永磁同步电动机作为驱动设备，永磁同步电动机也已经在高铁动车组中作为牵引电动机使用，功率可达600kW以上。

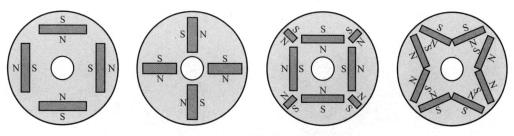

图 7-24　内埋式永磁转子

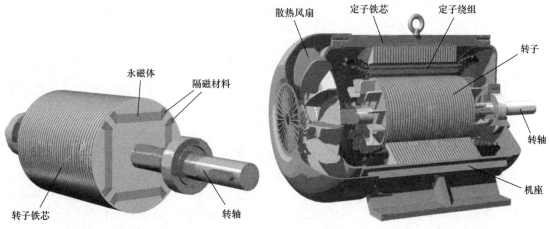

图 7-25　内埋式永磁转子铁芯　　　　　图 7-26　永磁同步电动机剖视图

3. 异步起动永磁同步电动机转子结构

异步起动永磁同步电动机采用变频调速器（简称变频器），在不需要调速的场合，直接用三相交流电供电的方法，在永磁转子上加装笼型绕组，在接通电源后旋转磁场刚一建立，就会在笼型绕组中感生电流，转子就会像交流异步电动机一样起动旋转，当转速接近旋转磁场转速时转子会同步旋转，这就是异步起动永磁同步电动机，是近些年开始普及的节能电动机。

为了安装笼型绕组，转子铁芯叠片圆周上冲有许多安装导电条的槽（孔），槽的形状可为方形、圆形或类似普通转子的嵌线槽。在转子铁芯内部嵌装永磁体，永磁体安装方式为切向式，当然也可以采用其他形式安装。图 7-27（a）所示是切向安装永磁体的笼型转子，也是一个四极转子。为了防止永磁体的磁通通过转轴短路，在转轴与转子铁芯间加装隔磁材料，转子的磁通走向如图 7-27（b）所示。

焊接式笼型转子在转子每个槽内插入铜条，铜条与转子铁芯两端的铜端环焊接形成笼型转子。铸铝式笼型转子采用铸铝方式制作，将熔化的铝液直接注入转子槽，并同时铸出端环与风扇叶片，在端环上要留插入永磁体的缺口。铸铝式笼型转子是经济的做法。

4. 永磁同步电动机控制

永磁同步电动机如果直接通三相交流电起动，因转子惯量大，磁场旋转太快，静止的转子根本无法跟随磁场起动旋转。永磁同步电动机的调速主要通过改变供电电源的频率来实现。电源一般用变频器提供，起动时变频器输出频率从 0 开始连续上升到工作频率，电动机转速则跟随变频器输出频率同步上升，改变变频器输出频率即可改变电动机转速。这是一种很好的变频调速电动机。

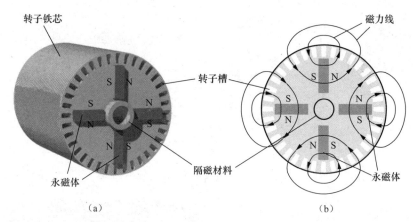

图 7-27　笼型绕组的永磁转子

目前常用的变频调速方式有转速闭环恒压频比控制（U/f）、基于磁场定向的矢量控制（vector control）以及直接转矩控制（direct torque control）。

（1）转速闭环恒压频比控制

转速闭环恒压频比控制是一种常用的变频调速控制方法。该方法通过控制 U/f 恒定，使磁通保持不变来控制电动机。这种控制方法低速带载能力不强，须对定子压降实行补偿。因该控制方法只控制了电动机的气隙磁通，不能调节转矩，故性能不高。但该方法实现简单、稳定可靠，调速方便，所以在一些对动态性能要求不太高的场合，如对通风机、水泵等的控制，仍是首选的方法。

（2）矢量控制

1971 年，矢量控制理论出现，使交流电动机控制理论获得了一次质的飞跃。其基本思想为，以转子磁链旋转空间矢量为参考坐标，将定子电流分解为相互正交的两个分量，一个与磁链同方向，代表定子电流励磁分量，另一个与磁链方向正交，代表定子电流转矩分量，分别对它们进行控制，可获得像直流电动机一样良好的动态特性。因控制结构简单，控制软件实现较容易，此方法已被广泛应用到调速系统中。但矢量控制方法在实现时要进行复杂的坐标变换，并需准确观测转子磁链，而且对电动机的参数依赖性很大，难以保证完全解耦，使控制效果大打折扣。

采用矢量控制理论进行控制时，交流电动机具有和直流电动机类似的特性。矢量控制的优点在于调速范围宽，动态性能较好；不足之处是按转子磁链定向会受电动机参数变化的影响而失真，从而降低了系统的调速性能。解决方法是采用智能化调节器以提高系统的调速性能和稳健性。PI（比例积分）控制器的参数对系统的性能有极大的影响，永磁同步电动机是一个具有强耦合性的非线性对象，很难用精确的数学模型描述，而 PI 控制器是一种线性控制器，稳健性不够强，所以，在调速系统中难以达到令人满意的调速性能，尤其是在对系统性能和控制精度要求较高的场合，这就需要对 PI 算法进行改进，以达到更好的控制性能。

（3）直接转矩控制

1985 年，德国 Depenbrock 教授提出的高性能交流电动机控制策略，摒弃了矢量控制的解耦思想，不需要对交流电动机与直流电动机进行等效与转化，省去了复杂的坐标变换；采用定子磁场定向，实现了在定子坐标系内对电动机磁链、转矩的直接观察、控制，定子磁链的估计仅涉及定子电阻，减弱了对电动机参数的依赖性，很大程度上克服了矢量控制的缺点，且控制简单、转矩响应快、动态性能好。直接转矩控制开始时应用于异步电动机，后来逐步应用于同步电动机。

1997年，L.Zhong，M.F.Rahman 和 Y.W.Hu 等人把直接转矩控制与永磁同步电动机结合起来，提出了基于永磁同步电动机的直接转矩控制理论，实现了永磁同步电动机直接转矩控制方案，并且成功地拓展到了弱磁恒功率范围，取得了一系列成果。随着永磁材料性能的不断提高与完善，以及电力电子器件的进一步发展与改进，加上永磁同步电动机研究和开发经验的逐步成熟，目前永磁同步电动机正向大功率（超高速、大转矩）、高性能、微型化和智能化方向发展。

7.4.2 直流电动机

输出或输入为直流电的旋转电动机，称为直流电动机，其可将电能转换为机械能；但若把其当作发电动机运行时，其又是直流发电动机，可将机械能转换为电能。直流电动机在数控机床、光缆线缆设备、机械加工设备、印制电路板设备、焊接切割设备、医疗设备等行业均有应用。

直流电动机按励磁方式主要可以分为他励直流电动机、并励直流电动机、串励直流电动机和复励直流电动机。

1. 直流电动机的结构

直流电动机由定子和转子两大部分组成，如图7-28所示。直流电动机运行时静止不动的部分称为定子，定子的主要作用是产生磁场，由主磁极、换向片、轴承和电刷等组成。运行时转动的部分称为转子，其主要作用是产生电磁转矩和感应电动势，是直流电动机进行能量转换的枢纽，所以通常又称为电枢，由转轴、电枢铁芯、电枢绕组、换向片等组成。

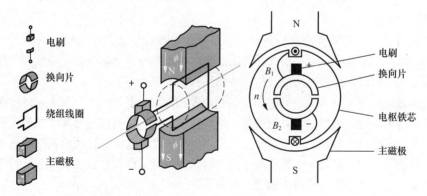

图 7-28　直流电动机的结构

2. 直流电动机的原理

一台直流电动机原则上既可以作为电动机运行，也可以作为发电机运行，这在电动机理论中称为可逆原理。当原动机驱动电枢绕组在主磁极 N、S 之间旋转时，电枢绕组上感生出电动势，经电刷、换向器装置整流为直流后，引向外部负载（或电网），对外供电，此时电动机作为直流发电机运行。如用外部直流电源，经电刷换向器装置将直流电流引向电枢绕组，则此电流与主磁极产生的磁场互相作用，产生转矩，驱动转子与连接于其上的机械负载工作，此时电动机作为直流电动机运行。

直流电动机的转速 n 和其他参数的关系可表示为

$$n = (U_a - I_a R_a) / K_e \cdot \Phi \tag{7-9}$$

其中，U_a 为电枢供电电压，I_a 为电枢电流，Φ 为励磁磁通，R_a 为电枢回路总电阻，K_e 为由电动机结构决定的电动势常数。可以看出，式（7-9）中 U_a、R_a、Φ 这 3 个参数都可以成为变量，只要改变其中一个参数，就可以改变电动机的转速，所以直流电动机有3种基本调速方法：改变电枢回路总电阻R_a；改变电枢供电电压U_a；改变励磁磁通Φ。

当分别改变U_a、R_a和Φ时，可以得到不同的转速n，从而实现对速度的调节。由于$\Phi = f(I_a)$，当改变励磁电流I_a时，可以改变磁通Φ的大小，从而达到调速的目的。但由于励磁线圈发热和电动机磁饱和的限制，电动机的励磁电流I_a和磁通Φ只能在低于其额定值的范围内调节，故只能弱磁调速。而调节电枢外加电阻R_a会使机械特性变软，导致电动机带负载能力减弱。所以调速时，改变电枢电压以实现对直流电动机速度调节的方法被广泛采用。改变电枢电压可通过多种途径实现，如旋转变流机组、晶闸管相控整流系统、直流PWM斩波系统等。

在1970年以前，由于交流电动机调速系统复杂，调速性能又无法与直流电动机的调速系统相比，因此直流电动机在电气牵引、生产加工等调速领域占据"霸主"地位；交流电动机通常用于无须调速的场合，如各种风机、水力发电等。但是在交流电动机现代调速理论、电力电子技术、微型处理器及微型控制器技术发展起来以后，交流电动机逐步占据了统治地位。

7.4.3　控制电动机

控制电动机的主要功能是转换和传递信号。对控制电动机的要求是动作灵敏、准确、质量轻、体积小、运行可靠、耗电少等。控制电动机的种类很多，这里主要介绍步进电动机和伺服电动机。

1. 步进电动机

步进电动机是一种将电脉冲信号转换成相应角位移或线位移的电动机。每输入一个脉冲信号，转子就转动一个角度或前进一步，其输出的角位移或线位移与输入的脉冲数成正比，转速与脉冲频率成正比。因此，步进电动机又称脉冲电动机。

步进电动机是一种无刷直流电动机，与其他控制用途电动机的最大区别：它接收数字控制信号（电脉冲信号）并转化成与之相对应的角位移或直线位移，通过控制脉冲个数即可控制角位移量，从而达到准确定位的目的；同时通过控制脉冲频率来控制电动机转动的速度和加速度，从而达到调速的目的。它本身就是一个完成数字模式转化的执行元件，在自动化仪表、自动控制、机器人、自动生产流水线等领域的应用相当广泛。

常用的步进电动机分3种：永磁式、反应式和混合式。永磁式一般为两相，转矩和体积较小，步进角为15°和7.5°；反应式一般为三相，可以实现大转矩输出，步进角为1.5°，但噪声和振动较大；混合式混合了永磁式和反应式的优点，分为两相和五相，步进角分别为1.8°和0.72°，应用广泛。

2. 伺服电动机

伺服电动机是指在伺服系统中控制机械元件运转的发动机，是一种间接变速装置，又称控制电动机。在自动控制系统中，伺服电动机用作执行元件，把收到的电信号转换成电动机轴上的角位移或角速度输出。伺服电动机分为直流伺服电动机和交流伺服电动机两大类，其主要特点是，当信号电压为零时无自转现象，转速随着转矩的增加而匀速下降。伺服电动机主要靠脉冲来定位，基本上可以这样理解，伺服电动机接收到1个脉冲，就会旋转1个脉冲对应的角度，从而实现位移。因为伺服电动机本身具备发出脉冲的功能，所以伺服电动机每旋转一个角度，都会发出对应数量的脉冲，和伺服电动机接收的脉冲形成呼应，或者叫闭环，如此一来，系统就会知道发了多少脉冲给伺服电动机，又收了多少脉冲回来，就能够很精确地控制电动机的转动，从而实现精确的定位，其精度可达到0.001mm。

交流伺服电动机的输出功率一般是0.1～100W。当电源频率为50Hz时，电压有36V、110V、220V、380V等多种；当电源频率为400Hz时，电压有20V、26V、36V、115V等多种。交流伺服电动机运行平稳、噪声小，但其控制是非线性的，并且由于转子电阻大、损耗大、效率低，因此与同容量直流伺服电动机相比，其体积大、质量大，所以只适用于0.5～100W的小功率控制系统。

直流伺服电动机分为有刷电动机和无刷电动机。有刷电动机成本低、结构简单、起动转矩大、调速范围宽、控制容易、需要维护但维护方便（换碳刷），会产生电磁干扰，对环境有要求，因此它可以用于对成本敏感的普通工业和民用场合。无刷电动机体积小、质量小、出力大、响应快、速度高、惯量小、转动平滑、力矩稳定，容易实现智能化，但控制复杂。其电子换相方式灵活，可以实现方波换相或正弦波换相。无刷电动机免维护、效率很高、运行温度低、电磁辐射很小、长寿命，可用于各种环境。

7.5 拓展阅读与实践应用：电气调速系统的构成及其研究方法

图7-29给出了一般化的电气调速系统原理框图。实现电动机的电气调速首先需要一个主电路系统，它以电动机为主体，并由受控的电能变换装置向其供电。现代电能变换装置基本上是由电感、电容、二极管和绝缘栅双极型晶体管等器件构成的开关式电能变换装置，该装置将外部的电能转换成机械动力源（直流电动机或交流电动机）需要的电能。对直流电动机来说，电能变换装置通常是电压可以调节的直流电源；对实施变频控制的交流电动机来说，电能变换装置是指可以变压、变频的逆变器。电能变换装置受控于控制系统，可以认为电能变换装置就是对绝缘栅双极型晶体管等器件的控制信号进行电压、电流和功率放大的装置。

为了能够很好地控制电能变换装置输出合适的电能供电动机使用，往往需要对电能变换装置施加高性能的闭环控制，见图7-29中的控制系统部分。根据电动机的期望运行状态（由转速、转矩或功率等进行描述）和传感器得到的电动机实际运行状态进行比较分析，并采用合适的电动机控制技术，即可获得期望的电动机物理量（如电压、电流和频率等）。然后将该物理量通过电能变换装置的PWM控制技术转化成开关信号（0和1），即可通过控制电能变换装置输出合适形式的电能实现对电动机的控制。

交流电动机数学模型非常复杂，变量众多，并且存在强烈的耦合和非线性，这些因素导致我们难以对电动机的运行过程进行深入分析。求出电动机变量的解析解通常不大现实，因为超强程度的耦合导致一个变量的变化会引发诸多变量的变化，所以难以对多个变量同时进行分析，这就增大了理解和控制的难度。由于存在较强的非线性，因此定性分析在小范围内是可行的，在大范围内可能会出现错误。

研究人员长期以来采用各种方法对交流电动机的调速系统的运行过程进行研究，且在早期采用了由各种模拟电路搭建的模拟计算机实现对交流电动机的建模与仿真，这种方法使我们对电动机内部各变量的变化规律有了较好的理解。但是模拟计算机与生俱来的温度漂移、数值范围比较有限等缺点限制了它的推广。在数字计算机出现以后，人们广泛采用各种软件来模拟交流电动机，从而实现对其内部变量进行数字仿真，除了MATLAB软件，PSIM、SABER、PSCAD、

PSPICE等软件也可以对交流电动机进行数字仿真。图7-30给出了在MATLAB/Simulink环境下的PMSM仿真框图。

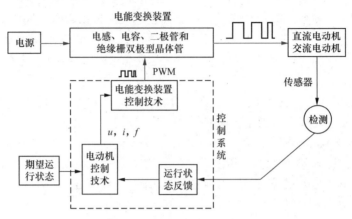

图 7-29　电气调速系统原理框图

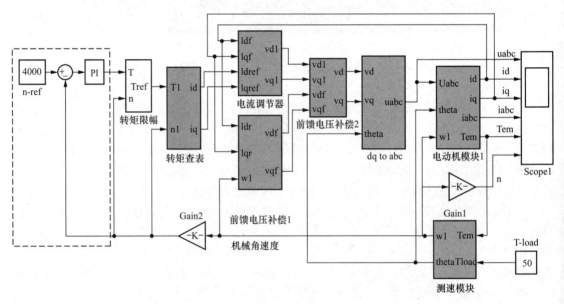

图 7-30　MATLAB/Simulink 环境下的 PMSM 仿真框图

　　计算机仿真能够以较低的成本帮助我们实现对电动机运行过程的深入分析，而实际上调速系统仍需要使用各种数字控制器实现实时控制，如微处理器、单片微型计算机、高性能的数字信号处理器（digital signal processor，DSP）等。目前德州仪器（TI）、英飞凌（Infineon）、飞思卡尔（Freescale）、摩托罗拉（Motorola）等公司的高性能DSP已经在电动机控制领域得到了广泛应用，DSP已经成为交流电动机控制器的首选。

　　采用DSP控制的实物系统初学者较难上手，并且系统的成本较高，开发起来也不容易。于是出现了dSPACE半实物仿真系统：采用MATLAB实现控制系统的算法建模，然后将算法导入dSPACE硬件平台，接下来利用dSPACE提供的接口实现逆变器和交流电动机的控制。这种方式可缩短开发过程，成为了近年来较为流行的一种仿真方式。图7-31所示为电动汽车电动机驱动系统仿真分析平台。

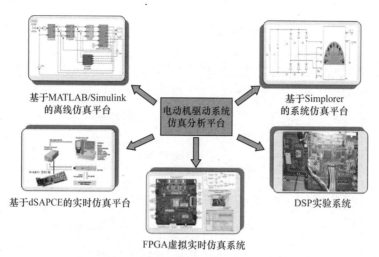

图 7-31　电动汽车电动机驱动系统仿真分析平台

本章小结

三相异步电动机的两个基本组成部分为定子和转子。欲使异步电动机旋转，必须有旋转的磁场和闭合的转子绕组，并且旋转的磁场和闭合的转子绕组的转速不同，这也是"异步"二字的含义。

三相异步电动机旋转磁场的转速 n_0 与电动机磁极对数 p 有关，它们的关系是 $n_0 = 60f/p$。转差率 s 是用来表示转子转速 n 与磁场转速 n_0 相差的程度的物理量，$s = \dfrac{n_0 - n}{n_0} = \dfrac{\Delta n}{n_0}$。转差率是异步电动机的一个重要的物理量，异步电动机运行时，转速与同步转速一般很接近，转差率很小，在额定工作状态下约为 0.015 ～ 0.06。

三相异步电动机中的电磁关系同变压器类似，定子绕组相当于变压器的一次绕组，转子绕组相当于二次绕组。电磁转矩 T 的大小与转子绕组中的电流 I 及旋转磁场的强弱有关。转矩还与定子每相电压 U_1 的平方成比例，所以电源电压的变动对转矩的影响很大。此外，转矩 T 还受转子电阻 R_2 的影响。在一定的电源电压 U_1 和转子电阻 R_2 下，电动机的转矩 T 与转差率 s 之间的关系曲线 $T=f(s)$ 或转速与转矩的关系曲线 $n=f(T)$，称为电动机的机械特性曲线。其中有 3 个重要的转矩：

（1）额定转矩 T_N，异步电动机带额定负载时转轴上的输出转矩，$T_N = 9550\dfrac{P_2}{n}$；（2）最大转矩 T_m，又称为临界转矩，是电动机可能产生的最大电磁转矩，它反映了电动机的过载能力；（3）起动转矩 T_{st}，电动机起动初始瞬间的转矩，即 $n=0$、$s=1$ 时的转矩。

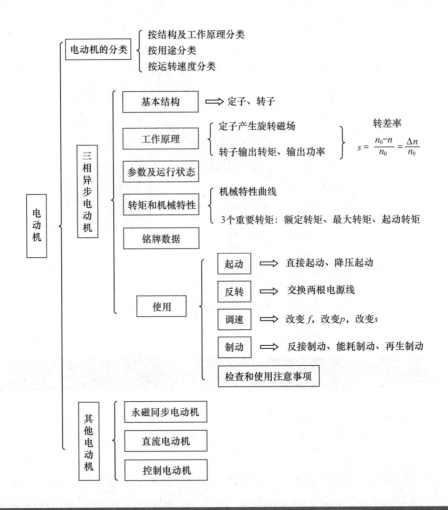

▶ 三相异步电动机的参数和机械特性

7-1. 旋转磁场的转速 $n1$ 与极对数 p 和电源频率 f 的关系是（　　　）。

A. $n_1 = 60\dfrac{f}{p}$ 　　　　　　　B. $n_1 = 60\dfrac{f}{2p}$ 　　　　　　　C. $n_1 = 60\dfrac{p}{f}$

7-2. 一台三相异步电动机的磁极对数 $p=1$，其定子绕组接成星形，如题 7-2 图所示。三相电流的波形见图，相序为正序。设 $\dot{I}_B = I\angle 0°$ 为参考相量，$\omega = 376.9\,\text{rad}/\text{s}$，并规定从线圈首端流入的电流为正值。试画出 $\omega t = \pi$ 和 $\omega t = \dfrac{11}{6}\pi$ 瞬间定子合成磁场的方向，并指明旋转磁场的转速是多少，转向如何。

7-3. Y112M-4 型三相异步电动机，U_N=380V，三角形接法，I_N=8.8A，P_N=4kW，η_N=0.845，n_N=1 440r/min。求：（1）在额定工作状态下的功率因数及额定转矩；（2）若电动机的起动转矩为额定转矩的 2.2 倍，采用 Y-△降压起动时的起动转矩。

7-4. 一台三相异步电动机的额定数据如下：U_N=380V，I_N=4.9A，f_N=50Hz，η_N=0.82，n_N=

2 970r/min，λ_N=0.83，三角形接法。试问：这是一台几极的电动机？在额定工作状态下的转差率、转子电流的频率、输出功率和额定转矩各是多少？

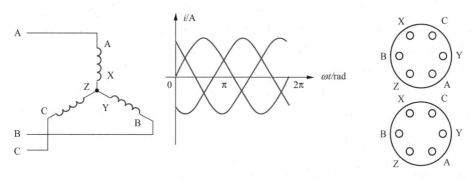

题 7-2 图

7-5. Y801-2型三相异步电动机的额定数据如下：U_N=380V，I_N=1.9A，P_N=0.75kW，n_N= 2 825r/min，λ_N=0.84，星形接法。求：（1）在额定情况下的效率η_N和额定转矩T_N；（2）若电源线电压为220V，该电动机应采用何种接法才能正常运转？此时的额定线电流为多少？

▶ 三相异步电动机的使用

7-6. 一台三相异步电动机，铭牌数据如下：三角形接法，U_N=380V，I_N=20A，n_N=1 450r/min，η_N=87.5%，λ_N=0.87，I_{st}/I_N=6.5，T_{st}/T_N=1.5。试问：此电动机的P_N、T_N和额定转差率s_N各是多少？如果用Y-△起动法起动，其起动电流和起动转矩各是多少？

7-7. 一台三相异步电动机，铭牌数据如下：三角形接法，P_N=10kW，U_N=380V，η_N=85%，λ_N=0.83，I_{st}/I_N=7，T_{st}/T_N=1.6。试问：此电动机用Y-△方法起动时的起动电流是多少？当负载转矩为额定转矩的40%和70%时，电动机能否采用Y-△起动法起动？

7-8. 某三相异步电动机，铭牌数据如下：三角形接法，P_N=10kW，U_N=380V，I_N=19.9A，n_N=1 450r/min，λ_N=0.87，f=50Hz。问：（1）电动机的磁极对数及旋转磁场转速n_1是多少？（2）电源线电压是380V的情况下，能否采用Y-△方法起动？（3）额定负载运行时的效率η_N是多少？（4）已知T_{st}/T_N=1.8，直接起动时的起动转矩是多少？

7-9. 某三相异步电动机，铭牌数据如下：三角形接法，P_N=45kW，U_N=380V，n_N=980r/min，η_N=92%，λ_N=0.87，I_{st}/I_N=6.5，T_{st}/T_N=1.8。求：（1）直接起动时的起动转矩及起动电流；（2）采用Y-△方法起动时的起动转矩及起动电流。

7-10. 某三相异步电动机，铭牌数据如下：P_N=2.2kW，电压220/380V，△/Y，n_N=1 430r/min，f_1=50Hz，η_N=82%，λ_N=0.83。求：（1）两种接法下的相电流$I_{p\triangle}$、I_{pY}及线电流$I_{1\triangle}$、I_{1Y}；（2）额定转差率s_N及额定负载下的转子电流频率f_{2N}。

7-11. 某三相异步电动机，铭牌数据如下：P_N=30kW，U_N=380V，n_N=580r/min，λ_N=0.88，f_1=50Hz，铜损耗和铁损耗共2.6kW，机械损耗0.6kW。试计算它在额定状态下的转差率s_N、电流I_N、效率η_N和转子电流频率f_2。

7-12. 在某台四极三相异步电动机工作时，测得定子电压为380V，电流为10.6A，输入功率为3.5kW，电源频率为50Hz，电动机的转差率为3%，铜损耗为600W，铁损耗为400W，机械损耗为100W。试问：这台电动机的效率、功率因数及输出转矩是多少？

7-13. 某三相异步电动机，铭牌数据如下：P_N=3kW，n_N=960r/min，η_N=83%，λ_N=0.76，$I_{st}/$

I_N=6.5，T_m/T_N=2，T_{st}/T_N=2，U_N=220/380V，f_1=50Hz。求：（1）起动转矩；（2）星形及三角形连接时的额定电流；（3）两种接法下的起动电流。

7-14. 某三相异步电动机，铭牌数据如下：P_N=22kW，n_N=1 470r/min，U_N=220V/380V，λ_N=0.88，η_N=89.5%，I_{st}/I_N=7，T_{st}/T_N=1.2。电源电压为380V时，如采用自耦变压器降压起动，变压器二次侧抽头电压为一次侧电压的64%。求：（1）自耦变压器的变比K；（2）电动机的起动转矩T'_{st}；（3）起动时的一次侧电流。

7-15. 一台Y160M-4型三相异步电动机，铭牌数据如下：P_N=11kW，U_N=380V，n_N=1 460 r/min，η_N=88.5%，λ_N=0.85，T_{st}/T_N=2.2，T_m/T_N=2.2。求：（1）额定电流I_N；（2）电源电压为380V时，全压起动的起动转矩；（3）采用Y-△降压起动的起动转矩；（4）带70%额定负载能否采用Y-△降压起动？

7-16. 一台三相异步电动机的机械特性如题7-16图所示，其额定工作点A的参数为n_N=1 430r/min，T_N=67N·m。求：（1）电动机的极对数；（2）额定转差率；（3）额定功率；（4）过载系数；（5）起动系数T_{st}/T_N；（6）该电动机能否负荷90N·m的恒定负载？

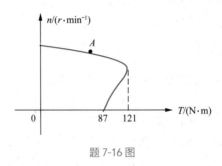

题 7-16 图

第 **8** 章

电气自动控制

用继电器、接触器及按钮等有触点的控制电路来实现工业系统的自动控制，称为继电接触器控制，因其工作可靠、维护简单，并能对电动机实现起动、调速、制动等自动控制，所以应用极广。

接触器是用来接通或切断带负载的主电路，并易于实现远距离控制的自动切换电器，而继电器及其他一些控制设备是用来对主电路进行控制、监测及保护的电器。控制电器是电气控制的基本元件，分手动的（如刀开关、组合开关、按钮等）和自动的（如接触器、继电器等）。本章简要介绍几种常用的控制电器的结构原理和作用。

复杂的控制系统由一些基本的控制环节（电路）和一些满足特殊要求的控制电路组成。对于三相异步电动机基本控制电路，本章介绍点动、自锁、互锁、单向自锁运行控制，多地控制，正、反转互锁控制等，这些都是构成异步电动机自动控制的基本环节。

电动机控制电路由主电路和控制电路两部分组成。研究主电路时要了解有几台电动机、各有什么特点，了解其起动方法，有否正、反转，调速及制动等要求，为研究控制电路提供依据。研究控制电路应从控制主电路的接触器线圈着手，由上而下地对电路进行跟踪分析。遇上复杂控制电路时，先分析各个基本环节，然后找出它们之间的联锁关系，以掌握整个电路的控制原理。

学习目标

- 掌握常用控制电器的原理和作用。
- 了解电气控制的组成和原理。
- 掌握三相异步电动机的基本控制电路。
- 熟悉电动机典型控制环节。
- 了解可编程控制器的结构及使用。

8.1 电气控制基础

现代生产机械的运动部件基本由电动机带动，因此生产过程中进行的自动控制主要是根据生产的工艺要求，使电动机的运行状态和其他电气设备的通断电情况可以自动改变。虽然由于工艺要求不同，控制电路复杂程度也不一样，但都是由基本控制电路或典型控制环节组成的。本节首先介绍几种控制电路中常用的基本控制电器。

8.1.1 常用控制电器

控制电器是对电动机和生产机械实现控制和保护的电气设备，分为手动和自动两种，手动设备（如按钮）由操作人员手动操纵，自动设备（如继电器）按照指令、信号或某个物理量的变化而自动动作。

1. 刀开关

刀开关又称闸刀开关，在不经常操作的低压电路中，用于接通或切断电源或用来将电路与电源隔离，有时也用来控制小容量电动机不频繁的直接起动与停机。刀开关由闸刀、静插座、操作把柄和绝缘底板组成，其外形及电路图形符号如图8-1所示。

图 8-1 刀开关外形及电路图形符号

刀开关按极数（刀片数）分单极、双极和三极3种，按用途分单投和双投两种，按操作方法分直接手柄操作式和远距离杠杆操作式两种，按灭弧装置分带灭弧罩和无灭弧罩两种。

安装刀开关时，电源线应接在静触点上，负荷线接在和闸刀相连的端子上，有熔断丝的刀开关，负荷线应接在闸刀下侧熔断丝的另一端，以保证刀开关切断电源后，闸刀和熔断丝不带电。在垂直安装时，操作把柄向上合为接通电源，向下拉为断开电源，不能反装，否则会因闸刀松动自然下落而误将电源接通。刀开关的额定电流应大于它控制的最大负荷电流。

2. 组合开关

组合开关（又称转换开关）是一种转动式的闸刀开关，用于接通或切断电路，引入电源，控制小型笼型异步电动机的起动、停止、正反转或局部照明。组合开关的结构及电路图形符号如图8-2所示，图8-3所示是用组合开关起停电动机的接线图。

组合开关按通、断类型可分为同时通断和交替通断两种，按转换位数可分为二位转换、三位转换和四位转换3种。

3. 按钮

按钮通常用来接通或断开控制电路（其中电流很小），从而控制电动机或其他电气设备运行。其结构及电路图形符号如图8-4所示。

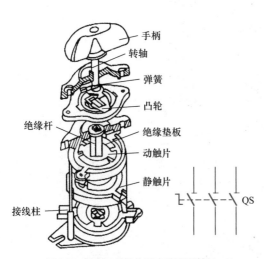

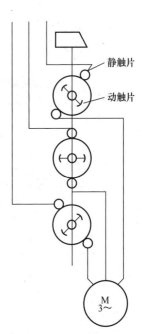

图 8-2 组合开关结构及电路图形符号　　　　　图 8-3 组合开关起停电动机

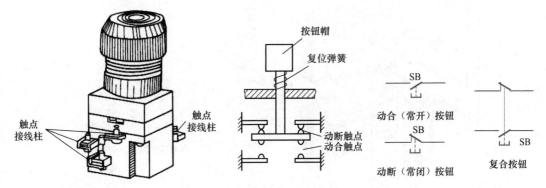

图 8-4 按钮结构及电路图形符号

按钮触点分两类：动合（常开）触点，即按钮未被按下时为断开的触点；动断（常闭）触点，即按钮未被按下时为闭合的触点。

4. 熔断器

熔断器用于在发生过载和短路故障时切断线路，是最简便有效的短路保护电器。熔断器中的熔片或熔丝用电阻率较高的易熔合金或用截面积较小的良导体制成。常用熔断器结构及电路图形符号如图 8-5 所示。

熔断器可按结构、灭弧方式、制造方法、安装方法以及熔断速度分类。熔丝额定电流 = (1.5 ~ 2.5)× 最大容量电动机的额定电流 + 其余电动机的额定电流。

5. 交流接触器

交流接触器是用来频繁地远距离接通和切断主电路或大容量控制电路的控制电器，但它本身不能切断短路电流和过负荷电流。交流接触器主要由电磁操作机构和触点两部分组成，触点又可分为主触点和辅助触点，其中，辅助触点包括动合触点和动断触点。接触器主触点一般用于主电路，流过的电流大，需

交流接触器

加灭弧装置；辅助触点一般用于控制电路，流过的电流小，无须加灭弧装置。交流接触器的结构及电路图形符号如图8-6所示。

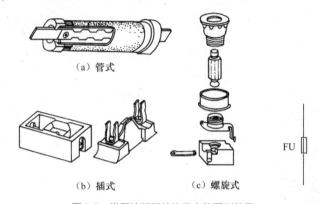

（a）管式

（b）插式　　　　（c）螺旋式

FU

图 8-5　常用熔断器结构及电路图形符号

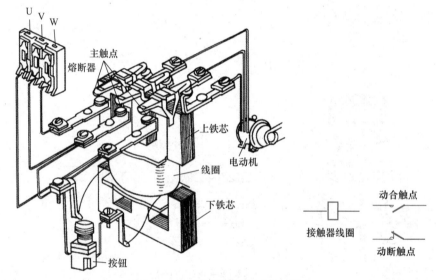

图 8-6　交流接触器结构及电路图形符号

交流接触器主要技术指标有额定工作电压、电流、触点数目等。选用交流接触器时，应使主触点电压大于或等于所控制回路电压，主触点电流大于或等于负载额定电流。

6. 继电器

继电器是一种电控制器件，当输入量（激励量）的变化满足规定条件时，继电器在电气输出电路中使被控量发生预定的阶跃变化。它实现了控制系统（又称输入回路）和被控制系统（又称输出回路）之间的互动关系，通常应用于自动控制电路中。继电器实际上是用小电流去控制大电流运作的一种“自动开关”，所以在电路中起着自动调节、安全保护、转换电路等作用。

继电器一般都有能反映一定输入变量（如电流、电压、功率、阻抗、频率、温度、压力、速度、光等）的感应机构（输入部分）；有能对被控电路实现“通”、“断”控制的执行机构（输出部分）；在继电器的输入部分和输出部分之间，还有对输入量进行耦合隔离、功能处理和对输出部分进行驱动的中间机构（驱动部分）。

作为控制元件，概括起来，继电器有如下几种作用。

（1）扩大控制范围。例如，多触点继电器控制信号达到某一定值时，可以按触点组的不同形式，同时换接、开断、接通多路电路。

（2）放大。例如，灵敏型继电器、中间继电器等，用一个很微小的控制量，可以控制很大功率的电路。

（3）综合信号。例如，当多个控制信号按规定的形式输入多绕组继电器时，经过比较综合，达到预定的控制效果。

（4）自动、遥控、监测。例如，自动装置上的继电器与其他电器一起，可以组成程序控制线路，从而实现自动化运行。

按工作原理或结构特征可将继电器分为如下几类。

（1）电磁继电器：利用输入信号在电磁铁铁芯与衔铁间产生的吸力作用而工作的一种电气继电器。

（2）固体继电器：指电子元件履行其功能而无机械运动构件的、输入输出隔离的一种继电器。

（3）温度继电器：当外界温度达到给定值时动作的继电器。

（4）舌簧继电器：利用密封在管内具有触电簧片和衔铁磁路双重作用的舌簧的动作来开、闭或转换线路的继电器。

（5）时间继电器：当加上或除去输入信号时，输出部分延时或限时闭合或断开其被控线路的继电器。

（6）高频继电器：用于切换高频、射频线路而具有最小损耗的继电器。

（7）极化继电器：由极化磁场与控制电流通过控制线圈所产生的磁场综合作用而动作的继电器。继电器的动作方向取决于控制线圈中流过的电流方向。

（8）其他类型的继电器：光继电器、声继电器、热继电器、仪表式继电器、霍尔效应继电器、差动继电器等。

热继电器能够提供过载保护，其结构及电路图形符号如图8-7所示。

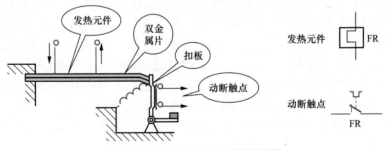

图 8-7　热继电器结构及电路图形符号

热继电器的发热元件接入电动机主电路，若长时间过载，双金属片被加热，双金属片下层金属膨胀系数大，使其向上弯曲，扣板被弹簧拉回使动断触点断开。动断触点一般串联在控制电路中。

7. 自动空气开关

自动空气开关又称自动空气断路器，简称自动开关，是常用的一种低压保护电器，当电路发生短路、严重过载及电压过低等故障时能自动切断电路。自动空气开关动作后不需要更换元件，电流值可随时整定，工作可靠，安装使用方便，其结构如图8-8所示。

自动空气开关工作中如果遇到过流情况，过流脱扣器会将脱钩顶开，断开电源；欠压时，欠压脱扣器会将脱钩顶开，断开电源。

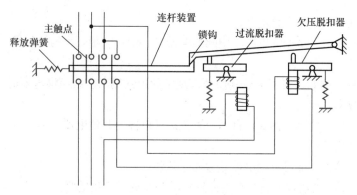

图 8-8　自动空气开关结构

8.1.2　继电接触控制电路的电气图

为了分析由接触器、继电器及按钮等组成的控制系统中各种电器的工作情况和控制原理，需用规定的图形和文字符号表示并画出继电接触控制系统的电路连接关系，即电气图。电气图可分为原理图、接线图和安装图。电气图中的各电气元件和电气设备都用国家统一规定的图形符号和文字符号表示。

电气图分为主电路和控制电路两部分。

主电路：从电源进线到电动机的大电流连接电路。

控制电路：对主电路中各电气元件和电气设备的工作情况进行控制、保护、监测等的小电流电路。

1. 绘制电气图原则

（1）主电路用粗实线绘制，控制电路用细实线绘制，主电路一般画于左侧（或上方），控制电路画于右侧（或下方），无论是主电路还是控制电路，各电气元件一般按动作顺序由上到下、从左到右依次排列。线路交叉处应标明有否电的连接，若电路相连（如十字交叉的节点），应在交叉处画一个圆点。

（2）原理图中，各种电动机、电器等电气元件必须用国家统一规定的图形符号和文字符号画出。

（3）图中电气元件的各部件根据便于阅读的原则"展开"在不同电路中，也就是说，同一电气元件的各部件可以不画在一起，但均以同一图形符号和文字符号表示。

（4）图中各电气元件的图形符号均以正常状态表示，所谓正常状态是指未通电或无外力作用时的状态。

（5）原理图按动作的先后自上而下、从左到右的顺序绘制，故识图时也需遵循此顺序。

2. 识图的方法和步骤

我们以三相绕线型异步电动机的起动控制电路（见图8-9）为例来介绍识图的方法和步骤，对主电路和控制电路两部分分别介绍。

主电路是一台三相绕线型异步电动机，转子绕组串有起动电阻R_1、R_2和R_3，它们分别由接触器KM_1、KM_2和KM_3主触点控制。定子绕组由接触器KM主触点控制。同时主电路还有熔断器FU及热继电器FR，分别用于短路和过载保护，接触器KM线圈本身又可用于失压保护，其起动过程需看控制电路。

控制电路共有4个接触器（KM、KM_1、KM_2、KM_3）和3个时间继电器（KT_1、KT_2、KT_3）

参与电路控制，请找出各接触器的主触点、辅助触点，分析它们分别处于什么回路和在电路中的作用。例如，接触器KM有一个主触点和两个动合辅助触点，其主触点用来控制电动机的起、停，一个动合辅助触点用于自锁，另一个动合辅助触点用于通断其下面的6个回路。同样找出时间继电器有几个延时触点，各处于什么回路，各起什么作用。例如，时间继电器KT_1的延时闭合动合触点位于接触器KM_1回路，其延时闭合的结果，保证了KM_1在KM后导通。有了总体了解后，就可以分析其控制过程。

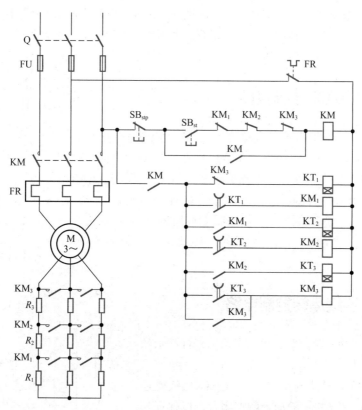

图 8-9　三相绕线型异步电动机的起动控制电路

合刀开关Q，按起动按钮SB_{st}，接触器线圈KM通电；主触点闭合，电动机在全电阻$R_1+R_2+R_3$下起动；动合辅助触点闭合实现自锁；另一个动合辅助触点闭合，接通它下面的6个回路，其中使时间继电器KT_1线圈通电。经一定延时，延时动合触点KT_1闭合，接触器KM_1线圈通电，它共有3个触点：主触点KM_1闭合，将起动电阻R_1切除，电动机转速升高；动断辅助触点KM_1断开，由于有KM触点自锁，故不影响运行情况；另一个动合辅助触点闭合，KT_2线圈导通。经一定延时，延时闭合动合触点KT_2闭合，KM_2线圈导通，它也有3个触点：主触点KM_2闭合，切除R_2起动电阻，使转速进一步升高；动断辅助触点KM_2断开，同样由于KM触点的自锁，不影响其运行情况；另一个动合辅助触点KM_2闭合，KT_3线圈导通。经一定延时后，延时闭合动合触点KT_3闭合，KM_3线圈导通，它有4个触点：主触点KM_3闭合，切除R_3起动电阻；动断辅助触点KM_3断开，同样由于有KM触点自锁，不影响运行情况；动断辅助触点KM_3断开，致使KT_1、KM_1、KT_2、KM_2线圈相继失电，此时尽管时间继电器KT_3的延时闭合动合触点KT_3复位，但由于动合辅助触点KM_3的自锁，KM_3线圈仍处于通电状态。至此，起动电阻R_1、R_2、R_3全部被切除，电动机起动完毕，进入正常运行。

三相异步电动机的继电接触控制电路

采用继电器、接触器等有触点电器对电动机或其他电气设备进行自动控制一般称为继电接触控制，如电动机的起动、停车、正反转、调速等。继电接触控制电路往往分为主电路和控制电路。主电路指从电源经刀开关、熔断器、接触器主触点到电动机的线路，主电路的电源线一般较粗。由操作按钮、接触器、继电器及自锁、联锁环节组成的电路为控制电路，控制电路使用的导线一般比较细。现在实际线路中刀开关和熔断器多用集二者功能于一体的空气开关取代。

本节主要介绍三相异步电动机的继电接触控制电路。

8.2.1 直接起动控制电路

直接起动即起动时把电动机直接接入电网，加上额定电压。一般来说，电动机的容量不大于直接供电变压器容量的20% ～ 30%时，都可以直接起动。直接起动控制电路如图8-10所示。按下按钮SB，接触器KM线圈通电，衔铁吸合，动合主触点接通，电动机定子接入三相电源起动运转。松开按钮SB，接触器KM线圈断电，衔铁松开，动合主触点断开，电动机因断电而停转。因此这种控制又叫点动控制。

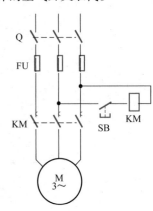

图 8-10　直接起动控制电路

8.2.2 连续运转控制电路

如果想让电动机连续运行，可以采取图8-11所示的连续运转控制方式。

起动过程：按下起动按钮SB₁，接触器KM线圈通电，与SB₁并联的KM的辅助动合触点闭合，以保证松开按钮SB₁后KM线圈持续通电，串联在电动机回路中的KM的主触点持续闭合，电动机连续运转，从而实现连续运转控制。

停止过程：按下停止按钮SB₂，接触器KM线圈断电，与SB₁并联的KM的辅助动合触点断开，以保证松开按钮SB₂后KM线圈持续失电，串联在电动机回路中的KM的主触点持续断开，电动机停转。

与SB₁并联的KM的辅助动合触点的这种作用称为自锁。该控制电路还可实现短路保护、过载保护和零压保护。

图 8-11　连续运转控制电路

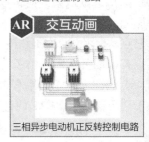

AR 交互动画

三相异步电动机正反转控制电路

8.2.3 三相异步电动机正反转控制电路

生产中许多机械设备往往要求运动部件能向正反两个方向运动，如机床工作台的前进与后退、起重机的上升与下降，这些生产机械要求电动机能实现正反转控制。改变通入电动机定子绕组的三相电源相序，即把接入电动机的三相电源进线中的任意两根对调，电动机可反转。

三相异步电动机
正反转控制电路

1. 接触器互锁的正反转控制电路

基本三相异步电动机正反转控制电路如图8-12所示。

主电路：接触器KM_1、KM_2分别闭合，完成换相实现电动机正反转。KM_1实现电动机正转，KM2实现电动机反转。KM_1、KM_2不能同时闭合，否则，会造成主电路两相短路。这种在同一时间两个接触器只允许一个工作的控制称为互锁或联锁。互锁是指一个继电器工作时另一个继电器不能同时工作，一般通过两个继电器各自的动断触点和另外一个继电器的线圈串联实现，反之亦然。

控制电路：控制电路实质是由两条并联的起动支路组成的，其中，SB_1为正向起动按钮，SB_2为反向起动按钮，KM_1与KM_2实现互锁。按下SB_1，KM_1线圈作用，KM_1动合触点闭合，另一条支路上的KM_1动断触点断开，电动机正转；同理按下SB_2时，电动机反转。图中SB_3为停车开关。

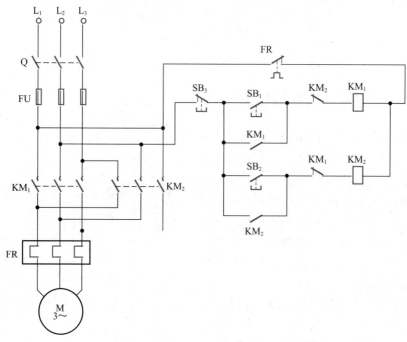

图 8-12　三相异步电动机正反转控制电路

该电路适用于需要向正反两个方向运动但不需要立即改变方向的重载机械设备，以减小换相对设备的机械冲击力和电动机绕组受到的反接电流冲击，起到保护设备、延长其使用寿命的作用。

2. 双重互锁的正反转控制电路

具有电气互锁和机械互锁的正反转控制电路如图8-13所示。SB_1与SB_2实现机械互锁，机械互锁就是通过机械部件实现互锁。SB_1与SB_2通过机械杠杆，使得一个开关合上时另一个开关被机械卡住无法合上。机械互锁可靠性高，但比较复杂，有时甚至无法实现，通常互锁的两个装置要在近邻位置安装。KM_1与KM_2实现电气互锁，电气互锁就是通过继电器、接触器的触点实现互锁。电气互锁比较容易实现、灵活简单，互锁的两个装置可在不同位置安装，但可靠性较差。通过机械互锁与电气互锁，控制电路形成更为保险的双重互锁。

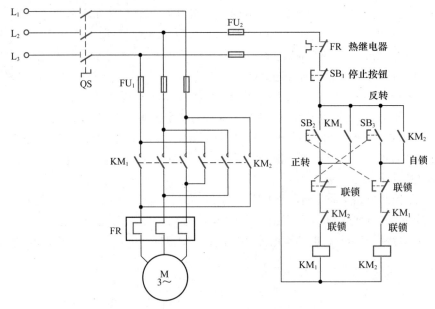

图 8-13　具有电气互锁和机械互锁的正反转控制电路

8.2.4　集中控制与分散控制

在现代生产中，往往将各种生产工艺过程按顺序连成一条流水生产线，完成从原料到成品加工的全过程，这就是生产自动线。在生产自动线上，需要一个总的控制机构，以便对自动线上各种机床实行集中控制。同时，各种机床自身也应可以分散控制，以便试车或者单独操作。这样就需要对各机床同时实现集中控制和分散控制，图 8-14 所示就是一个简单的集中控制与分散控制的线路（两地控制电路）。

工作原理：按下任一起动按钮 SB_{st1} 或 SB_{st2} 都使接触器 KM 线圈通电，接通主电路使电动机转动。同样按下任一停止按钮 SB_{stp1} 或 SB_{stp2} 都可以控制接触器线圈断电，停止主电路工作。其中 SB_{st1} 与 SB_{st2} 分别表示甲、乙两地的起动按钮，SB_{stp1} 与 SB_{stp2} 分别表示甲、乙两地的停止按钮。要实现多地控制，其接线原则是所有起动按钮并联，所有停止按钮串联。

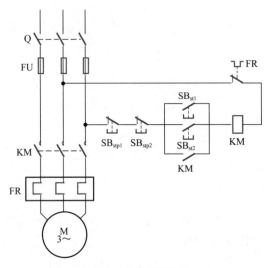

图 8-14　两地控制电路

8.2.5　典型控制环节

在生产的自动控制过程中，随着工艺过程的进展，必然有一些物理量的变化，如位置、时间、速度等的变化。典型控制环节就是根据这些物理量的变化来实现电动机控制的电路，分为行程控制、时间控制和速度控制。

1. 行程控制

所谓行程控制，就是根据生产机械运动部件的位置或行程距离来进行控制。例如，起重机械和某种机床的直线运动部件，当到达边缘位置时，就被要求自动停止或往复运动。

行程开关也称为位置开关，它的结构及原理与按钮相似，图 8-15 所示为行程开关的结构示意和电路图形符号。

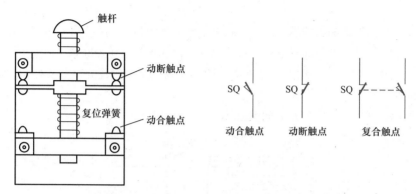

图 8-15　行程开关结构示意和电路图形符号

行程控制如图 8-16 所示。生产机械的运动部件到达预定的位置时触动行程开关（SQ）的触杆，动断触点断开，接触器线圈断电，使电动机断电而停止运行。其中行程开关 SQ 也称为限位开关或行程开关。

行程往返控制如图 8-17 所示，按下正向起动按钮 SB_1，电动机正向起动运行，带动工作台向前运动。当运行到 SQ_2 位置时，挡块压下 SQ_2，接触器 KM_1 断电释放，KM_2 通电吸合，电动机反向起动运行，使工作台后退。工作台退到 SQ_1 位置时，挡块压下 SQ_1，KM_2 断电释放，KM_1 通电吸合，电动机又正向起动运行，工作台又向前进，如此一直循环下去，直到需要停止时按下 SB_3，KM_1 和 KM_2 线圈同时断电释放，电动机脱离电源停止转动。实际上行程往返控制就是用行程开关控制的电动机正反转控制。

行程往返控制

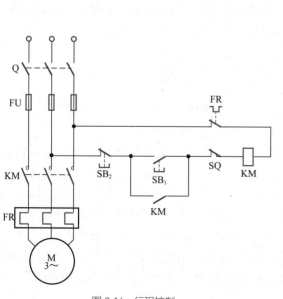

图 8-16　行程控制

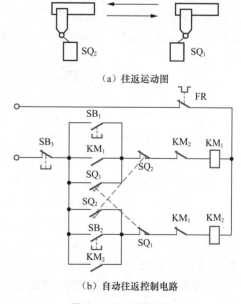

（a）往返运动图

（b）自动往返控制电路

图 8-17　行程往返控制

这里 SB_1、SB_2 分别作为正转起动按钮和反转起动按钮，若起动时工作台在左端，则应按下 SB_2 进行起动。

2. 时间控制

时间控制，就是按时间实现某种控制。例如，三相异步电动机的 Y－△ 换接起动，开始起动时，电动机的定子绕组接成星形，过一段时间，即起动完毕后，将定子绕组换接成三角形运行，这就是时间控制。

实现时间控制的电器为时间继电器。时间继电器的种类较多，有空气阻尼式、电子式、钟表机械式等，但不管是哪一类时间继电器，都是在继电器线圈得电（或断电）后延迟一段时间，它的延时触点才动作。通过延时触点接通（或断开）控制电路中的部分电路来控制主电路负载工作，实现时间控制。

图 8-18 所示为通电延时空气式时间继电器。

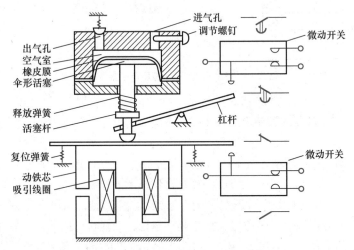

图 8-18　通电延时空气式时间继电器

时间继电器的触点图形符号掌握的重点是触点的半圆符号的开口指向，遵循的原则是，半圆开口方向是触点延时动作的指向。图 8-19 所示是通电延时的各种触点的图形符号。图 8-20 所示是断电延时的各种触点的图形符号。时间继电器的文字符号是 KT。

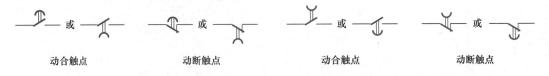

| 动合触点 | 动断触点 | 动合触点 | 动断触点 |

图 8-19　通电延时的各种触点的图形符号　　　　图 8-20　断电延时的各种触点的图形符号

三相异步电动机 Y－△ 降压起动控制电路如图 8-21 所示。按下起动按钮 SB_1，时间继电器 KT 和接触器 KM_2 同时通电吸合，KM_2 的动合主触点闭合，把定子绕组连接成星形，其动合辅助触点闭合，接通接触器 KM_1。KM_1 的动合主触点闭合，将定子接入电源，电动机在星形连接下起动。KM_1 的一对动合辅助触点闭合，进行自锁。经一定延时，KT 的动断触点断开，KM_2 断电复位，接触器 KM_3 通电吸合。KM_3 的动合主触点将定子绕组接成三角形，使电动机在额定电压下正常运行。与按钮 SB_1 串联的 KM_3 的动断辅助触点的作用是，当电动机正常运行时，该动断触点断开，切断了 KT、KM_2 的通路，即使误按 SB_1，KT 和 KM_2 也不会通电，保证电路正常运行。若要停机，则按下停止按钮SB₃，接触器KM₁、KM₃同时断电释放，电动机脱离电源停止转动。

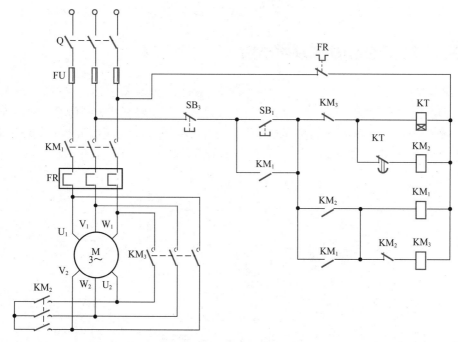

图 8-21　Y–△降压起动控制电路

3. 速度控制

速度控制，就是按转速的高低来实现某种控制。例如，电动机要反接制动，必须要在转速接近零时使电源断开，否则电动机就会反方向起动。

要实现速度控制，就需要一种能反映速度变化的电器，在速度变化到一定值时，接通或断开控制电路。这类电器常用的有速度继电器、测速发电机以及电子速度检测装置等。下面介绍速度继电器工作原理。

速度继电器主要由转子、外环和触点组成。转子由永久磁铁制成，外环内圆表面有和笼型绕组相似的绕组，外环可以转动一定的角度。

当速度继电器的永久磁铁由电动机带动旋转时，在笼型绕组上感应出电动势，产生感应电流，此电流与永久磁铁相互作用产生一电磁力，使外环转动一个角度。转动的方向由永久磁铁的旋转方向决定。外环转动一个角度后，固定在外环上的顶块也跟着转动并拨动触点使之动作，使动断触点断开、动合触点闭合，接通或断开控制电路，实现速度控制。当电动机速度很慢或为零时，顶块无力拨动触点，速度继电器触点自动复位。

8.3　可编程控制器

早期的可编程控制器（programmable logic controller，PLC）主要用来代替继电器实现逻辑控制，以满足现代化生产过程复杂多变的控制要求。随着技术的发展，其功能已经大大超过了逻辑控制的范围，PLC实质是一种专门用于工业控制的计算机。

PLC依据I/O点数的多少可分为小型（小于128点）、中型（128～1024点）和大型（大于

1024点）3类。大型PLC的软、硬件功能极强，具有自诊断和通信联网功能，可以构成三级通信网实现工厂生产管理自动化，还可以采用"三CPU"构成表决式系统，使机器的可靠性更高。

8.3.1 PLC 的组成和基本结构

PLC结构如图8-22所示，主要包括中央处理器（central processing unit，CPU）、电源、存储器和输入输出接口等。PLC可看作一个系统，外部的各种开关信号或模拟信号均为输入量，它们经输入接口寄存到PLC内部的数据存储器中，而后按用户程序要求进行逻辑运算和数据处理，最后以输出变量的形式被送到输出接口，从而控制输出设备。

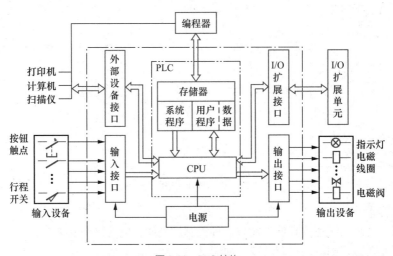

图 8-22　PLC 结构

1. CPU

CPU一般由控制器、运算器和寄存器组成。CPU通过地址总线、数据总线、控制总线与存储单元、输入输出接口、通信接口、扩展接口相连。CPU是PLC的控制中枢，它按照PLC系统程序赋予的功能接收并存储从编程器输入的用户程序和数据，检查电源、存储器、I/O以及警戒定时器的状态，并能诊断用户程序中的语法错误。

为进一步提高PLC的可靠性，大型PLC采用"双CPU"构成冗余系统，或采用"三CPU"构成表决式系统，即使某个CPU出现故障，整个系统仍能正常运行。

2. 存储器

PLC的存储器包括系统存储器和用户存储器两种。系统存储器用于存放PLC的系统程序，由厂家固化，用户不能修改。用户存储器用于存放PLC的用户程序及各种暂存数据和中间结果。现在的PLC一般采用E2PROM来作为系统存储器和用户存储器。

3. 输入输出接口

PLC的输入接口的作用是将按钮、行程开关、各种继电器触点或传感器等产生的信号输入CPU。

PLC的输出接口的作用是将CPU向外输出的信号转换成可以驱动外部执行元件的信号，去驱动输出设备（如继电器、接触器、电磁阀、指示灯等），通常有继电器输出型、晶体管输出型和晶闸管输出型3种。PLC的输入输出接口一般采用光电耦合隔离技术，可以有效地保护内部电路，提高 PLC 的可靠性。

PLC 的 I/O 扩展接口的作用是将 I/O 扩展单元和功能模块与基本单元相连，使 PLC 的配置更加灵活，以满足不同控制系统的需求；外部设备接口的功能是和监视器、打印机、其他的 PLC 或是计算机相连，从而实现"人-机"或"机-机"对话。通信模块包括以太网、RS-485、Profibus-DP 等。

4. 电源

PLC 一般使用 220V 交流电源或 24V 直流电源，内部的开关电源为 PLC 的 CPU、存储器等电路提供 5V、12V、24V 直流电源，使 PLC 能正常工作。

8.3.2　PLC 的工作方式

当 PLC 投入运行时，其工作过程一般分为 3 个阶段：输入采样、用户程序执行、输出刷新。完成上述 3 个阶段称为一个扫描周期。在整个运行期间，PLC 的 CPU 以一定的扫描速度重复上述 3 个阶段。

1. 输入采样阶段

在输入采样阶段，PLC 以扫描方式依次读入所有输入状态和数据，并将它们存入 I/O 映像区中的相应单元。输入采样结束后，转入用户程序执行和输出刷新阶段。在这两个阶段中，即使输入状态和数据发生变化，I/O 映像区中的相应单元的状态和数据也不会改变。因此，如果输入是脉冲信号，则该脉冲信号的宽度必须大于一个扫描周期，才能保证在任何情况下该输入均能被读入。

2. 用户程序执行阶段

在用户程序执行阶段，PLC 总是按由上而下的顺序依次扫描用户程序（梯形图）。在扫描每一条梯形图时，又总是先扫描梯形图左边的由各触点构成的控制线路，并按先左后右、先上后下的顺序对由触点构成的控制线路进行逻辑运算，然后根据逻辑运算的结果，刷新该逻辑线圈在系统 RAM 中对应位的状态，或者刷新该输出线圈在 I/O 映像区中对应位的状态，或者确定是否要执行该梯形图所规定的特殊功能指令。即在用户程序执行过程中，只有输入点在 I/O 映像区内的状态和数据不会发生变化，而其他输出点和软设备在 I/O 映像区或系统 RAM 内的状态和数据都有可能发生变化，而且排在上面的梯形图，其程序执行结果会对排在下面的、用到这些线圈或数据的梯形图起作用；相反，排在下面的梯形图，其被刷新的逻辑线圈的状态或数据只有到下一个扫描周期才能对排在其上面的程序起作用。在程序执行的过程中，如果使用立即 I/O 指令则可以直接存取 I/O 点。即使用 I/O 指令，输入过程影像寄存器的值也不会被更新，程序直接从 I/O 模块取值，输出过程影像寄存器会被立即更新，这与立即输入有些区别。

3. 输出刷新阶段

在扫描用户程序结束后，PLC 就进入输出刷新阶段。在此期间，CPU 按照 I/O 映像区内对应的状态和数据刷新所有的输出锁存电路，再经输出电路驱动相应的外设。这才是 PLC 的真正输出。

8.3.3　PLC 的程序表达与编制

PLC 的程序语言要满足易于编写、易于调试的要求，目前还没有一种对各厂家产品都能兼容的PLC编程语言。国际标准IEC 61131-3规范了PLC相关软件、硬件标准，主要提供了5种PLC程序设计语言，介绍如下。

1. 梯形图语言

梯形图语言（ladder programming，LAD）用图形符号来描述程序，采用因果关系来描述事件发生的条件和结果，沿用了原电气控制系统中的继电接触控制电路图的形式。二者思路相同，只是使用的符号和表达方式有所区别，因此受到电气技术人员欢迎并被广泛采用。

梯形图从上至下按行编写，如图8-23（a）所示，每一行则按从左至右的顺序编写。梯形图的左侧竖直线称为母线（源母线），从母线向右安排输入触点（有若干个触点相并联的支路应安排在左端）和辅助继电器触点（运算中间结果），梯形图的最右边必须是输出元素。

梯形图中的输入触点只有两种：动合触点⊢⊢和动断触点⊬，这些触点可以是PLC的外接开关对应的内部映像触点，也可以是PLC内部继电器触点，或是内部定时、计数器的触点。每一个触点都有自己特殊的编号，以示区别。同一编号的触点可以有动合和动断两种状态，使用次数不限。因为梯形图中使用的"继电器"对应PLC内的存储区某字节或某位，所用的触点对应于该位的状态，可以反复读取，故称PLC有无限对"软触点"。梯形图中的触点可以任意地串联、并联。

梯形图中的输出线圈对应PLC内存的相应位，输出线圈包括输出继电器线圈、辅助继电器线圈以及计数器、定时器线圈等，只有线圈接通后，对应的触点才可能发生逻辑动作。用户程序运算结果可以立即为后续程序所利用。

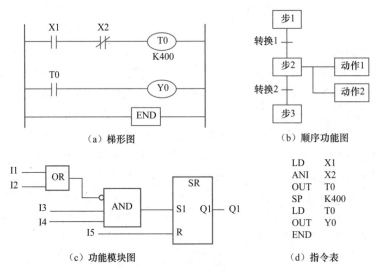

图 8-23　PLC 程序设计语言编写示例

2. 顺序功能图

顺序功能图（sequential function chart，SFC）常用来编制顺序控制程序，包括步、动作、转换3个要素。顺序功能图法可以将一个复杂的控制过程分解为一些小的工作状态，对这些小状态的功能依次处理后再把这些小状态依一定顺序控制要求连接成整个控制程序，如图8-23（b）所示。

顺序功能图具有图形表达方式，能较简单和清楚地描述并发系统和复杂系统的所有现象，并能对系统中存在的死锁、不安全等反常现象进行分析和建模，在模型的基础上能直接编程，所以得到广泛应用。一些新推出的PLC和小型集散控制系统中也已提供了采用顺序功能图进行编程的软件。

3. 功能模块图

功能模块图（function block diagram，FBD）程序设计语言采用功能模块软连接的方式来完成所需的控制运算或控制功能。每个功能模块有若干个输入端和输出端，用类似数字电路中"与"门和"或"门的功能模块来表示逻辑运算关系，左侧为逻辑运算的输入变量，右侧为输出变量，输入端、输出端的小圆圈表示"非"运算，信号自左向右流动，类似于电路，功能模块被"导线"连接在一起，如图8-23（c）所示。由于采用软连接的方式进行功能模块之间及功能模块与外部端子的连接，因此控制方案的更改、信号连接的替换等操作可以很方便地实现。

4. 结构化文本

结构化文本（structured text，ST）程序设计语言用结构化的描述语句来描述程序的功能或操作，类似于PASCAL与C语言，适合撰写较复杂的算法，除错上也比阶梯图要容易得多，可利用与PC相同的程序设计技术进行阶梯图难以执行的复杂计算，完成程序的建立。在大中型的PLC系统中，常采用ST程序设计语言来描述控制系统中各个变量之间的关系，也被用于集散控制系统的编程和组态。大多数制造厂商采用的ST程序设计语言与高级程序语言相类似，为应用方便在语句的表达方法及语句的种类等方面进行了简化。

5. 指令表

指令表（instruction list，IL 或 statement list，SL）是一种用指令助记符来编制PLC程序的语言，类似汇编语言的描述文字，如图8-23（d）所示。指令表由指令语句构成，如Mitsubishi FX2的控制指令LD、LDI、AND、ANI、OR、ORI、ANB、ORB、MPP、MPS与OUT等，一般配合书写器写入程序。书写器只能输入简单的指令，可读性差，其优点是不需要计算机就可以更改或察看PLC内部程序。表8-1展示了Mitsubishi FX2的PLC部分常用指令表。

表8-1　Mitsubishi FX2 的 PLC 部分常用指令表

基本指令	功能	例（梯形图表示）	指令表达
LD（取）	接母线的动合触点	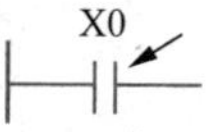 X0	LD X0
LDI（取反）	接母线的动断触点	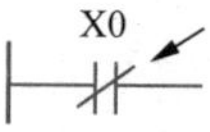 X0	LDI X0
AND（与）	串联触点（动合触点）	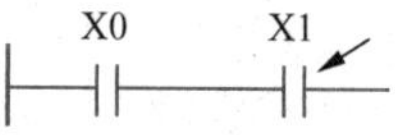 X0　　X1	LD X0 AND X1
ANI（与反）	串联触点（动断触点）	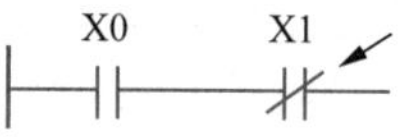 X0　　X1	LD X0 ANI X1
OR（或）	并联触点（动合触点）	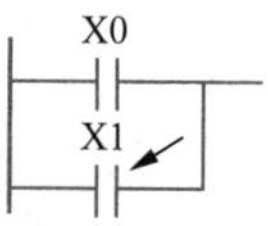 X0 / X1	LD X0 OR X1

基本指令	功能	例（梯形图表示）	指令表达
ORI（或反）	并联触点（动断触点）	X0 / X1	LD X0 ORI X1
LDP（取脉冲）	母线开始，上升沿检测	X0	LDP X0
ANDP（与脉冲）	串联触点，上升沿检测	X0 X1	LD X0 ANDP X1
ORP（或脉冲）	并联触点，上升沿检测	X0 / X1	LD X0 ORP X1
LDF（取脉冲）	母线开始，下降沿检测	X0	LDF X0
ANDF（与脉冲）	串联触点，下降沿检测	X0 X1	LD X0 ANDF X1
ORF（或脉冲）	并联触点，下降沿检测	X0 / X1	LD X0 ORF X1
ANB（块与）	块串联	X0 X1 / X2 X3	LD X0 OR X2 LD X1 OR X3 ANB
ORB（块或）	块并联	X0 X1 / X2 X3	LD X0 AND X1 LD X2 AND X3 ORB
MPS（进栈）	将前面已运算的结果存储	X0 X1 Y0 / MPS X2 Y1 / MRD X3 Y2 / MPP	LD X0 MPS AND X1 OUT Y0 MRD ANI X2 OUT Y1 MPP AND X3 OUT Y2
MRD（读栈）	将已存储的运算结果读出		
MPP（出栈）	将已存储的运算结果读出并退出栈运算		
OUT（输出）	驱动执行元件	X0 Y0	LD X0 OUT Y0
INV（取反）	运算结果反转	X0 Y0	LD X0 INV OUT Y0

续表

基本指令	功能	例（梯形图表示）	指令表达
SET（置位）	接通执行元件并保持	X0 —||— [SET | Y0]	LD X0 SET Y0
RST（复位）	消除元件的置位	X0 —||— [RST | Y0]	LD X0 RST Y0
PLS（输出脉冲）	上升沿输出（只接通一个扫描周期）	X0 —||— [PLS | Y0]	LD X0 PLS Y0
PLF（输出脉冲）	下降沿输出（只接通一个扫描周期）	X0 —||— [PLF | Y0]	LD X0 PLF Y0
MC（主控）	设置母线主控开关	X0 —||— [MC | N0 | M100] N0—M100 X10 —||— ⋮ [MCR | N0]	LD X0 MC N0 M100 LD X10 MCR N0
MCR（主控复位）	母线主控开关解除		
END（结束）	程序结束并返回0步	X0 —||—(Y0) [END]	0 LD X0 1 OUT Y0 2 END

　　需要说明的是，不同厂家生产的PLC所使用的助记符各不相同，因此根据同一梯形图写成的指令表也不相同。用户在将梯形图转换为指令表时，必须先确认PLC的型号及内部各器件编号、使用范围和每一条助记符的使用方法。

　　一些高档的PLC还支持与计算机兼容的C语言、BASIC语言、专用的高级语言，以及布尔逻辑语言、汇编语言等。PLC的用户程序是根据控制要求利用 PLC 厂家提供的程序设计语言编写的，一个功能程序可能是多种形式组合完成的。

8.3.4 PLC 的设计过程

　　PLC作为一种新型的工业控制器，通用和扩展性能良好、运算指令丰富，体积小、安装灵活、价格低廉、可靠性高、抗干扰能力强，易于实现机电一体化且非常适合在较恶劣的环境条件下使用。其在实际系统中的使用和设计过程如下。

　　（1）分析控制系统的控制要求。熟悉被控对象的工艺要求，确定必须完成的动作及动作完成的顺序，归纳出顺序功能图。

　　（2）选择适当类型的PLC。根据生产工艺要求，确定I/O点数和I/O点的类型（数字量、模拟量等），并列出I/O点清单。进行内存容量的估计，适当留有余量。根据经验，对于一般开关控制系统，用户程序所需存储器的容量等于I/O总数乘以8；对于只有模拟量输入的控制系统，每路模拟量需要100个存储器字；对于既有模拟量输入又有模拟量输出的控制系统，每路模拟量需要200个存储器字。确定机型时，还要结合市场情况，考察PLC生产厂家的产品及其售后服务、技术支持、网络通信等综合情况，选定性能价格比好一些的PLC机型。

（3）硬件设计。根据所选用的PLC产品，了解其使用性能。按随产品提供的资料，结合实际需求，同时考虑软件编程的情况进行外电路的设计，绘制电气控制系统原理接线图。

（4）软件设计。软件设计的主要任务是根据控制系统要求将顺序功能图转换为梯形图，在程序设计的时候最好将使用的软元件（如内部继电器、定时器、计数器等）列表标明用途，以便于程序设计、调试和系统运行维护、检修时查阅。将设计好的程序下载到PLC主单元中。由外接信号源加入测试信号，可用按钮或小开关模拟输入信号，用指示灯模拟负载，通过各种指示灯的亮暗情况了解程序运行的情况，观察输入输出之间的变化关系及逻辑状态是否符合设计要求，并及时修改和调整程序，直到满足设计要求。

（5）现场调试。在模拟调试合格的前提下，将PLC与现场设备连接。现场调试前要全面检查整个PLC控制系统，包括电源、接地线、设备连接线、I/O连线等，在保证整个硬件连接正确无误的情况下才可送电。将PLC的工作方式置为"RUN"，反复调试，消除可能出现的问题。在试运行一定时间且系统正常后，可将程序固化在具有长久记忆功能的存储器中，做好备份。

8.4 拓展阅读与实践应用：搬运机械手的 PLC 控制

图8-24所示的机械手是工业自动化领域常见的一种控制对象，广泛地应用于搬运、锻压、冲压、锻造、焊接、装配、机加、喷漆、热处理等。机械手的控制面板如图8-25所示。图8-26所示为机械手循环动作过程。

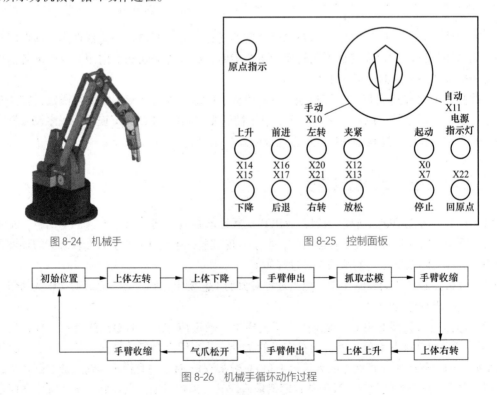

图 8-24　机械手　　　　　　　　　图 8-25　控制面板

图 8-26　机械手循环动作过程

按下"起动"按钮，机械手开始工作，首先选择"手动"挡位或"自动"挡位，随后开始运行。当选择"自动"挡位时，说明如下。

（1）从原点开始，立柱向左旋转90°，到达左限位开关时停止；

（2）立柱垂直向下运动，到达下限位开关停止；

（3）手臂气缸伸出，到达前进限位开关停止；

（4）气爪抓紧工件；

（5）手臂气缸收缩，到达后退限位开关停止；

（6）立柱垂直向上运动，到达上限位开关停止；

（7）立柱向右旋转180°，到达右限位开关停止；

（8）手臂气缸伸出，到达前进限位开关停止；

（9）气爪松开工件；

（10）手臂气缸收缩，到达后退限位开关停止；

（11）立柱向左旋转90°回到原点，原点指示灯亮。

当按下"停止"按钮时，运行立即停止，再次按"起动"按钮，机械手先归位，然后从头开始运动。当选择"手动"挡位时，可按下任何按钮进行操作，直到运动至限位开关为止。

确定输入的PLC控制信号并分配给相应的输入端号，如表8-2所示，确定输出信号由PLC送到被控对象并分配相应的输出端号，如表8-3所示。此外，对用到的PLC内部的计数器、定时器等进行分配。根据系统I/O点的数目，选用FX2N系列PLC。PLC梯形图如图8-27所示。

表8-2 输入点分配表

名称	代号	输入	名称	代号	输入
起动	SB1	X0	手爪夹紧	SB3	X12
右转限位	SQ1	X1	手爪张开	SB4	X13
左转限位	SQ2	X2	上升	SB5	X14
上升限位	SQ3	X3	下降	SB6	X15
下降限位	SQ4	X4	手臂前进	SB7	X16
手臂前进限位	SQ5	X5	手臂后退	SB8	X17
手臂后退限位	SQ6	X6	左转	SB9	X20
停止	SB2	X7	右转	SB10	X21
手动	1SA	X10	回原点	SB11	X22
自动	2SA	X11	原点限位	SQ7	X23

表8-3 输出点分配表

名称	代号	输出	名称	代号	输出
丝杠上升		Y1	气爪夹紧电磁阀	2YA	Y6
丝杠下降		Y2	手臂前进电磁阀	3YA	Y7
平台左转		Y3	手臂退后电磁阀	4YA	Y10
平台右转		Y4	原点指示灯		Y11
气爪松开电磁阀	1YA	Y5			

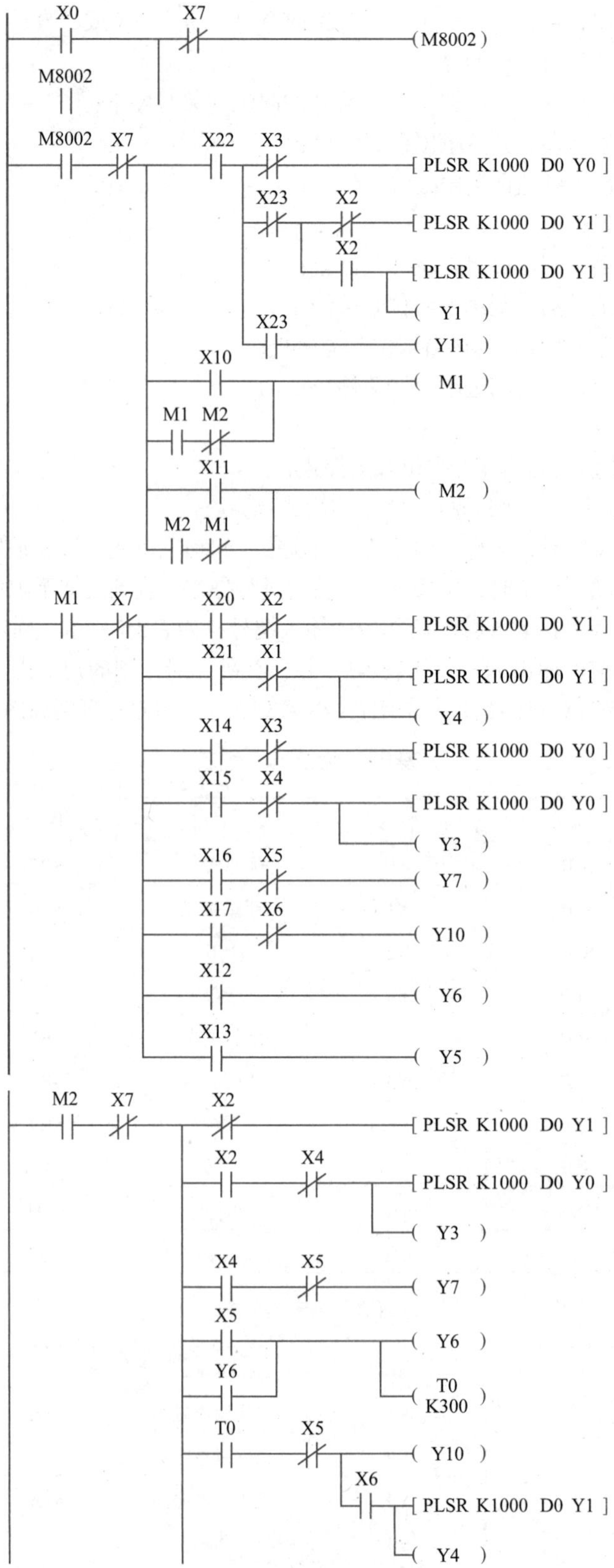
X0
X7
M8002
M8002
M8002
X7
X22
X3
PLSR K1000 D0 Y0
X23
X2
PLSR K1000 D0 Y1
X2
PLSR K1000 D0 Y1
Y1
X23
Y11
X10
M1
M1 M2
X11
M2
M2 M1
M1
X7
X20
X2
PLSR K1000 D0 Y1
X21
X1
PLSR K1000 D0 Y1
Y4
X14
X3
PLSR K1000 D0 Y0
X15
X4
PLSR K1000 D0 Y0
Y3
X16
X5
Y7
X17
X6
Y10
X12
Y6
X13
Y5
M2
X7
X2
PLSR K1000 D0 Y1
X2
X4
PLSR K1000 D0 Y0
Y3
X4
X5
Y7
X5
Y6
Y6
T0
K300
T0
X5
Y10
X6
PLSR K1000 D0 Y1
Y4

图 8-27 PLC 梯形图

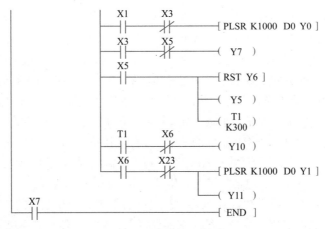

图 8-27 PLC 梯形图（续）

采用 PLC 控制机械手可以实现手动调整、手动及自动控制，系统结构紧凑、工作可靠、有较高的灵活性。当机械手工作流程改变时，只要对 I/O 点的接线进行修改或重新分配，在控制程序中相应修改、补充扩展即可。通过重新编制相应的控制程序，也比较容易推广到其他类似的加工场景。

📝 本章小结

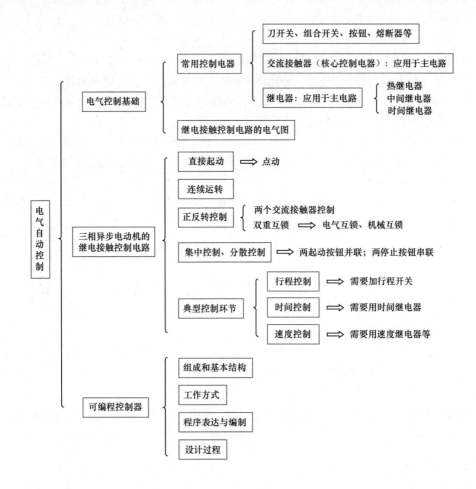

本章介绍了部分常用低压控制电器，重点讲解了继电接触器控制电路的基本控制规律，包括基本电气图的绘制、设计基本电气图的注意事项、识图的方法与步骤。

连续转动控制中初步引入自锁的概念：用动合触点控制继电器的线圈，能在点动后继续工作。控制电路通过互锁的方式实现电动机的正反转控制。互锁是继电器A的动断触点控制继电器B的线圈，A工作，B不能工作，反之亦然，这要通过两个继电器各自的动断触点和另外一个继电器的线圈串联实现。本节主要学习了两种互锁电路：电气互锁与机械互锁。

联锁控制实质是电动机之间相互制约的控制，实际应用范围广泛。集中控制与分散控制的接线原则：所有起动按钮并联，所有停止按钮串联。行程控制、时间控制、速度控制根本上就是对行程开关、时间继电器、速度继电器的灵活运用，三者的原理十分重要。

可编程控制器（PLC）是微型计算机技术和继电器常规控制相结合的产物，是一种以CPU为核心、用于数字控制的专用计算机系统。它不仅可以代替继电器控制系统、提高系统可靠性，还具有运算、计数、计时等功能。PLC为积木式硬件结构加上模块化软件设计，改变软件即可改变控制器的功能，而且其编制方法容易掌握，程序结构简单直观。

📝 习题 8

▶ 电气控制基础

8-1. 分析题8-1图所示控制电路，当接通电源后其控制作用正确的是（　　　）。

A. 按 SB_2，接触器KM通电动作，按 SB_1，KM断电恢复常态

B. 按 SB_2，KM通电动作，松开 SB_2，KM即断电

C. 按 SB_2，KM通电动作，按 SB_1，不能使KM断电恢复常态，除非切断电源

8-2. 试画出三相异步电动机单方向连续运行的控制电路和主电路。要求电路中有短路和过载保护，并注明图中的文字符号所代表的元器件名称。

8-3. 题8-3图所示电路为某控制电路的一部分，其中时间继电器KT的动作时间整定为7s，ST为行程开关。试说明按下起动按钮 SB_1 后接触器 KM_1 何时通电动作，何时断电恢复常态。

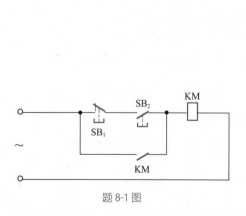

题 8-1 图

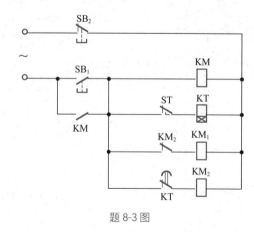

题 8-3 图

8-4. 试说明题8-4图所示电路的功能和触点 KT_1、KT_2 的作用。若电动机的额定电流为20A，应选择多大电流的熔断器FU？

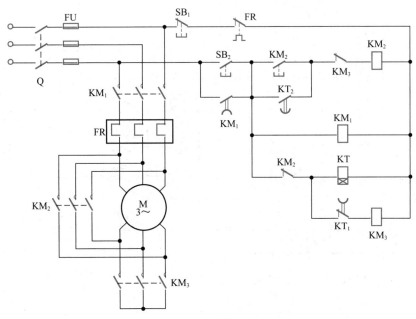

题 8-4 图

▶ 三相异步电动机的继电接触控制电路

8-5. 题8-5图所示为电动机M_1和M_2的联锁控制电路。试说明M_1和M_2之间的联锁关系，并判断电动机M_1可否单独运行，M_1过载后M_2能否继续运行。

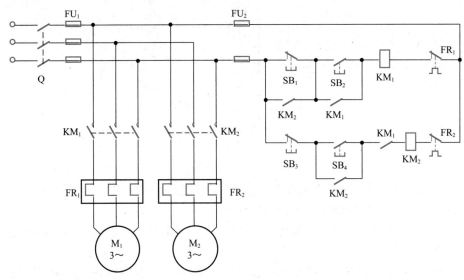

题 8-5 图

8-6. 请分析题8-6图所示电路的控制功能，并说明电路的工作过程。

8-7. 试画出控制三相异步电动机正反转的主电路和控制电路。控制要求：（1）电路具有短路过载保护；（2）改变转向时不需先按停止按钮。

8-8. 题8-8图所示为三相异步电动机Y-△起动控制电路。请画出其主电路，并指明此电路具有哪些保护环节，各用哪些电器实现。

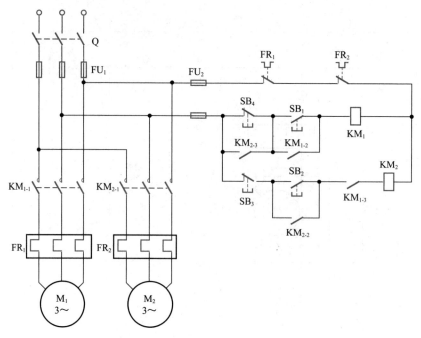

题 8-6 图

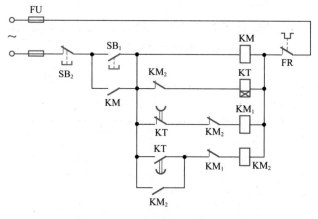

题 8-8 图

8-9. 试画出三相异步电动机既能单方向连续运转又能点动的控制电路（不用画主电路），要求控制电路中具有短路和过载保护，并说明如何操作。

8-10. 试画出能在两个不同地点起动和停转电动机的主电路和控制电路，并使其具有短路及过载保护功能。

8-11. 用两台异步电动机升降和搬运货物的吊车控制电路如题 8-11 图所示。M_1 是用于升降控制的电动机，M_2 是用于前后搬运的电动机。试说明：（1）其升降控制工作过程；（2）KM_{4-2} 在电路中的作用；（3）SB_3 的名称及动合、动断触点的动作顺序。

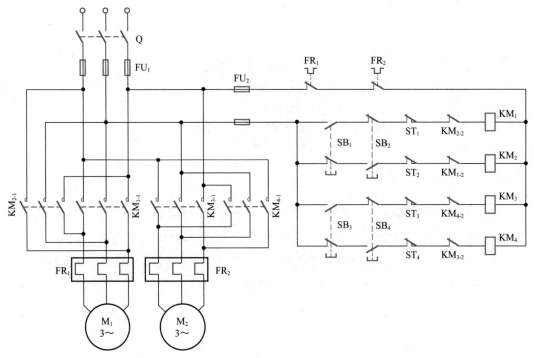

题 8-11 图

第 **9** 章

供电知识与安全用电

本章以对交流电、直流电、高压电、低压电等生产用电和生活用电的电气安全问题的研究为基础，介绍安全用电这一门通用技术，它对企业、单位、家庭、个人、社会、国家的发展都有着重要的意义。为了做到安全用电，需要我们研究各种电气事故发生的机理、原因、特点和预防措施。

学习目标

- 深刻理解电力系统的组成和常见的供配电形式。
- 深刻理解触电类型及触电机理，并了解电流对人体的伤害。
- 熟练掌握防止触电的安全措施与注意事项。
- 深刻了解触电的状况，并掌握急救和脱离电源的方法。
- 深刻了解电器产品的防静电知识。
- 深刻了解并掌握防雷电破坏措施。

9.1　供电系统介绍

电力是现代工业的主要动力，在各行各业中都得到了广泛应用。这里我们先来了解供配电基础知识、常见供配电形式和家庭用电布线。

9.1.1　供配电基础知识

1. 电力系统

将发电厂、电力网和电力用户联系起来的发电、输电、变电、配电和用电的统一整体称为电力系统。图 9-1 所示为电能输送流程。发电厂又称发电站，是将自然界蕴藏的各种一次能源转换为电能（二次能源）的工厂。发电厂有多种发电途径，靠火力发电的称为火力发电厂，靠水力发电的称为水力发电厂，还有靠风力、沼气、太阳能、核能等发电的发电厂。将发电厂生产的电能传输和分配到用户的输配电系统，称为电力网，简称电网，包括变电所、配电所及各种电压等级的电力线路。电力用户也称电力负荷。在电力系统中，一切消费电能的用电设备均为电力用户。

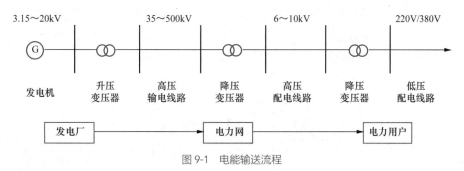

图 9-1　电能输送流程

2. 电压等级

电压等级是电力系统及电力设备的额定电压级别系列。额定电压是电力系统及电力设备规定的正常电压，即与电力系统及电力设备某些运行特性有关的标称电压。电力系统各点的实际运行电压允许在一定程度上偏离其额定电压，在这一允许偏离范围内，各种电力设备及电力系统本身仍然能正常运行。电压等级一般划分为安全电压（通常 36V 以下）、低压（又分 220V 和 380V）、高压（10kV ~ 220kV）、超高压（330kV ~ 750kV）、特高压（1000kV 交流、± 800kV 直流以上）。

我国对电压等级也有自己的划分方法。我国电力网的电压等级主要有 220V、380V、3kV、6kV、10kV、35kV、110kV、220kV、330kV、550kV，最高交流电压等级是 1000kV。35kV 以上的电压线路称为送电线路；35kV 及其以下的电压线路称为配电线路。电网电压在 1kV 及以上的电压称为"高电压"，1kV 以下电压称为"低电压"，而 100V 以下为安全电压。我国规定安全电压为 42V、36V、24V、12V、6V。

3. 电力负荷分级及供电要求

一级负荷为中断供电将造成人身伤亡，或中断供电将在政治、经济上造成重大损失，以及中断供电将影响有重大政治、经济意义的用电单位的正常工作的负荷。例如，重大设备损坏，重大产品报废，国民经济中重点企业的连续生产过程被打乱需要长时间才能恢复。在一级负荷中，中断供电将造成中毒、爆炸和火灾等情况的负荷，以及特别重要场所的不允许中断供电的负荷，视为特别重要的负荷。二级负荷为中断供电将在政治、经济上造成较大损失，或中断供电将影响重要用电单位的正常工作的负荷。例如，交通枢纽、通信枢纽等用电单位中的重要电力负荷，大型影剧院、大型商场等较多人员集中的重要公共场所的电力负荷。不属于一级和二级负荷者为三级负荷。

一级负荷要求由两个电源供电，当一个电源发生故障时，另一个电源应不致同时受到损坏。对一级负荷中特别重要的负荷，除要求有上述两个电源外，还要求增设应急电源。常用的应急电源有独立于正常电源的发电机组、干电池和蓄电池，或供电系统中有效地独立于正常电源的专门供电线路。二级负荷要求做到当发生电力变压器故障时不致中断供电，或中断后能迅速恢复供电。通常要求两回路供电，一用一备，或一条高压专用线，供电变压器也应有两台。三级负荷对供电电源无特殊要求。

9.1.2　常见供配电形式

电能进入工厂后，还要进行变电（变换电压）和配电（分配电能）。变电所的任务是受电、变压和配电，只受电和配电而不进行变压的则称为配电所。担负从电力系统接受电能和分配高压电能任务的是高压配电所，负责对高压电进行控制、计量、保护、分配等，主要由高压配电柜组成。担负从电力系统接受电能和分配低压电能任务的是低压配电所，负责对低压电进行控制、计量、保护、分配等，主要由低压配电柜组成。变压器室安装变压器，将高压变换成低压。常见的配电方式有放射式、树干式两种，如图9-2所示。

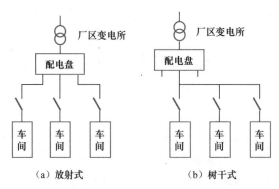

图 9-2　常见的配电方式

9.1.3　家庭用电布线

现代社会的家居生活，不仅要方便舒适，还要智能、娱乐、安全，这就需要良好的布线。弱电布线就是家居房间内的"神经"，它们传递各种电路信号到各种设备。家庭用电布线的设计需根据实际情况合理规划、科学布局，严格按照设计要求和操作规程安全施工，确保家庭配电线路的用电安全。

家庭配电线路简单地说就是为住宅各房间的电器分配供电线路。配电盘分配电能，送到室内用电设备和照明灯具中，各种低压配电设备按照一定的接线方式连接，构成家庭供配电线路。图9-3所示为家庭配电示意图。

家庭配电线路要根据具体的室内情况，对线路的负荷、供电支路的分配、各种家电设备、强电端口（插座）的安装位置及数量等进行规划，从实用角度出发，尽可能做到科学、合理、安全及全面。

随着国民经济的迅速发展，广大人民群众的物质生活水平日益提高，家用电器越来越多。我国家用电器一般都采用单相负载，大多数采用三眼插头，共有 3 根引出线，其中两根为负载引线，另一根与金属外壳相连，专供接地或接零保护用，称为接地线。

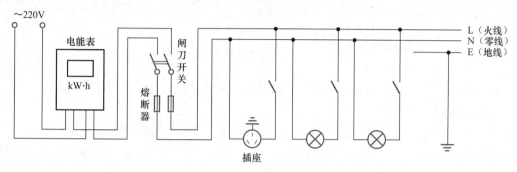

图 9-3　家庭配电示意图

如果用户的供电系统中性点不接地，则家电应采取保护接地措施，即让接地线与大地可靠连接。我国绝大多数用户的供电系统中性点是接地的，故应采取保护接零措施，即让接地线与零线可靠连接，在此零线上绝对不允许装开关或熔断器等。

虽然有些用户供电系统的中性点是接地的，但家中没有保护接零的三眼插座，而入户的零线上又装有开关和熔断器，不便于从零线的干线上接线，这时也应采用保护接地措施。因为家用熔断器的额定电流一般小于 5A，如能可靠接地，则接地电流足以使熔断器熔断，及时切除电源，保证安全用电。必须注意在这种中性点接地系统中采用保护接地时，应谨慎从事，除了要选择合适的熔断器，还要保证可靠接地，否则不但起不到安全保护作用，反而会带来危险。

9.2　触电与触电伤害

所谓触电是指人的皮肤接触到电气设备的带电部位而引起伤亡的现象。触电事故对人身伤害的程度主要由通过人体电流的大小决定。

人也是一种导体，人在行动时像球导体一样，对大地有一定的电容量，其大小因人而异，大约是 1F 的一亿分之一。另外，在空气干燥时，人如果行动，身体就可以储存二百万分之一库仑的电荷。不论什么状态，可以说数值都极小，但是代入 $V=Q/C$ 计算得到的电压非常大：

$$V = \frac{\frac{1}{2} \times 10^{-6}}{10^{-10}} = \frac{1}{2} \times 10^4 = 5000\,\text{V}$$

9.2.1　电流对人体的伤害

电对人体的伤害，主要来自电流。电流对人体的伤害可分为两种类型：电击和电伤。电击是电流通过人体而造成人体内部组织破坏，使人的心脏、神经系统、肺部等无法正常工作的伤害。电伤是电流的热效应、化学效应或机械效应对人体外部造成的局部伤害，如电灼伤、电烙印、皮肤金属化等。

电灼伤有接触灼伤和电弧灼伤。接触灼伤发生在高压触电时电流通过人体皮肤的进出口处，伤及人体组织深层，伤口难以愈合。电弧灼伤发生在短路或高压电弧放电时，电弧像火焰一样把皮肤烧伤、烧坏，同时会造成眼睛严重损害。

电烙印发生在人体与带电体有切实接触的情况，在皮肤表面留下与被接触带电体形状相似的肿块痕迹，往往造成局部麻木和失去知觉。

皮肤金属化是指电弧的温度极高，使得其周围的金属熔化、蒸发并飞溅到皮肤表层而使皮肤金属化。

注意：电击与电伤往往同时发生，同时还会引起二次事故。

1. 触电机理

电流通过人体后，能使肌肉收缩产生运动，造成机械性损伤，电流产生的热效应和化学效应可引起一系列急骤的病理变化，使机体遭受严重的损害，特别是电流流经心脏，对心脏损害极为严重。

当通过人体的电流非常小时，人体细胞只会将这种状态传递给大脑，使人感觉到一阵痉挛或麻的触电感，此时并不会伤害到人体细胞。当通过人体的电流达10mA左右时，除疼痛和强烈的肌肉挛缩外，触电者握住导体的手难于脱离反而握得更紧，若不能在数秒内切断电源，皮肤将被烧伤起泡，其电阻也将迅速下降，进而造成心肌纤维性颤动，心脏血液终止泵出。触电症状通常在受害者脱离电源后仍继续，在胸部实施人工电击，心脏有可能恢复自然节律搏动。但若不能得到紧急医疗，上述触电症状将导致死亡。

人体在一般的情况下，可承受20mA以下的交变电流和50mA以下的直流电。如果触电的持续时间过长，即使是电流小到8mA左右，也可使人死亡，即便是生命没有受到威胁，也会导致身体和脑部的重创，留下后遗症。

2. 影响电流对人体危害程度的因素

人体也是导体，电流对人体的危害程度与电流的大小、电流通过人体的持续时间、电流的频率、电流通过人体的部位及触电者的身体状况等因素有关。

（1）电流的大小

不同大小的电流对人体的影响程度不同，通过人体的电流越大，触电死亡越快。电流对人体影响情况如表9-1所示。

表9-1 电流对人体影响情况

电流大小	对人体的影响	电流类型
100～200μA	对人体无害反而能治病	安全电流
1mA左右	引起麻的感觉	感知电流
不超过10mA	人尚可摆脱电流	可摆脱电流
超过30mA	感到剧痛，神经麻痹，呼吸困难，有生命危险	不安全电流
达到50mA	很短时间内就使人心跳停止	致命电流

（2）电流通过人体的持续时间

电流通过人体的时间越长，电流所积累的能量越多，引起人体心室颤动的可能性也就越大，电流的热效应和化学效应会使人体出汗、组织电解，从而使得人体的电阻逐渐减小，流过人体的电流逐渐增大。所以电流通过人体的持续时间越长，危害越大。

（3）电流的频率

人体对不同频率的电流的生理敏感性是不同的，因此不同频率的电流对人体的伤害也是有区别的。直流电的伤害程度较轻，工频电流对人体的伤害程度较重。

（4）电流通过人体的部位

电流通过人体的任何部位都可致人死亡，但以通过心脏、中枢神经、呼吸系统最危险。

（5）人体的状况

触电者受到的伤害程度还与其性别、年龄、健康状况、精神状态有关。

9.2.2　触电伤害事故

触电类型展示

触电事故是由电流的能量造成的，触电是电流对人体的伤害。绝大部分触电事故是电击造成的，通常所说的触电基本上是指电击。按照人体触及带电体的方式和电流通过人体的途径，触电可以分为以下几种情况。

1. 直接接触触电

直接接触触电分单相触电和两相触电两类。

人体接触电气设备的任何一相带电导体所发生的触电，称为单相触电。中性点直接接地的电网及中性点不接地的低压电网都能导致单相触电，如图9-4和图9-5所示。在单相触电中，人体只触及一根相线（或漏电的电气设备），但是人站在地上，而电源中性点是接地的，电流通过人体流入大地，人体承受220V相电压。

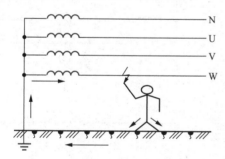

图9-4　中性点直接接地的单相触电

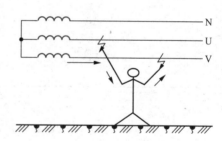

图9-5　中性点不接地的单相触电

单相触电大多是由于电气设备损坏或绝缘不良，使带电部分裸露而引起的。触电事故中大部分属于单相触电。

单相触电的实例：人在带电修理插座时，手触及螺钉旋具的金属部分造成单相触电；带电修理断线时，手触及两断线处的导线造成双线触电，这种情况比单线触电更加危险。

触电电流的形成：在三相交流电网中，每一条输电线与大地之间都存在分布电容C，电容值的大小与线路的分布情况有关，线路越长，其分布电容值就越大。并且线路与大地之间还存在一定的绝缘电阻R。这样，每根导线与大地之间就存在一个等效阻抗Z。当发生单相触电时，触电电流I_b构成的回路如图9-6所示。

例如，在10kV的电网中，如果采用16mm² 铜芯电缆输电，该电缆每千米对地分布的电容值大约为是0.22μF，线路总长假设为1000m，导线对地的绝缘电阻可以忽略不计。发生单相触电时通过人体的电流I_b约为1.171A，I_b远大于人体所能承受的安全电流（10mA），可致命。可见供电线路越长，供电的面积越大，单相触电后果越严重。

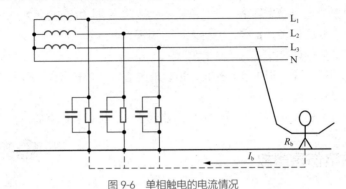

图 9-6　单相触电的电流情况

中性点接地系统的单相触电如图 9-7 所示。在三相四线制（380V/220V）电源电路中，触电电流的路径为从电源火线通过人体、大地、接地体、变压器中性点再回到电源火线，构成回路。假如人体电阻按 1kΩ 计算，人体承受的电压几乎是电源的相电压 220V，则通过人体的电流大约为 220mA。这个电流远远大于致命电流，因此这种触电情况是十分危险的。

两相触电指人体同时触及两根相线，作用于人体的是 380V 线电压，危险性比单相触电更大，如图 9-8 所示。人体同时接触带电的任何两相电源，不论中性点是否接地，人体受到的电压是线电压，触电后果往往很严重。但是两相触电一般比单相触电事故的发生概率要小一些。

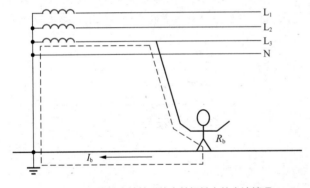

图 9-7　中性点接地系统中单相触电的电流情况

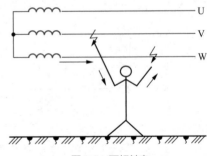

图 9-8　两相触电

2. 间接接触触电

当电气设备的绝缘在运行中发生故障损坏时，电气设备本来在正常工作状态下不带电的外露金属部件（如外壳、构架、护罩等）就呈现危险的对地电压，当人体触及这些金属部件时，会构成间接触电，亦称接触电压触电。

在低压中性点直接接地的配电系统中，电气设备发生碰壳短路是一种危险的故障。如果该设备没有采取接地保护，一旦人体接触外壳，加在人体上的接触电压近似等于电源对地电压，这种触电的危险程度相当于直接接触触电，严重时可能导致死亡。

根据历年来触电伤亡事故的统计分析，在低压配电系统中，触电伤亡事故主要是间接接触触电所引起的。因此防止间接接触触电对减少触电事故具有重要意义。

3. 跨步电压触电

在高压电网接地点或防雷接地点及高压火线断落或绝缘损坏处，有电流流入地下时，电流向四周流散，并在接地点周围土壤中产生电压降。当人走进这一区域时，两脚之间形成跨步电压，其大小取决于线路电压及人距电流入地点的远近。

当电气设备的绝缘损坏或高压架空线路的一相断线落地时，落地点的电位就是导线的电位。接地电流通过接地点向大地流散，在以接地点为圆心、半径为20m的圆形区域内形成分布电位。如有人在接地故障点周围通过，其两脚之间（人的跨步距离按0.8m计算）的电位差就称为跨步电压。由于跨步电压的作用，电流从人的一只脚经下身，通过另一只脚流入大地形成回路，造成触电事故，这种触电方式称为跨步电压触电，如图9-9所示。触电者先感到两脚麻木，然后跌倒。人跌倒后，由于头与脚之间形成更大的电位差，电流将在人体内重要器官通过，时间稍长，人就有生命危险。

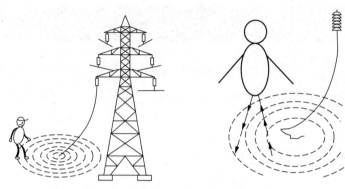

图 9-9　跨步电压触电

跨步电压的高低取决于人体与接地故障点的距离，距故障点越近，跨步电压越高。当人体与故障点的距离达到20m及以上时，可以认为此处的电位为零，跨步电压亦为零。一般来说，当发现电力线断落时，不要靠近。离开导线的落地点8m以上，就较为安全了。

当发生跨步电压触电时，应赶快将双脚并在一起，或赶快用一条腿跳着离开危险区。否则，触电时间长，也会导致触电死亡。

4. 剩余电荷触电

电气设备的相间绝缘和对地绝缘都存在电容效应。由于电容具有储存电荷的性能，因此在刚断开电源的停电设备上，都会保留一定量的电荷，称为剩余电荷。如此时有人触及停电设备，就可能遭受剩余电荷的电击。另外，大容量电力设备和电力电缆、并联电容等在摇测绝缘电阻或耐压试验后都会有剩余电荷。设备容量越大、电缆线路越长，这种剩余电荷的积累电压就越高。

因此，在摇测绝缘电阻或耐压试验工作结束后，必须注意充分放电，以防剩余电荷触电。

5. 感应电压触电

带电设备的电磁感应和静电感应作用，能使附近的停电设备上感应出一定的电位，其数值的大小取决于带电设备电压的高低，停电设备与带电设备的平行距离、几何形状等因素。感应电压往往是在电气工作者缺乏思想准备的情况下出现的，因此具有相当大的危险性。在电力系统中，感应电压触电屡有发生，甚至造成伤亡事故。

6. 静电触电

静电电位可高达数万伏至数十万伏，可能发生放电，产生静电火花，引起爆炸、火灾，也可能造成对人体的电击伤害。由于静电电击不是电流持续通过人体的电击，而是静电放电造成的瞬间冲击性电击，能量较小，因此通常不会造成人体心室颤动而死亡。但是静电触电往往会造成二次伤害，如高处坠落或其他机械性伤害，因此同样具有相当大的危险性。

7. 电磁场伤害事故

电磁场伤害即射频伤害。射频伤害是由电磁场的能量造成的，人体在交变电磁场作用下吸收辐射能量，会受到不同程度的伤害，主要是造成中枢神经功能失调，明显表现为神经衰弱症状，如头晕、头痛、乏力、睡眠不好等；还能引起植物神经功能失调的症状，如多汗、食欲不振、心悸等。此外，部分人有脱发、视力减退、伸直手臂时手指轻微颤动、皮肤划伤等异常症状，还有些人心血管系统症状比较明显，如心动过速或过缓、血压升高或降低、心区有压迫感、心区疼痛等。

9.3 触电急救方法

一旦发生人体触电，应迅速准确地进行现场急救并坚持持续救治，这是抢救触电人的关键。不但电工应该正确熟练地掌握触电急救方法，所有用电人都应该懂得触电急救常识，万一发生触电事故应该分秒必争地进行抢救，减少伤亡。

9.3.1 人体触电后的表现

1. 假死

所谓假死，即触电者丧失知觉、面色苍白、瞳孔放大、脉搏和呼吸停止。假死可分为3种类型：心跳停止，尚能呼吸；呼吸停止、心跳尚存，但脉搏很微弱；心跳、呼吸均停止。由于触电时心跳和呼吸是突然停止的，虽然中断了供血供氧，但人体的某些器官还存在微弱活动，有些组织细胞的新陈代谢还能进行，加之一般体内重要器官并未损伤，只要及时进行抢救，触电者被救活的可能性很大。

2. 局部电灼伤

触电者神志清醒，电灼伤常位于电流进出人体的位置，进口处的伤口常为一个，出口处的伤口有时不止一个。电灼伤的面积较小，但较深，有时可深达骨骼，大多为三度灼伤。灼伤处是焦黄色或褐黑色，伤面与正常皮肤有明显的界线。

3. 轻微伤害

触电者神志清醒，只是有些心慌、四肢发麻、全身无力、出冷汗或恶心呕吐等，一度昏迷，但未失去知觉。

9.3.2 人体触电后脱离电源的方法

发现有人触电时，不要惊慌失措，应赶快使触电者脱离电源，这样才能进一步施行急救的其他措施。应当注意，在脱离电源过程中，救护人员既要救人，也要保护自己。触电者脱离电源前，救护人员不准直接用手触及伤员。

1. 低压触电时脱离电源的方法

（1）拉闸停电。如果刀开关或插头就在附近，应迅速拉下开关或拔掉插头，以切断电源。但应注意，如果触电者接触灯线触电，不能认为拉开拉线开关就算断电了，因为拉线开关有可能是错接在零线上的，虽然拉开了拉线开关，但导线仍然有电。所以，应在拉开拉线开关后，再迅速拉下附近的刀开关或保险盒，才比较可靠。

（2）如果开关或插头与触电者的距离很远，不能很快把开关或插头拉开，可用带绝缘手柄的电工钳或用带干燥木柄的斧头、刀、锄头等利器把电线切断。注意切断的电线不可触及人体。

（3）当导线断落在触电者身上或压在身下时，可用干燥的木棒、竹竿、木板、木凳等物迅速地将电线挑开；但千万注意，不能用铁棒等金属物或潮湿的东西去挑电线，也不可将电线挑落在其他人身上。

（4）如果抢救时身边没有工具，这时若触电者的衣服是干燥的，而且没有紧缠在身上，救护人员可将一只手（不可用两只手）包上厚厚的绝缘物品，如干燥的毛织品、围巾等，拉触电者的衣服使之脱离电源，注意不要触及触电者的皮肤，也不可拉触电者的脚。

进行触电急救时，还必须避免自己和在场人员误触电及加重触电者的外伤。如果有人在高处触电，必须采取防护措施，防止触电者从高处摔下来。

2. 高压触电时脱离电源的方法

（1）若触电者在高压电气设备或高压线路上触电，为使触电者脱离电源，应立即通知有关部门停电，或用适合该电压等级的绝缘工具（如戴绝缘手套、穿绝缘靴并用绝缘棒）解救触电者。救护人员在抢救过程中应注意自身与周围带电部分留有足够的安全距离。

（2）触电者在高压带电线路触电，又不可能迅速切断电源开关的，可采用抛挂截面积足够的适当长度的金属短路线方法，使电源开关跳闸。抛挂前，将短路线一端固定在临时接地端，另一端系重物。抛挂短路线时，应注意防止电弧伤人或断线危及人员安全。

（3）如果触电者触及断落在地上的带电高压导线，且尚未验证线路无电，救护人员在做好安全措施（如穿绝缘靴或临时双脚并紧跳跃地接近触电者）前，不能进入距断线点 $8\sim 10m$ 的范围，以防止跨步电压伤人。触电者脱离带电导线后应被迅速带至 $8\sim 10m$ 以外并立即开始急救，只有在确定线路已经无电时，才可在触电者脱离带电导线后立即就地进行急救。

9.3.3　对症救治

触电者脱离电源后，首先用看、听、试的方法，迅速检查呼吸、心跳是否停止，瞳孔是否放大。看就是看伤员的胸部、腹部有无起伏动作；听就是用耳贴近伤员的口鼻处，听有无呼吸声音；试就是试测伤员口鼻处有无气流，再用两手指轻试一侧（左或右）喉旁凹陷处的颈动脉有无搏动。

根据上述看、听、试的结果，决定采用何种急救方法。

（1）如果触电者的伤势并不严重，神志还清醒，只是有些心慌、四肢发麻、全身无力或者一度昏迷但很快恢复知觉，则不需做人工呼吸和心脏挤压，应让其就地安静地躺下来，休息 $1\sim 2$ 小时，并注意观察。在观察过程中，如发现触电者呼吸和心跳很不规则甚至接近停止，应赶快抢救。

（2）如果触电者的伤势较严重，无呼吸、无知觉，但心脏有跳动，应采用口对口（鼻）人工呼吸。如触电者虽有呼吸，但心脏停止跳动，则应采用胸外按压（人工循环）。

（3）如果触电者的伤势很严重，无知觉、心脏跳动和呼吸都已停止，则需同时采用口对口人工呼吸和胸外按压两种方法进行抢救。

触电急救应就地进行，中间不能停顿。如果触电者电伤严重，必须送医院，在途中也不能对其停止抢救。

在触电急救中，不能用土埋、泼水和压木板等错误方法抢救，避免使触电者加快死亡。

9.3.4　电器火灾处理

（1）立即切断电源，查看有无触电人员，若有应实施抢救。

（2）用灭火器或车间备用灭火砂将火扑灭。无法切断电源时，应用不导电的灭火剂灭火，不要用水或泡沫灭火剂，推荐使用CO_2灭火器。

（3）迅速拨打119报警电话。

注意：

电源未切断时，切勿把水浇到电器或开关上；

如果电器或插头仍在着火，切勿手碰及电器的开关；

发现电线断落在地上，不要用手直接去捡。

9.4　防触电的技术措施

电气设备的金属外壳通常是不带电的，但如果设备的导体绝缘受到破坏或者老化失效，以及发生外壳碰线，外壳就会带电，这时一旦人体接触到电气设备金属外壳就可能造成单相触电事故。防止这种触电的有效措施是采用工作接地、保护接地和保护接零。

9.4.1　工作接地

在正常和故障情况下，为了保证电气设备可靠运行，必须将电力系统中某一点接地，这种接地称为工作接地。这种接法的作用是使中性点经常保持零电位。

电力系统中性点接地方式分直接接地和非直接接地。

中性点直接接地的作用是当系统发生单相接地故障时，限制非故障相对地电压的升高，从而保证单相用电设备的安全。但中性点直接接地后，单相接地故障电流较大，一般可触发剩余电流保护或过电流保护动作，切断电源，造成停电；发生人身单相对地电击时，危险性也较大。所以中性点直接接地方式不适用于对连续供电要求较高及对人身安全、环境安全要求较高的场合。

中性点非直接接地是指电力系统中性点不接地或经消弧线圈、电压互感器、高电阻与接地装置相连接。为安全起见，中性点不接地系统不允许引出中性线供单相用电。

9.4.2　保护接地

将电气设备的金属外壳与大地可靠地连接，称为保护接地。图9-10所示为保护接地示意图，它适用于中性点不接地的三相供电系统。

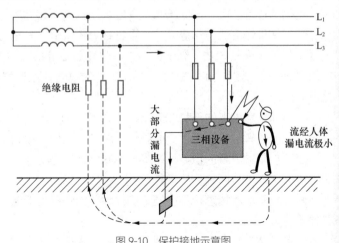

图 9-10　保护接地示意图

9.4.3　保护接零

将电气设备在正常情况下不带电的外露导电部分与供电系统中的零线相接，称为保护接零。图9-11所示为保护接零示意图。

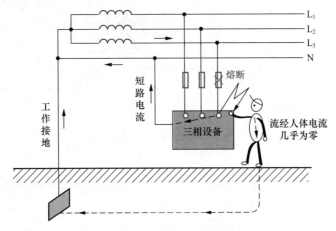

图 9-11　保护接零示意图

1. 保护接零注意事项

采用保护接零的注意事项如下。

（1）保护接零只能用于中性点接地的三相四线制供电系统。

（2）接零导线必须牢固可靠，防止断线、脱线。

（3）零线上禁止安装熔断器和单独的断流开关。

（4）零线每隔一定距离要重复接地一次。一般中性点接地要求接地电阻小于10Ω。

（5）接零保护系统中的所有电气设备的金属外壳都要接零，绝不可以一部分接零，一部分接地。

图9-12～图9-14所示为3种单相保护接零的错误接法，在实际使用中，一定要避免出现这些错误接法。图9-12中，当零线断开时，电器外壳会通过电器内部线路与电源相线相连，造成外壳带电。图9-13中，当熔丝熔断时，电器内部线路与电源相线相连，也会造成外壳带电。图9-14中，相线与零线互换，此时用电器可正常运行，但金属外壳带电，这就很容易发生触电事故。

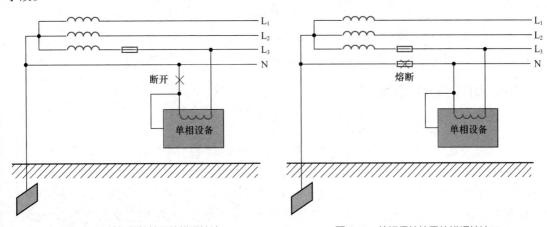

图 9-12 · 单相保护接零的错误接法一　　　图 9-13　单相保护接零的错误接法二

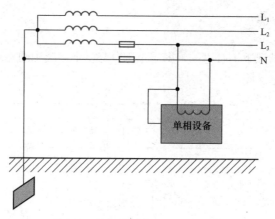

图 9-14　单相保护接零的错误接法三

2. 漏电保护器

在主电路上可以接一个零序电流互感器，相线和中性线都从互感器环形铁芯窗口穿过，起到漏电保护作用。这种漏电保护器的接法示意图如图 9-15 所示。

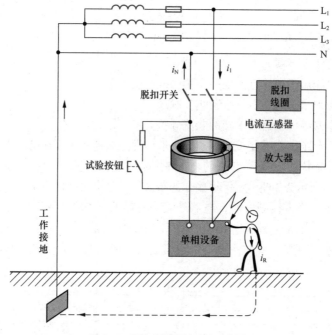

图 9-15　漏电保护器的接法示意图

3. 安全用电与预防措施

（1）思想重视，自觉提高安全用电意识和觉悟，坚持"安全第一，预防为主"的思想，确保生命和财产安全，从内心真正地重视安全，促进安全生产。

（2）不私拉私接电线，不在电线上或电器上悬挂衣物和杂物，不私自加装使用大功率或不符合国家安全标准的电器，如有需要，应向有关部门提出申请，由专业电工进行安装。

（3）不私拆灯具、开关、插座等电器，不使用灯具烘烤衣物或挪作其他用途；当漏电保护器（俗称漏电开关）出现跳闸现象时，不私自重新合闸。由专业人员定期检查及维修电器、电闸及插座。

（4）在浴室或湿度较大的地方使用电器（如电吹风），应确保室内通风良好，避免因电器的绝缘变差而发生触电事故。

（5）确保电器（如电视机、电热水器、计算机、音响等）散热良好，不在其周围堆放易燃易爆物品及杂物，防止因散热不良而损坏设备或引起火灾。

（6）带有机械传动的电器，必须装防护盖、防护罩或防护栅栏进行保护才能使用，不能将手或身体伸到运行中的设备机械传动位置；对设备进行清洁时，须确保切断电源，待机械停止工作并在确保安全的情况下才能进行清洁，防止发生人身伤亡事故。

（7）湿手或赤脚不要接触开关、插座、插头和各种电源接口，不要用湿布抹照明用具和电器。

（8）移动电器时，必须切断电源。

（9）发现电器冒烟或闻到异味（焦味）时，要迅速切断电源，通知电工检查和维修，避免扩大故障范围和发生触电事故。

（10）发现电线破损要及时更换或用绝缘胶布扎好，严禁用普通医用胶布或其他胶带包扎。

（11）电气设备的安装、维修应由持证电工负责，在电工维修设备时，不能擅自离开，要进行监护，等待维修完毕后的试车。

（12）熟悉自己生产现场或宿舍主空气断路器（俗称总闸）位置，一旦发生火灾、触电或其他电气事故，应第一时间切断电源，避免造成更大的财产损失和人身伤亡事故。

（13）未经有关部门的许可不能擅自进入电房或电气施工现场。

（14）对规定接地的用电器具金属外壳做好接地保护或加装漏电保护器，不要忘记用三线插座、插头和安装接地线。

（15）珍惜电力资源，养成安全用电和节约用电的良好习惯，当要长时间离开或不使用时，要确定切断电源（特别是电热电器）后再离开。

9.5 防雷电破坏措施

9.5.1 雷电的危害

雷电事故是指发生雷击时，由雷电放电造成的事故。雷电放电具有电流大（可达数十千安至数百千安）、电压高（300 ～ 400kV）、陡度高（雷电冲击波的前沿陡度可达500 ～ 1000kA/µs）、放电时间短（30 ～ 50µs）、温度高（可达20 000℃）等特点，释放出来的能量可形成极大的破坏力，除可能毁坏建筑设施和设备外，还可能伤及人、畜，甚至引起火灾和爆炸，造成大规模停电等。

落雷具有击中高处物体的性质，输电铁塔和高楼的避雷针经常招来落雷。那么高处物体附近的低处物体就不会有招来落雷吗？

图9-16所示为夏季落雷时建筑物的落雷率计算值，这是用计算机模拟放电路径的多次分布的计算结果。把高度为60m的铁塔置于地上的建筑群的中心，在其左右两侧配置高度为20m（相当于楼房）、12m（相当于配电线路）、2m（相当于人）的物体。设铁塔右侧的遮蔽角为45°，左侧的遮蔽角为35°，一般人认为在周围45°的范围内是安全的，但是，根据计算的结果，45°的范围具有相当大的危险性，而35°的范围内的落雷率相当低，所以落雷不只会击中最高的

物体，低处物体也有遭遇落雷的危险性。

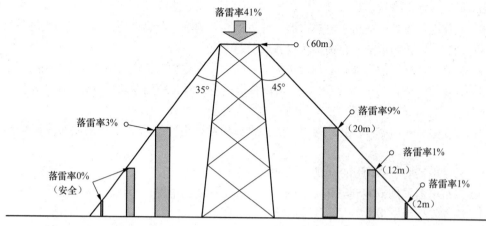

图 9-16　建筑物的落雷率计算值

雷电的破坏事故主要分以下几种。

直击雷破坏：当雷电直接击在建筑物上，强大的雷电流使建筑物水分受热汽化膨胀，从而产生很大的机械力，导致建筑物燃烧或爆炸。

侧击雷破坏：雷电从侧面打来造成的破坏。因为一般建筑比较高，顶避雷带并不能完全保护住楼体，所以对于侧击雷，就需要加设保护。

感应雷破坏：感应雷破坏也称为二次破坏，它分为静电感应雷和电磁感应雷两种。雷电流变化梯度很大，会产生强大的交变磁场，使周围的金属构件产生感应电流，这种电流可能向周围物体放电，如附近有可燃物就可能引发火灾爆炸，而感应到正在联机的导线上就可能对设备产生强烈的破坏性。

雷电波引入的破坏：当雷电接近架空管线时，高压冲击波会沿架空管线侵入室内，造成高电流引入，这可能引起设备损坏或人身伤亡事故。如果附近有可燃物，则容易酿成火灾。

9.5.2　防雷保护措施

雷电破坏性强，因此电力设施、高大建筑物，特别是有火灾和爆炸危险的建筑物和工程设施，均需考虑防雷措施。根据雷电破坏事故分类，可采取以下 3 种防雷措施。

1. 防直击雷的措施

在建筑的顶部采用避雷网保护，网格尺寸不应大于 5m×5m 或 6m×4m。突出屋面的物体，应沿着其顶部装设避雷针（避雷针的保护范围按 45°计算）或环状避雷带保护。金属物体或金属屋面可作为接闪器与避雷器连接。避雷网首先应沿着屋脊、屋角、檐角和屋檐等易受雷击的部位布置，然后按上述要求设置网格。防雷引下线不应少于 2 根，其间距不应大于 12m。

2. 防侧击雷的措施

高层建筑 30m 以上每 3 层沿建筑物四周设避雷带。30m 以上的金属门窗、栏杆等较大的金属物体，应与防雷装置连接。建筑物每 3 层四周设水平均压环，垂直距离不应大于 12m。所有引下线、建筑物内的金属结构和金属物体均连在环上。

3. 防雷电波侵入的措施

进入建筑物的各种线路及管道宜全线埋地引入，并在入户端将电缆的金属外皮与接地装置连接。在电缆与架空线连接处，还应装设阀型避雷器，并与电缆的金属外皮和绝缘子铁脚连在一起接地，其冲击接地电阻应不大于$5 \sim 10\Omega$。进入建筑物的埋地金属管道及电气设备的接地装置，应在入户处与防雷接地装置连接。建筑物内的电气线路采用钢管配线。垂直敷设的主干金属管道，尽量设在建筑物内的中部和被屏蔽的竖井中。

9.6　拓展阅读与实践应用：导体尖端放电现象及其应用

在强电场作用下，物体表面曲率大的地方（如尖锐、细小物的顶端）等势面密，电场强度剧增，致使它附近的空气被电离而产生气体放电，此现象称为电晕放电。尖端放电为电晕放电的一种，专指尖端附近空气电离而产生气体放电的现象。

那尖端放电是怎样产生的呢？

首先让我们一起来了解电荷在导体上是如何分布的。两个大小不等的导体球连接，其电荷分布有什么规律？我们知道，静电场中的导体构成等势体，电荷只分布在导体表面，即电荷只分布在球面上，且两球面是等势面，其情况与两个球壳连接的情况是相同的。可设面密度分别为σ_1和σ_2，则有

$$Q_1 = 4\pi R_1^2 \cdot \sigma_1 \qquad Q_2 = 4\pi R_2^2 \cdot \sigma_2$$

根据均匀带电球壳产生的电场中的电势分布，对两球有

$$U_1(R) = \frac{1}{4\pi\varepsilon_0} \cdot \frac{Q_1}{R_2} \qquad U_2(R) = \frac{1}{4\pi\varepsilon_0} \cdot \frac{Q_2}{R_2}$$

又因　　　　　　　　　　　　　　$U_1(R)=U_2(R)$
所以　　　　　　　　　　　　　　$R_1Q_1=R_2Q_2$

由此，对孤立的带电导体来说，其表面上电荷密度的分布与表面的曲率有关。导体表面凸出而尖锐的地方（即曲率较大的地方），电荷就比较密集，即电荷密度大；表面较平坦的地方（即曲率较小的地方），电荷密度就小；表面凹进去的地方（即曲率为负的地方），电荷密度更小。但要注意，电荷密度与曲率之间并不存在一一对应的函数关系。其实，任何形状的导体在远处看来都像是个点电荷，它的等势面是球面，也就是导体表面都是等势面。当等势面从导体表面向远处过渡时，在导体凸出部分附近的等势面间隔小，从而场强很大，由$\sigma_e = E\varepsilon_0$可知电荷密度也很大。

导体的电荷分布又与尖端放电有什么关系呢？

通常情况下空气是不导电的，但是如果电场特别强，空气分子中的正负电荷受到方向相反的强电场力作用有可能被"撕"开，这个现象称为空气的电离。电离后的空气中有了可以自由移动的电荷，空气就可以导电了。空气电离后产生的负电荷就是电子，失去电子的原子带正电，称为正离子。由于导体尖端的电荷特别密集，因此尖端附近空气中的电场特别强，使得空气中残存的少量离子加速运动。这些高速运动的离子撞击空气分子，使更多的分子电离。这时空气成为导体，于是产生了尖端放电现象。

尖端放电给我们的生活带来了很多影响。尖端放电危害很大，会造成人身伤亡和财产损失。

比如火花型尖端放电的放电能量较大，很容易引起易燃易爆混合物的燃烧和爆炸；火花型及电晕型尖端放电都会对生产过程造成不同程度的干扰，乃至损坏设备；静电尖端放电还可能造成人体电击，如带静电的人触摸金属把手而在手指尖放电。然而，尖端放电也有很广泛的应用，比如电子打火装置（如打火炉、打火机、沼气灯）、避雷针、静电除尘器、氩弧焊的钨极针，以及工业烟囱除尘的装置都运用了尖端放电的原理。

1. 电子打火装置

电子打火装置主要运用的是火花型尖端放电。比如压电陶瓷打火机，其发火机构内设压电陶瓷元件，压电陶瓷在机械应力作用下，引起内部正负电荷中心相对位移而发生极化，导致材料两端表面出现符号相反的束缚电荷。当压电陶瓷元件受到冲击压力时，机械能转换为电能，在尖端放出瞬时高压电火花，点燃燃料。这种放电伴有强烈的发光和声响，其电离区域由尖端扩展至接地体（或放电体），在两者之间形成放电通道。由于这种放电的能量较大，因此其引燃引爆及引起人体电击的危险性较大。

2. 避雷针

避雷针是由一根耸立在建筑物顶上的金属棒（接闪器）与金属引下线以及金属接地体3部分组成的防雷装置，接闪器样式如图9-17所示。它的作用是将可能会袭击建筑物的闪电吸引到它上面，再引入地里，借以保护建筑物，如图9-18所示。当雷雨云过境时，云的中下部是强大负电荷中心，云下的下垫面是正电荷中心，云与地面间形成强电场。在地面凸出物如建筑物尖顶、树木、山顶、岩石等尖端附近，等势面都会很密集，电场强度极大，空气发生电离，因而形成从地表向大气的尖端放电。

图 9-17 避雷针接闪器样式

图 9-18 建筑物安装避雷针的作用

在高大建筑物上安装避雷针，当带电云层靠近建筑物时，建筑物会感应出与云层相反的电荷，这些电荷会聚集到避雷针的尖端，达到一定的值后便开始放电，这样不停地将建筑物上的电荷中和掉，永远达不到使建筑物遭到损坏的强烈放电所需要的电荷。雷电的实质是2个带电体间强烈的放电，在放电的过程中有巨大的能量放出。建筑物的另外一端与大地相连，与云层极性相同的电荷就流入大地。显然，要使避雷针起作用，必须保证尖端的尖锐和接地通路的良好，一个接地通路损坏的避雷针将使建筑物遭受更大的损失。

3. 静电除尘器

静电除尘器的工作原理是利用高压电场使烟气发生电离，气流中的粉尘荷电在电场作用下与气流分离。负极由不同断面形状的金属导线制成，叫放电电极。正极由不同几何形状的金属板制成，叫集尘电极。含有粉尘颗粒的气体，在接有高压直流电源的阴极线（又称电晕极）和接地的阳极板之间所形成的高压电场中通过时，由于阴极发生尖端放电，气体被电离，此时，带负电的